Android群英传 神兵利器

徐宜生◎编著

U0225899

电子工业出版社·
Publishing House of Electronics Industry
北京·BEIJING

内 容 简 介

本书以通俗易懂的语言介绍了 Android 开发的工具使用。全书共分为 7 章。第 1 章主要讲解如何搭建一个优雅、令人愉悦的开发环境。第 2 章主要讲解协同开发最重要的工具 Git。第 3 章主要讲解 Android Studio 的一些不为人知的使用技巧。第 4 章主要讲解 Android 最新的编译工具 Gradle 的使用技巧。第 5 章主要讲解 SDK 和开发者选项中提供的工具的使用方式。第 6 章主要讲解 Android 提供的一些性能优化的工具及其使用技巧。第 7 章主要讲解个人开发者和团队开发者在学习、工作中经常使用的一些工具。

本书适用于各个层次的 Android 开发者，不论是初出茅庐的开发者还是资深的开发者。工具的使用永远是一门讲不完的学问，笔者希望抛砖引玉，让开发者能够驾驭好各种工具，为己所用。

图书在版编目（CIP）数据

Android 群英传：神兵利器 / 徐宜生编著. —北京：电子工业出版社，2016.9
ISBN 978-7-121-29602-4

Ⅰ. ①A… Ⅱ. ①徐… Ⅲ. ①移动终端－应用程序－程序设计 Ⅳ. ①TN929.53

中国版本图书馆 CIP 数据核字(2016)第 179688 号

策划编辑：官　杨
责任编辑：徐津平
印　　刷：北京嘉恒彩色印刷有限责任公司
装　　订：北京嘉恒彩色印刷有限责任公司
出版发行：电子工业出版社
　　　　　北京市海淀区万寿路 173 信箱　　邮编：100036
开　　本：787×1092　　1/16　　印张：25.75　　字数：589 千字
版　　次：2016 年 9 月第 1 版
印　　次：2016 年 9 月第 1 次印刷
定　　价：79.00 元

凡所购买电子工业出版社图书有缺损问题，请向购买书店调换。若书店售缺，请与本社发行部联系，联系及邮购电话：（010）88254888，88258888。

质量投诉请发邮件至 zlts@phei.com.cn，盗版侵权举报请发邮件至 dbqq@phei.com.cn。

本书咨询联系方式：010-51260888-819　faq@phei.com.cn。

推荐序

在看到这本书之前，我作为一名程序员已经在各种工具的海洋里摸爬滚打了多年，而各种新事务的层出不穷，不断提高的开发效率，越来越完善的开发环境，也是沉浸在开发里的一大乐趣。在工作中也常常听到同事们发现了新工具时的欢呼，发现工具另一种用法时的喜悦，以及在深入学习和思考后，自行修改工具以实现更高目标的专业。甚至有的时候，找到一款好用的工具，比写出一段高效无误的代码或是解决一个实际难题更让人兴奋。

诚然，对于开发者来说，现在已是工具之争，好的开发工具变得越来越重要。产品设计的需求总让人觉得他们欲求不满，总要不停地解决各种问题。也正是这样的客观现实，使我们不得不借助各种工具来应对挑战，也有了越来越多的人加入到开发工具的行列。要简单易用，且能使开发变得高效和稳定着实不易。

而面对琳琅满目的工具，很多开发者就迷失了方向，到底什么才是适合自己的，适合自己的项目的，甚至与自己的开发理念吻合的。本书作者另辟蹊径，从工具本身着手，针对 Android 开发的每一处细节，对每一个常用工具都给予了详细的剖析讲解，对于 Android 程序员来说，着实是省了很大的力气，也更容易在工具的帮助下，快速实现开发的需求。当然，这一切都是在有趣的前提下，作者的行文风格直白清爽，读起来非常轻松，让读者在潜移默化之中就认识，熟悉，并掌握了这些工具。

同样的，作为一名程序员，我深知这本书的难写，相较于使用，总结和知识的传承更显难得和珍贵。不论是哪个层次的程序员，在这本书的引领下都会遇见一个新天地，这确实是程序员们的一大福音。在 Android 开发之外，理解工具的使用也同样重要，我想作者要传达的也是这个意思。

最后也感谢本书作者徐宜生先生的邀请，让我为这本书写序，也让我有幸提前读到了本书，实在是人生一大快事。

何晓杰

沪江高级架构师、知名开发者、技术投资人

前　言

在笔者的第一本书《Android 群英传》上市之后，得到了很多读者的好评，也收到了很多读者对于该书的意见和建议。在此，笔者对广大读者朋友表示最衷心的感谢，感谢你们一直以来的支持。

写书一直都是一件苦差事，能支撑我走下去的，就是读者们的支持。只要笔者的书对读者有一点点帮助，不论是解决了一个项目中的 Bug，还是成功回答了面试官的问题，对笔者来说，都是莫大的鼓励。也正是这些鼓励，让笔者坚持到了今天，坚持到了第二本书的出版。

↘ 第二本书

由于书籍的篇幅和内容限制，笔者有很多内容都无法在《Android 群英传》中尽善尽美地表述出来，因此笔者在写完《Android 群英传》之后，萌生了创作后续作品的想法。最终，笔者将第二本书命名为——《Android 群英传：神兵利器》。第一本书《Android 群英传》，以 Android 开发中的重、难点知识点为基础，对如何学习、理解并掌握这些知识点进行讲解。而第二本书，笔者不再继续讲解 Android 中的知识点，而是向大家介绍如何使用工具进行高效的 Android 开发，很明显两本书的重点各不相同，内容相辅相成。

↘ 工具之道

古人有云，工欲善其事，必先利其器。好的工具，可以事半而功倍。人类的发展历程，也是一个工具革新的历程。人类不断创造工具，改善生活，从而推动着社会的进步。对于程序员来说，工具更是有着举足轻重的意义。在软件开发界，有一句非常有名的话——Stop Trying to Reinvent the Wheel，即不要重复造轮子。这也是本书的宗旨——让读者善于使用工具以提高开发的效率。

笔者一直认为工具是程序员最好的伙伴。普通程序员使用工具，高级程序员驾驭工具，神级程序员创造工具。这也是一个开发者，从普通程序员到优秀程序员的进阶之路。普通程序员也许只是懂得在合适的场合使用合适的工具。而优秀程序员，则是那些能够驾驭这些工具的开发者，他们是设计师，通过工具创造美妙的程序。开发者需要了解、驾驭你的工具，知道何时、何地该怎样使用工具，以便快速、准确地解决问题。

笔者相信，这个世界上没有什么事情是不能通过工具来解决的。如果有，那么就创造一个工具去解决。

➥ 关于本书

本书共分为 7 章，分别是：

第 1 章主要讲解如何搭建一个优雅、令人愉悦的开发环境。开发者绝不是"码农"，而是要去享受创造的乐趣的，所以一个高效的开发环境就显得尤为重要了。正所谓——开发环境搭得好，程序设计乐逍遥。

第 2 章讲解协同开发最重要的工具——Git。它可以说是目前团队开发的基础，也是版本控制的核心工具。正所谓——项目要想跑得好，版本控制不可少。

第 3 章主要讲解 Android Studio 的一些不为人知的使用技巧，发掘出 Android Studio 作为一个强大工具的巨大力量。正所谓——Android Studio 大揭秘，省出时间玩游戏。

第 4 章主要讲解 Android 最新的编译工具 Gradle 的使用技巧。虽然 Gradle 的学习曲线比较陡峭，但如果说 Android Studio 是一把宝剑，那么掌握好 Gradle，就好比一块磨刀石，可以把宝剑打磨得愈发锋利。正所谓——与 Gradle 的爱恨情仇，让你一次爱个够。

第 5 章主要讲解 SDK 和开发者选项中提供的工具的使用方式。这些工具也是开发者最容易忽视的工具。正所谓——珍视身边的朋友，从开发者工具做起。

第 6 章主要讲解 Android 提供的一些性能优化的工具及其使用技巧。利用好这些工具，是进行性能优化的必备前提。正所谓——探究性能秘史，了解尘封往事。

第 7 章主要讲解个人开发者和团队开发者在学习、工作中经常使用的一些工具。正所谓——个人团队轮流转，工具真情长相伴。

➥ 本书读者对象

本书适用于各个层次的 Android 开发者，不论是初出茅庐的开发者还是资深的开发者。工具的使用永远是一门讲不完的学问，笔者希望抛砖引玉，让开发者能够驾驭好各种工具，为己所用。

➥ 致谢

感谢朋友、群友在我写书的这段时间内对我的帮助，也感谢电子工业出版社的官杨女士和出版社的编辑们对我文章的核对和建议，没有你们的帮助也就没有这本书的诞生。此外，还要特别感谢我的妻子朱佳，感谢你一直以来对我的包容和支持，没有你也就没有这两本书的诞生，我会爱你一辈子。

↘ 资源与勘误

由于个人能力的局限，虽已竭尽全力，但对于书中的一些问题的分析难免会有纰漏，实例中的解决方法可能也不是尽善尽美，请读者海涵。希望读者朋友能将发现的问题及时向我反馈，我将感激不尽。本书的勘误与读者的反馈内容都将在我的个人博客上不断更新。

目　　录

第 1 章

程序员小窝——搭建高效的开发环境

程序员的电脑、书桌就是程序员的小窝。在这块小天地里面,程序员要完成开发、学习的任务,那么一个高效、优雅的开发环境就显得尤为重要。古人云:居不可一日无竹。一个良好的环境是提高工作效率的保证。本章将向大家讲解如何做一名程序员中的雅士,在优雅的开发环境中完成自己的工作。

1.1 搭建高效的开发环境之操作系统

与大多数开发者一样,笔者最早接触的也是 Windows 系列操作系统,当然身边也有一些使用 MacBook 和 Ubuntu 的人。对于个人用户来说,MacBook 的优势或许只是在于优美的外观颜值,而对于开发者来说,笔者认为 MacBook 的优势在于它集 Windows 的易用性与 Linux 的高可开发性于一体,因此特别适合开发者使用。

在国外很多的极客大会上,开发者、工程师最钟爱的就是 Mac 系统。相对于 Windows,MacBook 使用的是 Unix 系统,它是 Linux 系统的始祖,与 Linux 一样具有一切对开发者友好的优点。首先要提的必须是系统的终端命令行工具(Terminal)。

每个操作系统基本都有自己的终端命令行工具(Terminal)。在 Windows 中,可以通过快捷键"Win+R"，输入 CMD 调出命令行工具，默认的命令行工具如图 1.1 所示。

图 1.1　CMD 窗口

　　但是相信用过 CMD 窗口的朋友一定对 Windows 提供的这个终端工具有很多"吐槽"。其中一部分原因是由于 Linux 在程序开发界的流行导致的。大部分的开发者在终端中都熟悉 Linux 的操作指令，而很少使用 Windows 下 CMD 的操作指令，这就导致开发者在 CMD 终端中的各种操作不便。而 MacBook 则不存在这些问题，它本身就是 Linux 的鼻祖，因此它几乎支持所有的 Linux 指令。在 MacBook 的终端中操作，与在 Linux 的终端中操作几乎没有什么区别。一个最普通的命令行终端如图 1.2 所示。

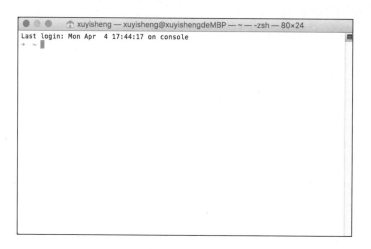

图 1.2　Mac 终端窗口

　　既然 Linux 中的终端与 MacBook 的终端几乎一模一样，那么我们为什么要花那么高的价钱去买 MacBook，而不选择免费的 Linux 呢？如果你的经济不是太富裕（单身的程序员除外），那么 Linux 也是一个非常好的选择。但是 Linux 相对于 Windows 和 MacBook 来说，又有一点太过于极客了。使用 Linux 几乎可以使用"折腾"一词，要使用好 Linux，上手难度还是有一点的。由此可见，MacBook 几乎就成了开发者最好的选择，处于 Windows 和 Linux 中间，鱼和熊掌可以兼得。

Mac 系统的优势不仅仅在于终端的易用性，搭上了 Linux 的顺风车，大量的开源软件和开发工具可以非常容易地用来开发 Mac 版。同时，Mac 系统还不用担心 Windows 下的各种电脑病毒和木马，也不用清理磁盘碎片，甚至不用安装各种驱动程序，对于这一点，相信做 Android 开发的同学深有体会。在 Windows 上，不同的 Android 手机需要安装不同的驱动软件，否则系统无法连接到 Android 设备。而在 Mac 系统下，由于 Mac 与 Android 内核都是 Unix\Linux 架构，不需要任何驱动程序就可以直接使用。

另外，不得不说 Mac 系统的设计哲学，将一切操作都简化到了极致。很多细小的设计点，不得不让人佩服乔布斯的眼界与思考能力。比如 Mac 最早不惜成本引入 SSD 硬盘，将系统的性能提升到一个新的境界；再比如 Mac 的多窗口环境，可以最大化地利用桌面，同时还能方便地在不同工作区中进行切换；再比如 Mac 系统的触控板、触发角等快捷工具，将各种操作集于一身极大地降低了操作成本。当然，Mac 系统也并不是完美的。由于 Windows 系统最早的窗口可视化设计，让它占领了 PC 的大部分江山，所以很多游戏基本上只支持 Windows 系统（不过笔者觉得这也许也是一个好处，可以帮助开发者远离游戏的诱惑）。同时，由于 Mac 系统是基于以安全著名的 BSD Unix 系统改进而来，所以 Mac 系统的安全性是非常高的，这也导致很多软件在 Windows 上能实现的功能在 Mac 上是无法实现的。这一点对比 Windows 版的 QQ 和 Mac 版的 QQ 就可以发现。这一点也是有利有弊的双刃剑，一方面在 Mac 系统下，有些软件无法展现在 Windows 中的强大功能；但另一方面，基于 Unix 系统的架构却可以让 Mac 使用非常多的高质量开发工具。

由于在 Mac 系统中，有些按键与常用的 Windows 按键有所不同，所以有时候在看一些配置的时候，初学者可能找不到对应的按键，因此这里对常用的按键进行一下讲解。

Command ⌘	Shift ⇧	Option ⌥	Control ^	Caps Lock ⇪

初学者应该多使用快捷键，如下所示的网址正是 Apple 官网上提供的 Mac 快捷键一览表。

https://support.apple.com/zh-cn/HT201236

在这个网址上，读者可以找到几乎所有的 Mac 快捷键，用好这些快捷键，是让 Mac 为你高效工作的基础。这里笔者列举一些常用的快捷键。

- 窗口操作

切换同一应用的多个窗口——Command＋~，这个快捷键非常有用，例如打开了多个

Android Studio 窗口，就可以通过这个快捷键进行切换。

关闭当前窗口——Command + W，这个快捷键可以关掉当前所在的这个应用的窗口，如果这个应用有多个窗口，那么这个应用不会被关闭，除非使用 Command + Q 快捷键。

新建窗口——Command + N，这个快捷键在很多应用中都是适用的，例如终端、浏览器等，通过这个快捷键可以快速创建该应用的新窗口。

- 截图

自由截图——Command + Shift + 4，这个快捷键可以像 QQ 截图那样截取任意大小的窗口，截图会保存在 Desktop 上

截取当前窗口——Command + Shift + 4 + 空格键，如果要截取当前窗口，那么只需要在自由截取的基础上，按一下空格键即可截取。

- 编辑

行首行尾——Command + Left\Right，通过这个快捷键，可以快速移动光标到行首或者行尾。

按单词移动——Option + Left\Right，通过这个快捷键，可以按单词进行光标的移动。

页首页尾——Command + Up\Down，通过这个快捷键，可以在一页的页首和页尾中快速切换。

删除行——Command + Delete，通过这个快捷键，可以快速删除一行。

虽然本章中提到的很多软件都是 Mac 中的，但是在 Linux 平台和 Windows 平台上，几乎都可以找到类似的替代软件。特别是 Linux 平台，Mac 上能够使用的软件，在 Linux 上基本都能找到，毕竟它们同根同源。而最近微软也在 Windows 10 中增加了对 Linux Bash 的支持，这意味着 Windows 平台对于 Linux 的支持也指日可待了（目前 Windows 平台上也可以使用 cygwin 来模拟 Linux 系统环境）。

1.2 搭建开发环境之高效配置

由于 Mac 系统的种种便利，笔者认为最合适的开发系统依次是 Mac > Linux > Windows。下面笔者将与大家分享开发环境的配置方法，帮助读者搭建一个高效的开发环境。

➷ 基本环境配置

这一小节，笔者将分享一些开发环境的基础配置。

Fn 键

Fn 键在 Mac 系统中默认是需要在按住 fn 功能键后才能使用的。但是 Fn 键在各种 IDE 中的功能是非常重要的，很多快捷键都包含有 Fn 键，因此笔者认为最好将 Fn 键改为标准的功能键，而不是需要按住 fn 功能键后才能使用的辅助快捷键。

通过在"系统偏好设置-键盘"中选中"将 F1、F2 等键用作标准功能键"，如图 1.3 所示，即可将 Fn 键恢复为标准快捷键，这样在各种 IDE 中就可以直接使用，而不需要配合 Fn 键了。

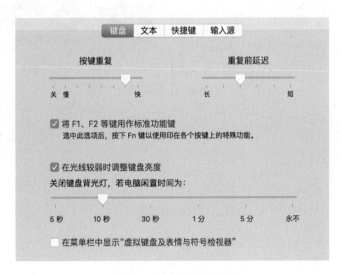

图 1.3   修改 Fn 功能键

这样修改的一个原因就是在很多 IDE、编辑器中，Fn 键都是一些快捷键，这样设置可以比较方便地使用这些快捷键。

> 虽然本文主要是以 Mac 为例进行讲解，但其实现在很多笔记本电脑默认都是这样的设置。例如 IBM、华硕的一些笔记本电脑，Fn 键都是与 fn 功能键一起使用的（例如 F8 实际上需要按住 fn 功能键和 F8 键才能使用）。这点在调试代码的时候会比较麻烦，建议开发者使用单独的 Fn 键。

Trackpad 触控板

MacBook 一个非常好的设计就是将触控板变得非常强大。大部分未使用过 Mac 的读者对触控板的认知还停留在代替简单的鼠标操作，但是在 Mac 系统中苹果赋予了触控板新的生机，它不再是一个简单代替鼠标移动、点击的工具，还可以通过手势操作完成一系列自定义的功能。比如手势进行缩放、旋转；页面、工作区直接进行切换；显示桌面和多任务调度等。所有这些功能，你都可以在"系统偏好设置-触控板"中找到设置和使用方法，如图 1.4 所示。

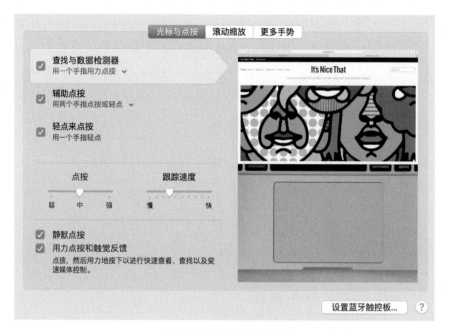

图 1.4　触控板设置选项

使用触控板手势可以很方便地让开发者摆脱鼠标，同时还能得心应手地完成各种操作。

可喜可贺的是，在 Windows 10 中微软也改进了触控板，增加了类似 Mac 的手势功能。所以 Windows 平台的开发者也不必再羡慕 Mac 平台的触控板优势了。

Dock

Dock 快捷工具栏，可以说是 Mac 的一大特色，它提供了一组快捷的启动方式，类似于 Windows 桌面底端的菜单栏，如图 1.5 所示。

图 1.5　Dock

在 Dock 工具栏中可以自由地添加或删除 App（需要注意的是，Finder 是无法被移除出 Dock 的），方便快速地找到想使用的应用。对于开发者来说，笔者习惯于在 Dock 中放置开发常用的 App，并将 Dock 设置为"自动显示和隐藏"，一是因为电脑屏幕空间有限，自动隐藏可以最大化地利用有限的屏幕空间，二是可以让桌面显得更加整洁。大家可以根据自己的习惯设置 Dock 显示的位置，例如桌面的下方或者是两边。

在 Windows 10 系统中，Windows 的菜单栏已经非常类似于 Mac 的 Dock 了，因此在 Windows 平台上，开发者同样可以将菜单栏打造成属于自己的 Dock。

➷ 基本开发工具

对于开发者来说，好好利用 Mac 中的一些软件是提高开发效率的最佳途径。下面笔者将介绍一些开发者必备的工具软件。

Homebrew

说到 Mac 上著名的 App，就不得不说 Homebrew 这个 Mac 下的包管理工具。它类似于 Ubuntu 下的 apt-get 命令，通过这个工具可以在命令行下快速获取所需要的软件，而不像在 Windows 中需要打开浏览器，找到下载包（极有可能是伪装的垃圾软件），才能进行下载。正是由于 Homebrew 的强大功能，其官网（http://brew.sh/index.html）上甚至称它为"The missing package manager for OS X"，如图 1.6 所示。

图 1.6　Homebrew 官网

Homebrew 的安装也非常简单，只需要在终端中输入以下命令即可。

```
ruby -e "$(curl -fsSL https://raw.githubusercontent.com/Homebrew/install/master/install)"
```

有了 Homebrew 以后，再要下载一些开发用的 App 就不需要去网上找了，直接在终端中通过命令就可以直接下载最新版本的 App。同时在安装好对应的 App 之后，Homebrew 还会自动帮你配置好所有的环境变量。例如我们需要安装 Node.js，只需要在终端中执行以下命令即可。

```
brew install node
```

使用 Brew 之后，开发者就不需要去网上搜索各种软件的下载链接了，直接通过终端命令就可以获取到官方的安装包，非常方便、省事。

Homebrew 镜像

由于 Homebrew 是国外的软件，下载源也基本在国外。因此在中国的开发者下载速度可能会比较慢，为了解决这个问题，有一些人为国内的开发者做了 Homebrew 的镜像。笔者这里只列举其中一个镜像源，地址为 http://ban.ninja/，显示如图 1.7 所示。

图 1.7　Homebrew 镜像

其实不光 Homebrew，很多国外的软件源在国内都有相应的镜像服务器。使用这些国内的镜像服务器可以非常方便地提高下载、更新速度，避免浪费大量的时间在网络上。

Homebrew Cask

Homebrew Cask 可以说是 Homebrew 的孪生兄弟，但是它们的区别还是很大的。从原理上来说，Homebrew 是直接下载源码解压，然后执行 ./configure 指令和 make install 指令，统一安装在/usr/local/bin/目录下；而 Homebrew Cask 是下载已经编译好的应用包（.dmg 或者.pkg 文件），解压后放到统一的目录——/opt/homebrew-cask/Caskroom。

它们的优点是都可以直接在终端中快速完成 App 的下载和安装，并一键配置好各种环境变量，同时还能非常方便地卸载。Homebrew Cask 的安装同样非常方便，只需要先安装 Homebrew，然后在终端中输入以下指令。

```
brew install caskroom/cask/brew-cask
```

Homebrew Cask 由社区进行维护，因此它有更多、更丰富的软件。通常情况下，各种开发的软件可以通过 Homebrew Cask 进行获取，例如：

- brew cask install evernote

- brew cask install skype

- brew cask install mou

- brew cask install virtualbox

- brew cask install iterm2

……

基本上开发能使用到的 App 这里都能获取到。当我们不知道 Homebrew Cask 是否有我们需要的 App 时，可以通过如下所示的指令进行搜索。

```
➜  ~  brew cask search android
==> Partial matches
android-file-transfer        androidtool
android-studio               xamarin-android
```

通过 brew cask search 指令，可以快速获取 Homebrew Cask 所能提供的 App。如果 Homebrew Cask 中没有收录你想下载的 App，那么你可以直接在其项目中提交 pull request。

另外，你还可以通过以下指令查看 App 的相关信息。

```
➜  ~  brew-cask info node
node: 4.2.1
Node.js
https://nodejs.org/
Not installed
https://github.com/caskroom/homebrew-cask/blob/master/Casks/node.rb
==> Contents
  node-v4.2.1.pkg (pkg)
```

或者通过 uninstall 指令卸载 App。

```
➜  ~  brew cask uninstall node
```

甚至你还可以新建一个 Shell 脚本，输入所有你想要安装的 App，从而创建一个一键自动安装所有 App 的脚本。

iTerm2 终端工具

Mac 系统对原生 Shell 的支持，是笔者认为 Mac 最好的功能之一。Mac 系统自带的终端工具虽然已经能够胜任绝大多数的工作，可是一旦用过了 iTerm2 你就会发现，原来 iTerm2 才是 Mac 下最好用的终端工具。

安装 iTerm2 非常简单，可以去官网上下载安装，也可以直接通过 Homebrew cask 进行安装，指令如下所示。

```
brew cask install iterm2
```

相对于 Mac 原生的终端工具，iTerm2 提供了更多的功能，例如强大的快捷键支持、指令历史记录（⌘+Shift+H）、自动补全提示（⌘+;）、强大的搜索和粘贴复制功能，等等。但是最让笔者心动的还是它的配色功能，iTerm2 提供了对整个终端工具的全面配置权限，你可以随心所欲地设置 iTerm2 的各种颜色、透明度，打造一个完全适合你自己开发风格的终端工具。

http://iterm2colorschemes.com/这个网站，收集了大量的配色文件。

读者可以根据自己的喜好，下载相应的 xxx.itermcolors 文件，双击进行安装，完成配色的设置。另外你也可以根据下载的配色文件进行二次自定义，微调其中的设置。

设置 iTerm2 的配色也非常简单，只需要打开 preferences，选择 profiles-color 标签即可导入相应的主题配色，如图 1.8 所示。

图 1.8　iTerm2 终端设置

由于开发者需要经常使用到终端，因此有一个赏心悦目的终端环境是非常必要的。

Zsh 与 oh-my-zsh

在讲解 Zsh 之前，首先需要讲解一下前面一直没有解释的一个问题，那就是——什么是 Shell？从语义上讲，Shell 就是一个壳。什么壳呢？就是包裹内核的壳，用户是不能直接与内核通信的，就像你不能直接打电话给奥巴马。但是内核提供了一个能够与你通信的对象，这个对象就是 Shell。而前面所说的终端工具、iTerm2 等，就是帮助用户使用 Shell 的工具。

Linux 给用户提供了很多 Shell（之所以会有这么多 Shell，是因为程序员大多会看不起其他程序员写的代码，因此总会有认为别人写得不好的程序员重新写一个 Shell），通过在终端中输入如下所示的指令，可以显示目前系统中存在的所有 Shell。

```
cat /etc/shells
```

例如笔者现在系统中的 Shell，如图 1.9 所示。

```
[→  ~  cat /etc/shells
# List of acceptable shells for chpass(1).
# Ftpd will not allow users to connect who are not using
# one of these shells.

/bin/bash
/bin/csh
/bin/ksh
/bin/sh
/bin/tcsh
/bin/zsh
→  ~
```

图 1.9　查看所有的 Shell

这些 Shell 的命名非常有意思，从 bash、csh、ksh 一直到 zsh，好像是按照字母表的顺序递增一样，排在最后的就是本节重点要讲的 Zsh。由此可见，Zsh 的作者还是很有野心的，用字母表的最后一个字母 "Z" 开头，暗示着是最后一个 Shell。不过，Zsh 也绝对对得起这个称号，它是目前为止功能最为强大的 Shell。但是，由于 Zsh 配置难度很大，所以一般用户很难使用，甚至是一般的程序员也很难使用。幸亏在一两年前，一个叫 Robby Russell 的程序员开发了一个项目—— oh-my-zsh，这个项目致力于简化 Zsh 的配置，同时保留它强大的功能。可想而知，这个项目是多么伟大，以至于它在 Github 上的 Star 数达到了三万多颗，如图 1.10 所示。

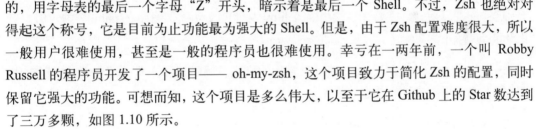

图 1.10　Github 上的 zsh

由于现在的 Mac 系统已经自带 Zsh 了，切换到 Zsh 你只需要使用如下所示的指令。

```
chsh -s /bin/zsh
```

切换完毕后，只需要安装 oh-my-zsh 即可。在它的官网上，几乎可以找到关于 oh-my-zsh 的一切，所以当你不知道如何使用它的某个功能时，不用 Google，更不用百度，请直接去它的官网 http://ohmyz.sh/ 上寻找答案。

例如安装 oh-my-zsh 的方法，直接在官网首页就可以找到。

```
$ sh -c "$(curl -fsSL https://raw.github.com/robbyrussell/oh-my-zsh/master/tools/install.sh)"
```

安装好 oh-my-zsh 之后，可以在它的配置文件中对它做进一步设置。首先在终端中打开 oh-my-zsh 的配置文件——.zshrc，指令如下所示。

```
→  ~   open .zshrc
```

在打开的配置文件中，你可以做一些相关配置，如下所述。

- 设置环境变量

由于使用的是 Zsh，所以相关的环境变量都需要配置在 Zsh 的配置文件中，例如 Android SDK 的环境变量配置。

```
export PATH=${PATH}:/Users/xuyisheng/Library/Android/sdk/platform-tools
export PATH=${PATH}:/Users/xuyisheng/Library/Android/sdk/tools
```

- alias 别名

通过在配置文件中设置别名，可以简化复杂的命令。

```
alias cls=clear
```

这样配置以后，只需要在终端中输入 cls，就可以执行 clear 所执行的清屏命令。

```
alias -s html=subl
```

这样配置以后，只需要在终端中输入 html 文件的文件名，例如 test.html，就可以自动用 Sublime 打开该文件。

另外，oh-my-zsh 也内置了一些开发常用的别名，例如 git 的一些操作。这些别名的详细使用方法，可以参见它的官网介绍。

https://github.com/robbyrussell/oh-my-zsh/wiki/Plugin:git

- 设置主题

oh-my-zsh 的主题设置是它另一个非常强大的功能。在~/.oh-my-zsh/themes 目录下，保存了各种主题的配置文件。读者可以根据自己的喜好，设置不同的主题。这些主题的预览，可以在官网上找到。

https://github.com/robbyrussell/oh-my-zsh/wiki/Themes

要修改主题也非常简单，只需要修改配置文件中的 ZSH_THEME 参数即可。

- 插件

oh-my-zsh 同样提供了插件式的开发方式。在~/.oh-my-zsh/plugins 目录下，保存了各种 oh-my-zsh 插件，这些插件的详细解释可以在官网上找到。几乎你能想到的功能，这里都提供了支持。

https://github.com/robbyrussell/oh-my-zsh/wiki/Plugins

要增加新的插件也非常简单，只需要在配置文件中找到 plugins 参数，并在后面的括号中增加相应的插件名即可。

Zsh 有很多强大的功能，例如在终端中进入一个目录时，一般要使用 cd 指令，但是在 Zsh 下，直接输入目录名即可。而且输入 d 指令，可以查看历史跳转过的路径，选择前面的数字，即可再次跳转。

除了上面列举的这些功能之外，oh-my-zsh 几乎将 Zsh 的强大功能发挥得淋漓尽致。从它各种强大的补全（自动忽略大小写）、提示，到搜索、跳转，再到完全自定义的主题、插件，oh-my-zsh 几乎成了开发者的标配。

终端使用技巧

终端可以说是 Mac、Linux 系统的核心所在，对于使用熟练的开发者来说，终端的使用可以让开发如虎添翼。而对于不熟悉使用方法的开发者来说，终端的使用却是非常痛苦的。毕竟没有图形化界面，也没有很好的交互。因此掌握一些终端的使用技巧，对开发是很有帮助的。

- 快速定位

在终端中输入指令之后，如果前面的指令输入有误，那么免不了通过方向键移动光标进行修改。但是当指令很长的时候，通过方向键移动就显得非常麻烦了。这时候通过 Alt+鼠标点击，就可以将光标快速定位到鼠标点击的地方。另外，通过 Control+A 和 Control+E 快捷键，还可以快速将光标移动到开头和结尾处。

- 搜索指令

当在终端中工作一段时间之后，开发者可能已经在终端中输入了很多指令，这时候通过方向键上和方向键下，可以自由切换之前输入过的指令。另外，使用 Control+R 快捷键，还可以搜索输入的历史指令，系统会进行模糊匹配，找到匹配的历史指令。

- Find

Linux 下的常用指令，开发者可以非常方便地查找一个文件，该指令的基本使用格式为 find [path][options][expression]，例如在当前目录下查 ".txt" 结尾的文件，指令为：

```
find . -name '*.txt'
```

- Grep

这个指令的使用非常广泛，在后面的讲解中，笔者将经常使用到这个指令。简而言之，这个指令就是用于过滤筛选结果的。

终端下的指令非常多，基本上在 Linux 中可以使用的指令，在 Mac 中都可以使用。所以熟悉 Linux 的开发者，在 Mac 中使用终端一定会有一种如鱼得水的感觉。

Alfred2 搜索利器

在 Mac 系统中，系统给我们提供了一个功能强大的搜索工具——Spotlight。点击菜单栏上的那个小放大镜一样的图标，就可以启动 Spotlight，如图 1.11 所示。

图 1.11　Spotlight

通过 Spotlight，用户可以搜索 Mac 上的各种文件，效率之高，足以让 Windows 望尘莫及，几乎在你输入的同时，就可以显示出搜索的结果。例如输入 terminal，如图 1.12 所示。

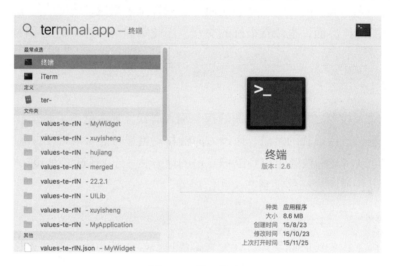

图 1.12　输入指令

系统马上就可以显示出关于 terminal 的一切，除了用来搜索文件、App，Spotlight 甚至可以用来做计算器或者单位换算。在 Windows 上，由于它非常差的搜索体验，让很多人都没用适应使用搜索的习惯，而在 Mac 下搜索可能是一个非常高效的方式。

虽然 Spotlight 的功能已经非常强大了，但这次的主角却依然轮不到它，因为 Spotlight 能做的，Alfred2 都能做；Spotlight 不能做的，Alfred2 也能做；Alfred2 不能做的，你可以编程，让它可以做！

Alfred2 既可以从官网（https://www.alfredapp.com/）上下载进行安装，也可以自己使用 Homebrew 进行安装。与 Spotlight 一样，Alfred2 可以设置启动的快捷键。通常情况下，由于 Alfred2 是用于替代 Spotlight 功能的，因此一般将 Alfred2 的快捷键设置为 Option+Space，这样在使用中就可以直接使用 Spotlight 的快捷键启动 Alfred2。

与 Spotlight 一样，Alfred2 的基本功能就是搜索。Alfred2 的搜索功能完全覆盖了 Spotlight 的功能，同时还提供了更为高级的用法，打开 Alfred2 的 Preferences 界面，并选择 Features 选项卡，如图 1.13 所示。

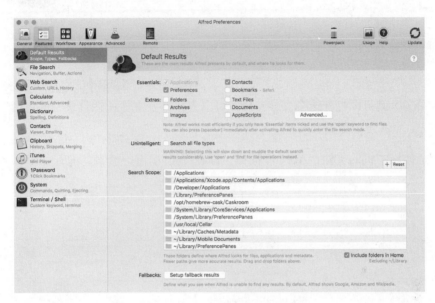

图 1.13　Alfred2

在 Features 选项卡下，Alfred2 列举了它的一些基本功能，例如全文件检索，如图 1.14 所示。

图 1.14　Alfred2 检索

15

通过直接输入 open、find、in、tags 关键字，就可以直接启动打开、寻找并打开文件目录、在文件中检索、通过 tag 检索等功能。例如图 1.15 所示，直接在 Alfred2 中输入指令。

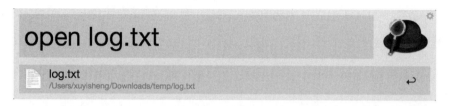

图 1.15　Alfred2 输入指令

直接回车，就可以打开这个文件。find 可以直接打开文件所在目录，in 可以直接搜索文件的内容，tags 可以根据 tag 来进行检索。

不光是搜索本机的文件，Alfred2 同样可以在 Web 上进行搜索，配置如图 1.16 所示。

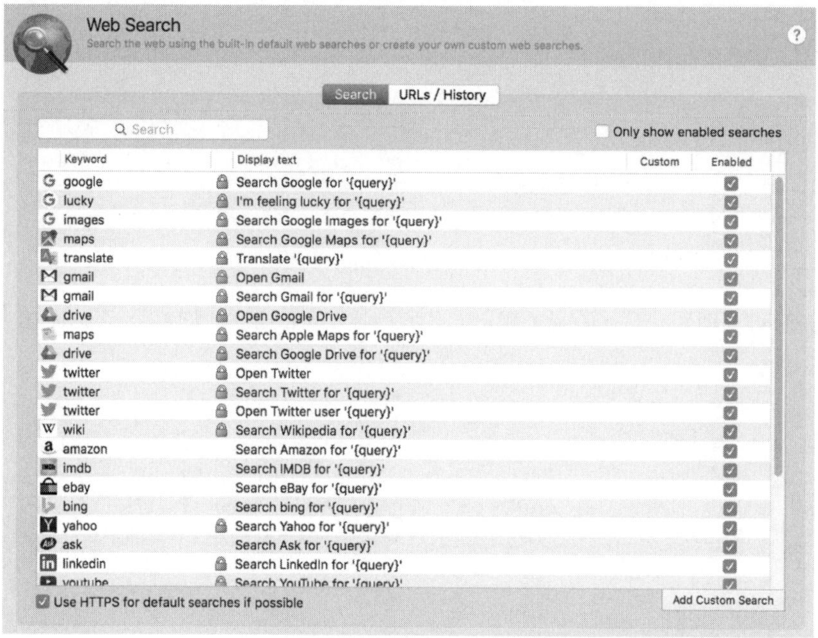

图 1.16　Alfred2 快捷搜索

直接调出 Alfred2，就可以直接使用 Google 或者自定义的搜索引擎进行搜索，甚至都不用打开浏览器。例如，在 Alfred2 中可以自定义一些搜索，点击右下角的"Add Custom Search"按钮，在 Search URL 中输入 http://s.taobao.com/search?q={query}，如图 1.17 所示。

这样设置以后，在 Alfred2 中只需要输入 tao 关键字，就可以直接调用淘宝进行搜索了，如图 1.18 所示。

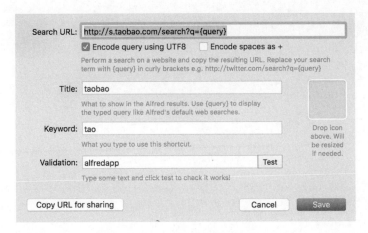

图 1.17　Alfred2 配置搜索

图 1.18　Alfred2 自定义搜索

类似地，你可以完全定义自动的搜索入口，只需要将相应的搜索 URL 中的搜索内容换成{query}即可。

除了强大的搜索功能之外，Alfred2 还提供了强大的系统功能支持，如图 1.19 所示。

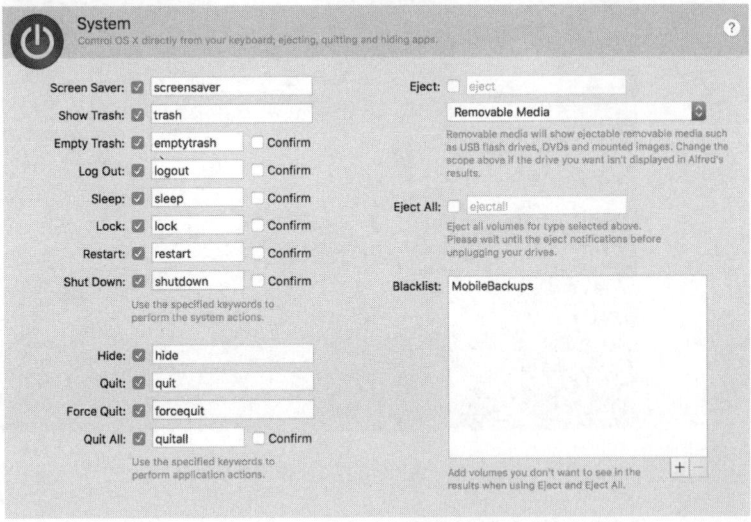

图 1.19　Alfred2 系统配置

以最常用的锁屏功能为例，如果没有 Alfred2，一般用户会通过设置触发角来进行锁屏，但是这非常容易误操作。而有了 Alfred2 之后，一切就变得非常方便了，只需要调出 Alfred2 输入 lock，即可锁屏，如图 1.20 所示。

图 1.20　Alfred2 指令

类似地，相关的 Log out、睡眠、清空垃圾箱、关机、退出程序等系统操作，都可以通过 Alfred2 这个总入口来进行触发。

关于 Alfred2 Features 下面的其他功能，这里就不再一一介绍了，相信读者只要简单地看一下说明，就知道该如何使用了。

如果仅仅是上面所提到的这些功能，相信 Alfred2 一定得不到 Mac 系统"App 王者"的头衔，最多只能说是非常好用，那么 Alfred2 被无数 Mac 用户赞不绝口，一定是有原因的。这个原因就是 Alfred2 强大的 Workflows 功能（需要购买 Alfred2 的 powerpack）。通过点击 Preferences 界面的 Workflows 选项卡，可以打开 Workflows，如图 1.21 所示。

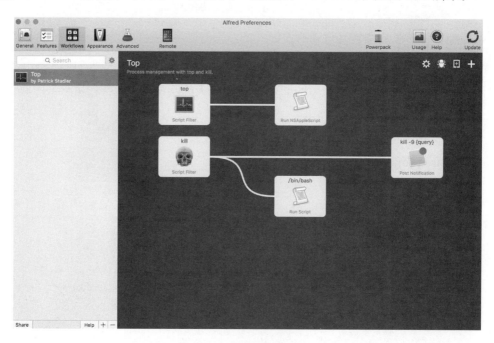

图 1.21　Alfred2 Workflows

在 Workflows 中，可以自定义各种高级的功能入口，丰富到几乎所有的操作都可以通过 Alfred2 来实现，这里笔者添加了一个简单的 Workflows——Top Workflows。安装了这个 Workflows 之后，调出 Alfred2，直接输入 top，如图 1.22 所示。

图 1.22　Alfred2 top 指令

这时列表中会自动显示目前的进程状态，类似直接在终端中执行的 top 指令。选中相应的进程，或者输入 kill 就可以直接结束掉这个进程。整个操作都不需要打开终端，如图 1.23 所示。

图 1.23　Alfred2 kill 指令

这里只是一个非常简单的 Workflows。由于 Workflows 的强大，世界上大量的程序员都在贡献着不同的 Workflows，你可以在这些网站上获得需要的 Workflows。

http:// alfredworkflow.com/，如图 1.24 所示。

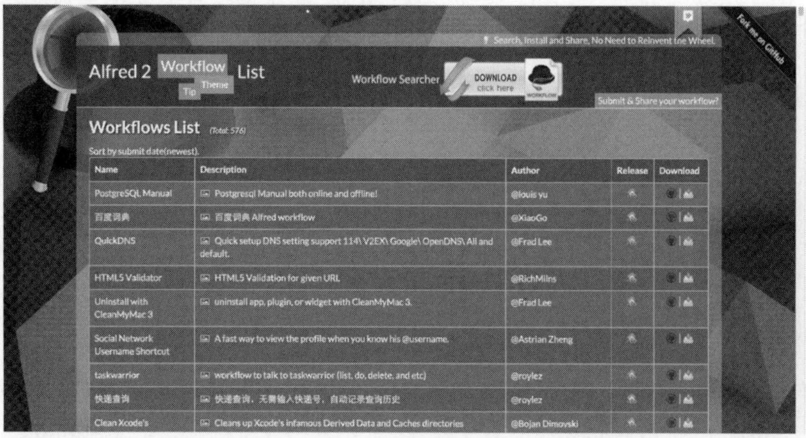

图 1.24　Alfred2 查找 Workflows

https://github.com/zenorocha/alfred-workflows，Alfred 安装 Workflows 如图 1.25 所示。

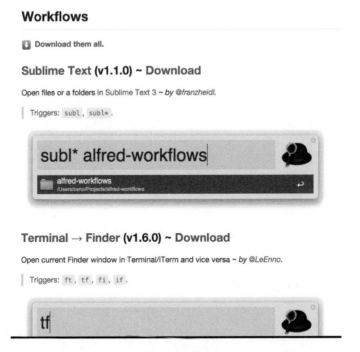

图 1.25　Alfred2 安装 Workflows

这些 Workflows 网站上，收集了数以千计的 Workflows，例如直接搜索快递单号信息、列出今日知乎精华帖、检索新闻、天气信息，等等。甚至还可以做一些简单的 App，例如在 Alfred2 中直接发送微博、Facebook，或者进行进制转换等功能，几乎没有什么不能做的。如果对别人写的 Workflows 都不满意，那么也可以自己编写属于自己的 Workflows。

在 Windows 系统中，虽然没有 Alfred2，但是另一个搜索工具也是非常强大的，那就是——Everything。它可以说是 Windows 平台下最强大的搜索工具了，而且在大部分情况下，可以代替 Alfred2 的搜索功能。

Sublime Text

开发者除了需要有一款好的 IDE 之外，还需要有一个好的编辑器，这个编辑器可以是 atom，也可以是 vim，或者是 Emacs。不过对于大部分的前端开发者来说，包括笔者，比较钟爱 Sublime Text。

开发者可以通过 Homebrew，或者到 Sublime 的官网下载安装包进行安装，其官网地址为 http://www.sublimetext.com/。

在 Sublime 的官网上，记录了一些开发者喜欢使用 Sublime 的原因，如图 1.26 所示。

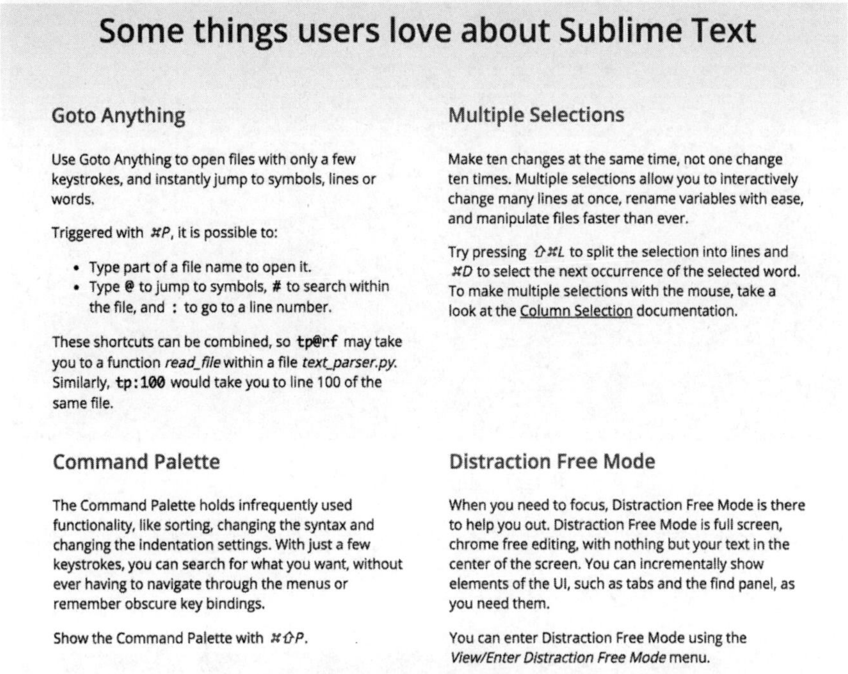

Some things users love about Sublime Text

Goto Anything

Use Goto Anything to open files with only a few keystrokes, and instantly jump to symbols, lines or words.

Triggered with ⌘P, it is possible to:

- Type part of a file name to open it.
- Type @ to jump to symbols, # to search within the file, and : to go to a line number.

These shortcuts can be combined, so tp@rf may take you to a function *read_file* within a file *text_parser.py*. Similarly, tp:100 would take you to line 100 of the same file.

Command Palette

The Command Palette holds infrequently used functionality, like sorting, changing the syntax and changing the indentation settings. With just a few keystrokes, you can search for what you want, without ever having to navigate through the menus or remember obscure key bindings.

Show the Command Palette with ⌘⇧P.

Multiple Selections

Make ten changes at the same time, not one change ten times. Multiple selections allow you to interactively change many lines at once, rename variables with ease, and manipulate files faster than ever.

Try pressing ⇧⌘L to split the selection into lines and ⌘D to select the next occurrence of the selected word. To make multiple selections with the mouse, take a look at the Column Selection documentation.

Distraction Free Mode

When you need to focus, Distraction Free Mode is there to help you out. Distraction Free Mode is full screen, chrome free editing, with nothing but your text in the center of the screen. You can incrementally show elements of the UI, such as tabs and the find panel, as you need them.

You can enter Distraction Free Mode using the *View/Enter Distraction Free Mode* menu.

图 1.26　Sublime 官网

例如 Sublime 的快捷操作、丰富的插件和强大的定制功能等，使得 Sublime 已经成为开发者必不可少的编辑器之一了。

Sublime 的安装

Sublime 可以通过 Homebrew 进行安装，也可以去官网下载安装包进行安装。它们的区别就是，通过 Homebrew 进行安装不用配置环境变量，在终端中通过 subl 指令就可以操作 Sublime。但如果是手动下载安装的话，就需要在终端的配置文件中配置相应的环境变量，如下所示。

```
export PATH=${PATH}:/Applications/Sublime\ Text.app/Contents/SharedSupport/bin
```

配置好环境变量后，就可以在终端中启动 Sublime 了。

Sublime 常用操作

Sublime 作为一款记事本的替代软件，可以很方便地完成记事本的一切功能，同时能够快速、高效地打开大文件，界面简洁，操作容易上手。Sublime 的初始界面如图 1.27 所示。

图 1.27　Sublime 单文件示例

当打开一个文件夹时，可以通过 View-sidebar 选择是否开启侧边栏。一般来说，在打开文件夹时，侧边栏是非常方便的导航工具，如图 1.28 所示。

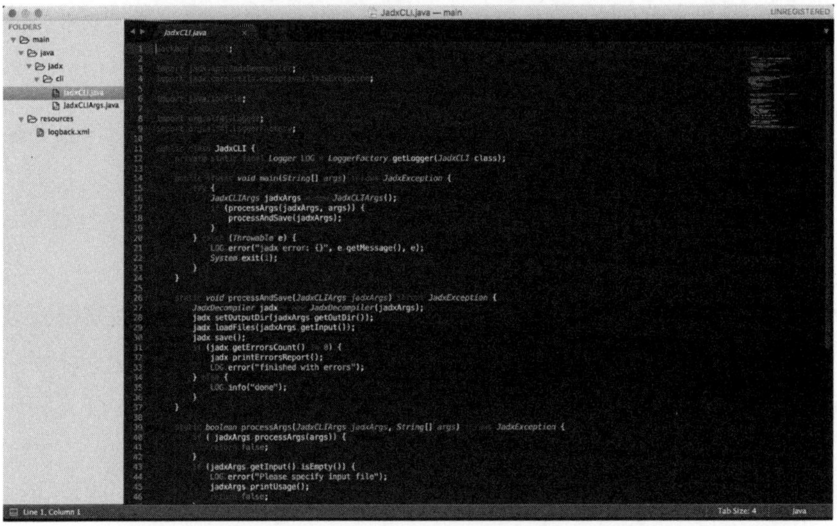

图 1.28　Sublime 文件夹示例

Sublime 拥有强大的功能，也有强大的配置和快捷键，开发者可以全面定义自己的 Sublime 操作。它的配置文件可以通过 Performances-Setting-Default 和 Setting-User 进行配置，如图 1.29 所示。

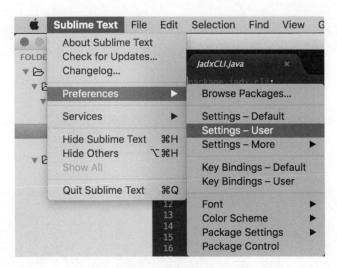

图 1.29　Sublime 设置

这两个配置文件的区别在于，Default 是系统的配置，在 Sublime 升级的时候会被重置。但 User 是用户的配置，开发者可以将要修改的设置 Copy 到 User 中，以此覆盖掉系统的默认配置。下面笔者以一个简单的例子来讲解一下如何配置。首先，打开 Setting-Default 文件，如图 1.30 所示。

图 1.30　Sublime 配置表

如 1.30 图所示，Sublime 完全是以键值对的方式进行配置的，找到对应功能的键，修改键的值即可完成配置。这里笔者找到 open_files_in_new_window 参数，将默认的这一行 Copy 到 Setting-User 中，并将参数的值改为 false，即可设定 Sublime 每次打开文件都开启新的标签而不是新的窗口。

快捷键的修改也是类似的方法，其配置文件为 Performances-Key Bindings Default 和 Key Bindings User，与操作配置的设置方法类似，这里不再赘述。

Multi Cursor Editor

与 Android Studio 中一样，Sublime 可以通过设置多个光标进行同时编辑。这种操作方式在某些时候可以让编辑操作变得异常方便。例如给多个变量增加前缀名、同时修改多个类似的文本等，其效果如图 1.31 所示。

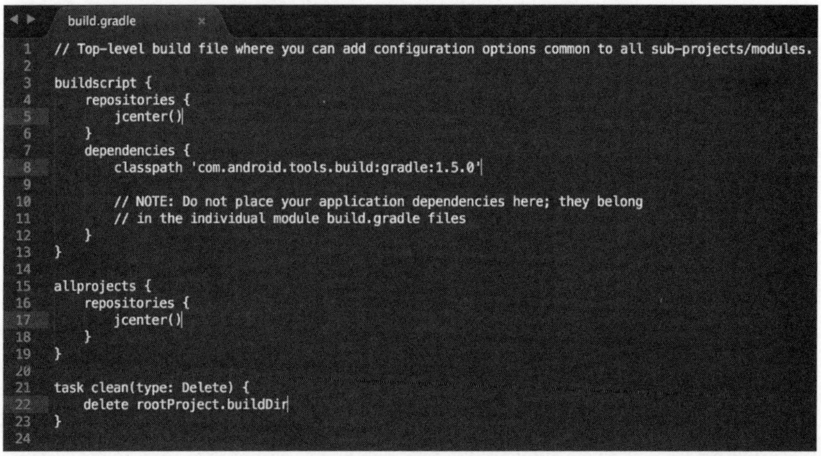

图 1.31　Sublime 多光标编辑

如图 1.31 所示，在编辑器中存在多个光标可以同时对这些光标所在区域进行编辑。要使用这个功能也非常简单，只需要按住 Command 键再点击要编辑的地方即可增加光标，从而进行编辑。

除了这种方式进行多光标编辑，Sublime 还支持纵向多光标编辑，效果如图 1.32 所示。

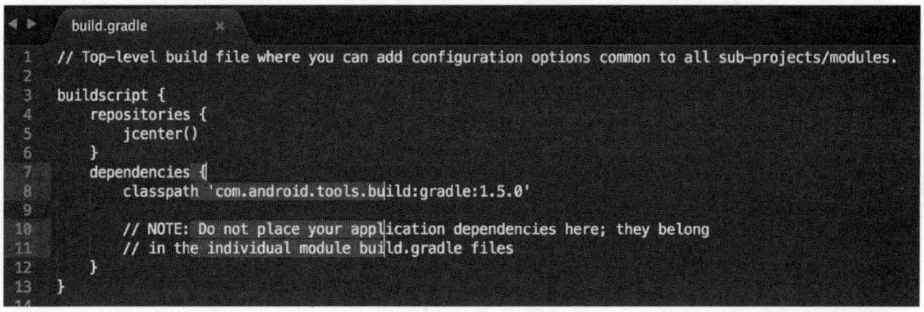

图 1.32　Sublime 列编辑

可以发现，通过纵向选择的行形成了一块区域，开发者可以对这块区域内的文字进行统一修改。这个操作在某些情况下同样能够提供非常便利的编辑方式，它的使用方式也很简单，只需要按住 Option 键，再按住鼠标拖动即可。

Goto anything

与 Android Studio 类似，Sublime 中集成了一个搜索功能，即 Goto anything。通过快捷键 Command+P 可以打开该命令。在打开文件夹时，通过该指令可以查找打开的所有文件，如图 1.33 所示。

图 1.33　Sublime Goto anything

当打开的文件为代码时，在 Goto anything 中输入@符号，可以查看代码的大纲结构，如图 1.34 所示。

图 1.34　Sublime 查看代码结构

类似地，如果是 Markdown 文件，也可以展示文档的大纲。

Package Control

前面列举的这些 Sublime 的优势，其实很多其他编辑器也都具有，Sublime 令开发者着迷的实际上是它的插件库。Sublime 具有非常强大的插件库，甚至可以毫不夸张地说，通过配置 Sublime 的插件可以把一个 Sublime 编辑器打造成一个 Sublime IDE 集成开发环境。特别是前端开发者，很多都使用 Sublime 作为自己的 IDE 进行前端开发，可想而知 Sublime 的插件功能有多强大。

Package Control 的官网地址为 https://packagecontrol.io/，显示如图 1.35 所示。

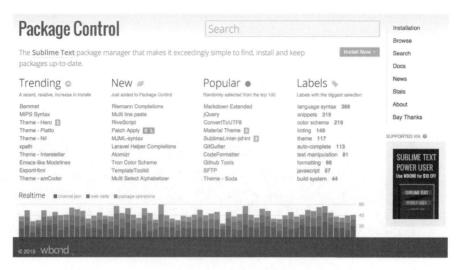

图 1.35　Sublime Package Control

　　开发者可以在这里找到自己想要的插件，通过非常简单的方式进行安装即可使用。甚至开发者可以自己编写 Sublime 的插件，具有完全的可定制化和可配置性。

　　在官网上，详细介绍了 Package Control 的安装方法，以及每个插件的安装和使用方法，具体使用大家可以参考官网的说明，如图 1.36 所示。

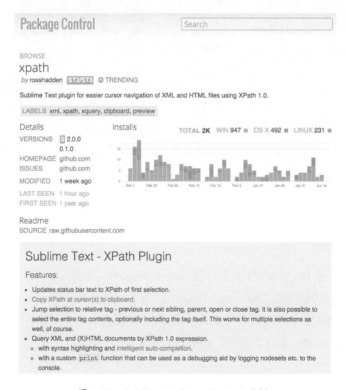

图 1.36　Sublime Package Control 示例

除了各种功能性插件之外，这里包含了很多主题插件和配色插件，开发者可以根据自己的喜好进行设置。

Sublime 是一个跨平台的编辑器，在各个平台上都可以使用。

Bartender

Bartender 的作用非常简单，就是帮你管理 Mac 的菜单栏，其项目地址为 https://www.macbartender.com/。

有人可能要问，这样一个东西有什么用呢？它最基本的功能就是可以让 Mac 的菜单栏变得干净、整洁，如同其官网上介绍的那样，如图 1.37 所示。

图 1.37　Bartender

但对于程序员来说，还有一个非常重要的原因，那就是可以避免社交工具的打扰。开发者可以在工作时间将 QQ、微信这些图标隐藏，从而避免有强迫症的开发者看见未读消息的图标而打断开发工作。

反编译工具

关于反编译工具，笔者在《Android 群英传》中已经讲解了 APKTool 和 Dextojar 这两个工具的使用，这里不再赘述。而是介绍一种更加全能的反编译工具——Jadx，该工具的项目主页为 https://github.com/skylot/jadx。

按照作者的说明，通过如下所示的方式进行下载、编译。

```
➜  jadx   git clone https://github.com/skylot/jadx.git
Cloning into 'jadx'...
remote: Counting objects: 11347, done.
remote: Total 11347 (delta 0), reused 0 (delta 0), pack-reused 11347
Receiving objects: 100% (11347/11347), 5.19 MiB | 73.00 KiB/s, done.
Resolving deltas: 100% (5949/5949), done.
Checking connectivity... done.
➜  jadx git:(master) ✗ gradle build
```

如果读者已经配置好 gradle 的环境变量，那么直接执行 build 指令即可。等 Jadx 编译完毕，进入其 build/jadx/bin/目录，执行以下的操作。

```
➜  bin git:(master) ✗ ./jadx -d out ~/Downloads/test.apk
```

执行完毕后，在 bin 目录下就会生成 out 目录，里面便是反编译出的文件，如图 1.38 所示。

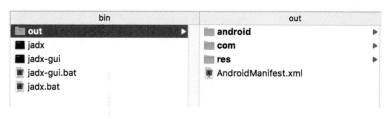

图 1.38　编译后的 Jadx 目录

这里笔者只介绍了最简单的用法，该工具的作者在项目主页上展示了完整的使用方法，感兴趣的开发者可以自行查看，指令如图 1.39 所示。

Usage

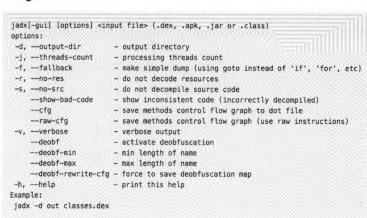

图 1.39　Jadx 使用方法

这个反编译工具的优势在于可以一次性完成资源和代码的反编译。同时 GUI 界面支持强大的搜索能力，无论是对于学习还是研究其他 App 的代码，Jadx 都是一个功能强大的工具。

其他常用工具

有了前面介绍的 Homebrew，那么再安装工具、软件就非常简单了，几乎都是一行命令搞定。

- Git

分布式版本管理工具，相信开发者都比较熟悉了。安装指令如下所示。

```
brew cask install git
```

- Java

同样是通过 Homebrew，系统可以自动帮你安装好 Java，并配置好 Java 的所有环境变量。安装指令如下所示。

```
brew cask install java
```

- Android Studio

作为 Android 开发者，自然是不能忘记 Android 的开发 IDE——Android Studio。安装指令如下所示。

```
brew cask install android-studio
```

- Parallels Desktop

Mac 中虚拟机，功能非常强大，基本包含了 VirtualBox 的所有功能。同时，虚拟机的 App 在 Mac 系统下同样也会有提示。

- 1Password

Mac 下的密码管理软件。

- Tree

Tree 这个小工具对于在终端中查看文档的目录结构是非常有用的。安装指令如下所示。

```
brew install tree
```

在某个需要查看的目录下，只需要执行如下指令就可以在终端中显示文档树形结构。

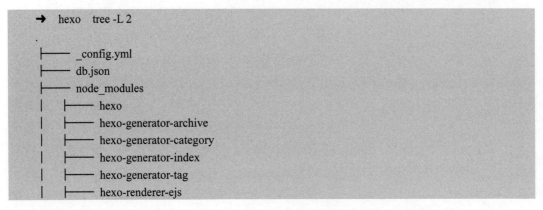

```
→   hexo    tree -L 2
.
├── _config.yml
├── db.json
├── node_modules
│   ├── hexo
│   ├── hexo-generator-archive
│   ├── hexo-generator-category
│   ├── hexo-generator-index
│   ├── hexo-generator-tag
│   ├── hexo-renderer-ejs
```

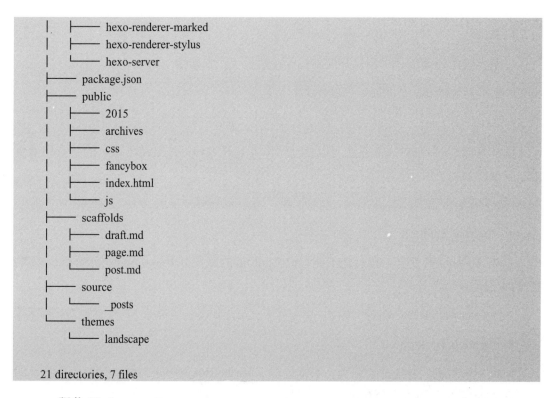

```
|        ├── hexo-renderer-marked
|        ├── hexo-renderer-stylus
|        └── hexo-server
├── package.json
├── public
|     ├── 2015
|     ├── archives
|     ├── css
|     ├── fancybox
|     ├── index.html
|     └── js
├── scaffolds
|     ├── draft.md
|     ├── page.md
|     └── post.md
├── source
|     └── _posts
└── themes
      └── landscape

21 directories, 7 files
```

- 强化 Finder

常用的 Finder 强化工具，主要有 Pathfinder 和 XtraFinder 两种。不管使用哪一种都是对原生 Finder 的强化，例如查看隐藏文件、通过选项卡方式打开多个 Finder 等功能。

1.3 搭建程序员的博客平台

笔者从大四开始写博客，起初只是将博客作为一个知识积累的地方，慢慢地便养成了一种习惯。写博客不仅可以强化自己的知识，还可以分享给更多的开发者。

↳ 开发者为什么要写作

在这样一个知识爆炸的时代，几乎所有的信息都可以在互联网上找到，特别是在开发界，各种技术的细节在网上都有大量的相关文章。这些文章是开发者创作的，那么这些开发者为什么要进行写作呢？很多开发者把写作当成技术笔记的积累，供自己回顾。笔者最开始在 CSDN 上发表博客，就是基于这样一个考虑。但真正的技术写作与做笔记供自己回顾不同，写作的文章比起笔记要更加的完整、系统，而且好的文章需要大量的时间去写，能坚持下来的开发者的确是凤毛麟角。

写作究竟能带给开发者怎样的好处呢？在写作的过程中，由于需要对知识有整体地把握，所以需要反复探究你自认为已经掌握的知识。在这期间，你可能会发现感到模棱两可、认知有误的地方，从而纠正你的错误。而当你的文章发布到网上之后，你可以得到读者的反馈。在这些互动中，你可能会获得更多的知识。

然而最重要的是，对于知识的学习来说，记忆与理解是学习的最低维度；应用与分析是学习的提高维度；讲授与创造是学习的最高维度。在写作的过程中，你可以很自然地从记忆、理解，提高到应用、分析。如果能够在后期进行讲授，甚至创造新的知识，那么就是知识学习的最高境界了。可见，写作其实是带给了我们一种更好的学习模式。

除此之外，写作也会带给你更大的影响力，带给你更多志同道合的开发者朋友，这些都是很好的隐藏财富。

笔者刚开始写作时，只是将平时学到的知识记录下来，作为遇到问题时第一时间查阅的资料，慢慢地写多了，看的人也多了，才渐渐写得更加具体、注意排版和质量。因此对于开发者来说，写作一定是一个持久的过程，只有慢慢养成习惯才能体现出写作的价值。写作也不一定非要有什么规定，不论是技术类还是工作感悟都可以作为写作的内容，平时可以直接记录在备忘录中，三言两语，做个提示。也许是当天开发中遇到的一些问题和解决办法，或者是某个 API 的使用方法，亦或是对架构、技术的思考。等有时间了，找到其中一点就可以动手写作了，不必刻意追求每周一篇或者两篇。笔者有时候可能一周写好几篇，但也经常一个月写一篇，开发者只要拿捏好这个度即可，不能占用太多的时间，也不能完全放松。当你养成一个习惯之后，就可以感受到写作带给你的财富了。

↘ 写作平台

在这样一个互联网时代，写作已经不再仅仅局限于书籍了，好好利用互联网的资源，可以尽情地享受写作。

↘ 第三方博客平台

得益于网络的流行，互联网上有很多第三方的博客平台，例如 CSDN 博客、博客园、简书等，通过使用这些博客平台，作者可以仅仅关注于写作本身，而博客平台提供展示、互动的功能。这对于刚刚开始写作的朋友来说是非常有利的，毕竟通过第三方博客平台，不用操心博客的推广、展示，以及与其他读者的互动功能，从而可以专注于写出好文章。

但是它们的短处也非常明显，那就是这些第三方的博客平台无法过多地自定义风格（在写作的初期，这些可能并没有太大的影响）。而且这些平台毕竟是商业网站，需要有自己的盈利点，所以广告等元素是无法避免的。这也是很多开发者在写作积累到一定程度的时候，会去自己搭平台写博客的原因。

在笔者看来，开发者在刚开始写作的时候，建议选择第三方平台。一来可以只关心写作的内容，培养好的写作习惯；二来可以利用它们庞大的用户群，快速提高自己的技术影响力（前提是要有高质量的文章），当写作经验积累到一定程度后，再去搭建自己的博客。

↘ 自建博客平台

自建博客平台，实际上是非常有技术含量的一件事。它不仅需要开发者对 Web、开发语言、网络有足够的了解，同时还需要对平台搜索、维护等具有一定的经验。因此如果你是一个爱折腾的开发者，那么自建博客平台一定是你最好的选择。

目前市面上使用最广的自建博客平台，基本上分为 WordPress 阵营和脚本语言阵营。

WordPress

WordPress，是一种使用 PHP 语言开发的博客平台，用户可以在支持 PHP 和 MySQL 数据库的服务器上架设博客平台。WordPress 是目前市面上使用最广的自建博客平台之一，拥有非常多的模板、插件和教程，用户可以利用 WordPress 在很短的时间内搭建属于自己的博客平台。

图 1.40　WordPress

Jekyll、Octopress 与 Ghost

Jekyll 和 Octopress 同样出自于 Ruby，它们共同的特点是可以通过命令行快速生成静态网页，再利用 Github Pages 这个纯天然的托管平台，几乎几分钟就可以搭建好属于自己的博客平台。而且整个写作都支持 Markdown 格式，通过命令行就可以快速把 Markdown 文档发布到博客上。这样的工具简直就是天生为程序员打造的，不仅不用担心托管空间，而且还可以利用 Markdown 专心写作，同时整个操作全部基于命令行，使用起来非常 Geek。

不论是 Jekyll（图 1.41）还是 Octopress（图 1.42），它们的官网上都有非常详细的使用文档，通过阅读官方的构建文档，再加上网上丰富的模板、插件，几乎可以零成本快速建站，它们的官网为 http://jekyll.bootcss.com/和 http://octopress.org/。

图 1.41　Jekyll

图 1.42　Octopress

前面讲的两种博客系统都是基于 Ruby 的，下面这个是基于 Node.js 的一个博客系统——Ghost（图 1.43）。它与前面介绍的博客系统不同，Jekyll 和 Octopress 只是将 Markdown 文档转换为 Html 文件，作为静态网页，利用 Github Pages 进行发布。而 Ghost 本身就具有发布文章的功能，类似于轻量级的 WordPress（其实它的创始人就是 WordPress 的高级工程师）。其官网为 https://ghost.org/，中文官网为 http://www.ghostchina.com/。

通过 Ghost 的后台发布系统，用户可以很方便地发布文档。Ghost 的后台编辑器同样适用于 Markdown 等格式。这样一个简化的一体化平台，相对于只使用命令行进行部署和发布的 Jekyll 和 Octopress，Ghost 让非技术员工也能方便地使用。

图 1.43　Ghost

Hexo

然而好戏总在后面。对于 Jekyll 和 Octopress 来说，由于其使用的是 Ruby，所以性能比较 js 来说会略慢。而 Ghost 虽然使用是的 Node.js（Javascript 的一个框架），但由于是刚刚创立不久，其文档、模板、插件等资源还不是太成熟，所以对于开发者来说，笔者最为推荐的博客平台，还应该是——Hexo（如图 1.44 所示）。利用原作者的一句话——A fast, simple & powerful blog framework, powered by Node.js。

图 1.44　Hexo

Hexo 同样是基于 Node.js 的博客平台。与 Jekyll 和 Octopress 类似，Hexo 也是生成静态的 Html 文件，部署到各个托管平台完成发布。但 Hexo 的效率，相对于 Jekyll 和 Octopress 有着更加显著的提高。在短短几年的时间里，Hexo 就已经俘获了千千万万开发者的心。其官网地址为 https://hexo.io/zh-cn/。

虽然官网上已经有非常详细的安装、使用说明，但笔者还是带大家简要看一下如何利用 Hexo 搭建自己的博客系统。

环境准备

1．安装 Git，在前文中已经说明如何安装，这里不再赘述。

2．安装 Node.js，通过 Homebrew 或者从官网上下载安装包的方式都可以进行安装。

安装完毕之后，打开终端，检验是否安装正确。

```
➜  ~  node -v
v4.2.1
➜  ~  npm -v
2.14.7
➜  ~  git --version
git version 2.6.2
```

检测版本号正确之后，即表示环境配置成功。

安装 Hexo

创建一个目录，进入到该目录中，执行以下指令。

```
npm install -g hexo-cli
```

由于国内网络问题，可能该过程会比较慢，所以需要耐心等待，或者也可以更换国内的镜像源下载。

初始化站点

创建一个目录 hexo（你也可以改为喜欢的名字），然后执行以下指令。

```
➜  MD   hexo init hexo
INFO   Copying data to ~/Documents/MD/hexo
INFO   You are almost done! Don't forget to run 'npm install' before you start blogging with Hexo!
```

此时，系统会提示执行 npm install 以完成所有的配置。进入该目录后，执行 npm install 等待安装完成即可。

本地部署测试

在整个配置完成之后，打开终端，输入以下指令即可运行本地测试服务。

```
➜  hexo   hexo server
INFO   Hexo is running at http://0.0.0.0:4000/. Press Ctrl+C to stop.
```

服务运行起来之后，打开浏览器，输入 http://localhost:4000/ 即可打开 Hexo 的默认页面，如图 1.45 所示。

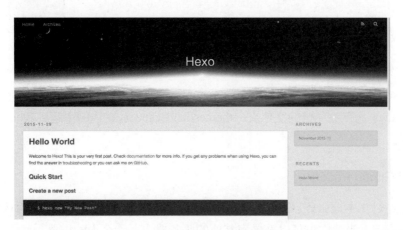

图 1.45　Hexo 示例

如果看见了这个页面，就说明你的 Hexo 已经基本搭建完成了。再打开 hexo 文件夹，其基本目录结构如下。

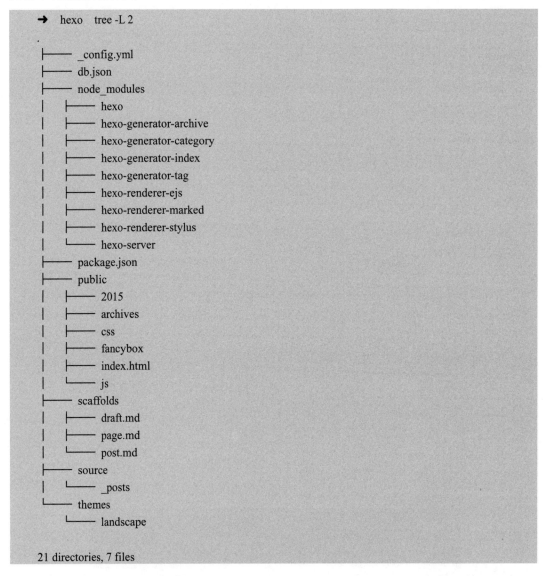

```
➜   hexo   tree -L 2
.
├──── _config.yml
├──── db.json
├──── node_modules
│     ├──── hexo
│     ├──── hexo-generator-archive
│     ├──── hexo-generator-category
│     ├──── hexo-generator-index
│     ├──── hexo-generator-tag
│     ├──── hexo-renderer-ejs
│     ├──── hexo-renderer-marked
│     ├──── hexo-renderer-stylus
│     └──── hexo-server
├──── package.json
├──── public
│     ├──── 2015
│     ├──── archives
│     ├──── css
│     ├──── fancybox
│     ├──── index.html
│     └──── js
├──── scaffolds
│     ├──── draft.md
│     ├──── page.md
│     └──── post.md
├──── source
│     └──── _posts
└──── themes
      └──── landscape

21 directories, 7 files
```

其中，source 是博客资源文件夹，source/_drafts 是草稿文件夹，source/_posts 是文章文件夹，themes 是存放主题的文件夹，themes/landscape 是默认的主题，_config.yml 是全局配置文件。

部署到 Github Pages

前面是运行在本地服务器上进行的测试，下面笔者将把这个博客发布到 Github Pages 上，供外网访问。当然你也可以部署到其他的服务器上，看个人的需要，对于一般的开发者来说，Github Pages 就已经足够了。Github Pages 服务的使用步骤如下。

1.开通 Github 账号,这个相信开发者都有,例如笔者的 Github 账号用户名为 xuyisheng,这个后面会用到。

2．创建一个 repository，名称必须是——用户名.github.io，例如笔者创建的这个 repository，如图 1.46 所示。

图 1.46　github.io 地址

3．修改配置文件——_config.yml。这个配置文件在前面创建的 hexo 目录的根目录下面，这里配置了整个站点的信息，打开_config.yml 文件，如图 1.47 所示。

图 1.47　Hexo 配置文件

整个配置文件的配置方法都很简单，命名一目了然，即使遇到你不了解的配置，你也可以在官网上找到详细的解释（https://hexo.io/zh-cn/docs/configuration.html），如图 1.48 所示。

图 1.48　Hexo 文档

唯一需要注意的一点是最后 Deployment 的配置，这里是配置如何部署到服务器上。如果你使用的是 Github，那么可以参考笔者的配置，如下所示。

```
# Deployment
## Docs: http://hexo.io/docs/deployment.html
deploy:
    type: git
    repository: git@github.com:xuyisheng/xuyisheng.github.io.git
    branch: master
```

只需要将对应的用户名修改为你自己的用户名即可。

在配置文件中，可以设置 Hexo 站点所使用的主题，默认的主题是作者使用的 landscape 主题，如下所示。

```
# Extensions
## Plugins: http://hexo.io/plugins/
## Themes: http://hexo.io/themes/
theme: landscape
```

如果要修改主题，只需要将主题文件 clone 到 themes 目录下，并修改_config.yml 配置文件即可。例如进入到 hexo 的 themes 目录下，再执行如下所示的指令。

```
git clone git@github.com:wuchong/jacman.git
```

然后修改配置文件的 theme 参数为 jacman。在官网上，作者列出了很多 Hexo 的主题，地址为 https://github.com/hexojs/hexo/wiki/Themes。

大家可以在这里找到自己喜欢的主题，与上面的使用方法相同，只需要将主题 clone

到本地，再修改配置文件即可。

新建博客

站点全部准备完毕，最后也是最重要的一步，就是完善博客的内容。发布博客有两种方式，一种是通过命令行直接生成一个博客的模板，另一种是直接把 Markdown 文档拿来使用。

- 命令行生成

直接输入如下指令，即可生成一篇新的文章。

```
➜  hexo   hexo new testMyBlog
INFO   Created: ~/Documents/MD/hexo/source/_posts/testMyBlog.md
```

新生成的文章都会保存到/ source/_posts 目录下。打开自动生成的文档模板，内容如下所示。

```
title: testMyBlog
date: 2015-11-29 16:05:51
tags:
---
```

这是生成文档的默认格式，这些元素都对应着页面上的显示信息。在分割线下面，就可以按照正常的 Markdown 格式进行写作了。

- 文档拷贝

除了用自动生成的方式创建文档以外，也可以通过将现有 Markdown 文档拷贝过来的方式生成新的博客，因为 Hexo 使用的就是标准的 Markdown 解析。唯一需要注意的一点是，拷贝过来的文档最好加上前面 Hexo 自动生成的头，不然在页面显示上可能有问题。

生成博客

在新增或修改了博客文章之后，我们需要对原有的静态 Html 文件进行重新生成，才能发布到服务器上。输入如下所示的指令进行生成操作。

```
➜  hexo   hexo generate
```

新的静态 Html 文件将生成到/public 文件夹下。生成完毕之后，你就可以通过 hexo server 指令进行本地预览，或者直接通过 hexo deploy 指令进行发布，当使用 hexo deploy 指令之后，Hexo 就会把所有的静态 Html 文件发布到 Github Pages 服务器中。这样当你输入最开始创建的那个 repository 的名字时，你就可以访问 Hexo 博客了。例如输入网址来访问笔者的 Hexo 博客——http://xuyisheng.github.io/，如图 1.49 所示。

图 1.49　Hexo 博客示例

快捷命令

Hexo 常用的指令，如下所示。

```
hexo new "postName"  // 新建文章
hexo new page "pageName"  // 新建页面
hexo generate  // 生成静态页面至 public 目录
hexo server  // 开启预览访问端口（默认端口 4000，'ctrl + c'关闭 server）
hexo deploy  // 将.deploy 目录部署到服务器
```

其实这些命令都有对应的快捷命令，如下所示。

```
hexo n == hexo new
hexo g == hexo generate
hexo s == hexo server
hexo d == hexo deploy
```

基本上使用命令的首字母即可。

通过上面的配置，Hexo 就基本配置完毕了。在这个基础之上，你可以根据官方文档上的介绍通过配置站点导航、访问计数、安装插件等方式来进一步完善你的博客。当然，写作不忘初心，博客只是一种形式，内容才是最重要的，万万不能因为追求博客界面效果的华丽，而忽视博客内容。

写到这里，笔者不得不多说一句，不管使用哪种方式进行写作，都不能陷入一个工具怪圈，工具是用来帮助开发者提高效率的，不能因为选择工具而忽视了内容本身。笔者见过很多独立的博客，从一个平台切换到另一个平台，工具换了很多，但却没有多少实际的文章，这就本末倒置了。

Gitbook

除了博客这种平台以外，开发者还可以通过 Gitbook 创建自己的文集。文集可以是平时开发时的经验积累，也可以是开发、生活中的所感所想，只要勤于积累，这将是一笔不小的财富。

Gitbook 正是这样一个非常好的本地、在线文库制作工具，通过 Gitbook 开发者可以非常方便地记录一切，它的网址为 https://www.gitbook.com/。

Gitbook 的安装、使用非常简单，在官网上下载相应的 Gitbook editor 或者使用在线版本即可，工具界面如图 1.50 所示。

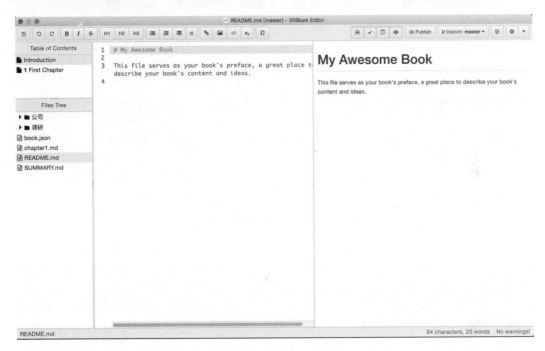

图 1.50　Gibook 工具界面

笔者平时就使用 Gitbook 积累开发经验，并完成一些调研任务的记录，通过 Gitbook 可以让文章更加系统、有条理，在便于管理的同时慢慢积累素材。

↘ 开发论坛

对于开发者来说，论坛是一个非常好的讨论技术的地方，特别是在公司里建立一个论坛与建立一个博客一样重要。博客作为一个积累经验的地方，而论坛则是一个产生博文的地方，问题经过大家的讨论，可以为开发者提供不同的解决思路和方案。

对于架设一个论坛，PHP 已经有了很多现成的解决方案，但对于前端开发者来说，有一些基于 Node.js 的框架，似乎更适合快速搭建一个属于开发者的论坛。笔者这里要推荐的框架便是——NodeBB，一个基于 Node.js 的论坛系统，地址如下。

https://community.nodebb.org/

显示效果如图 1.51 所示。

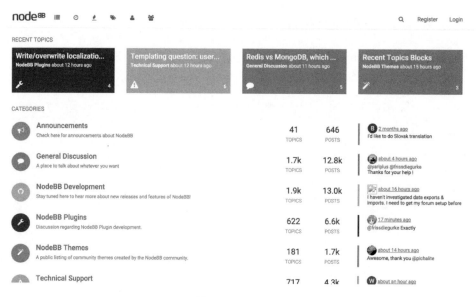

图 1.51　NodeBB

利用这个系统，可以很快地搭建公司的论坛平台，提高开发者的开发氛围，这对于一个公司来说也是非常重要的。笔者所在公司就已经使用这个工具搭建了自己的开发者论坛，效果非常不错，地址如下。

http://bbs.inside.hujiang.com/

显示效果如图 1.52 所示。

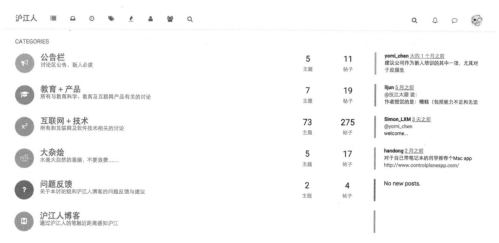

图 1.52　NodeBB 示例

1.4　Geek PPT Presentation

开发者在公司中不仅要承担开发的工作，同时一些资深的开发者也会承担着培养新人、分享经验、汇报成果等工作，这时候一个专业、优雅的 Presentation 就显得非常重要了。这不仅需要一个开发者具有很强的表述能力，更需要有很完善的逻辑思维能力和开发能力。

通常情况下，Microsoft 的 PPT 是做 Presentation 的首选工具。同样，在 Mac 下也有一款几乎同样功能的工具——Keynote。它与 PPT 的功能基本类似，而且 Keynote 也可以兼容 PPT 格式。一般来说，使用 Keynote 和 PPT 做 Presentation 是非常不错的选择，专业且不失优雅。但是作为一个 Geek 开发者，还有很多工具可以帮助我们创建很多更 Geek 范儿的 Presentation。不仅让人眼前一亮，而且还可以显示出专业实力，特别是对提高开发者的学习兴趣很有帮助。

➥　impress.js

impress.js（http://impress.github.io/impress.js/#/bored）是一个专门用于创建 Presentation 的 Javascript 库。在了解它之前，读者朋友可以先看一下它的 Demo 示例，其效果如图 1.53 所示。

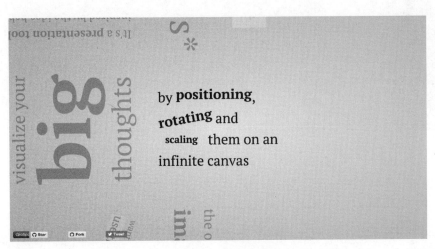

图 1.53　impress.js

生成后的页面完全可以使用键盘方向键来进行控制。在它的官网上，作者给出了 impress.js 的详细信息。

官网地址为 https://github.com/impress/impress.js。

impress.js 说到底是一个通过 CSS3 和 Javascript 完成的供开发者使用的 Presentation 框

架。因此熟悉前端开发的开发者，使用 impress.js 可以说是得心应手。如果你不是前端开发者，那么它的整个生成与配置方法的确是有点复杂。不过在作者提供的 Demo 中，几乎包含了所有的展示效果。

Demo 地址为 https://github.com/impress/impress.js/wiki/Examples-and-demos。不熟悉前端开发的读者可以直接把 Demo 拿过来进行修改，同样可以快速完成一个非常炫的 Presentation。

↘ Strut

Strut（http://strut.io）实际上是基于 impress.js 开发的一款编辑器，它给原本没有编辑器支持的 impress.js 提供了可视化的编辑界面，大大降低了 impress.js 的使用难度，如图 1.54 所示。

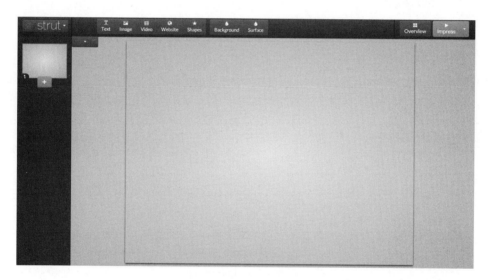

图 1.54　Strut

↘ reveal.js

与 impress.js 类似，reveal.js 是一个基于 Html5 和 Javascript 的 Presentation 展示框架，其官网地址为 https://github.com/hakimel/reveal.js。

在官网上，作者同样给出了非常赞的演示 Demo，如图 1.55 所示。

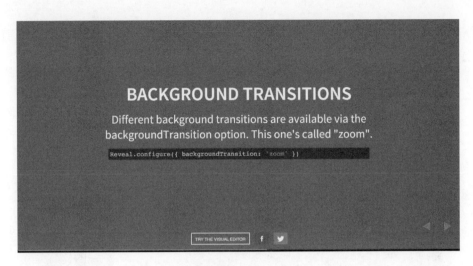

图 1.55　Reveal.js

显示效果与 impress.js 基本一致，但 reveal.js 更贴心的是，它制作了自己的在线编辑器，地址为 http://slides.com/，效果如图 1.56 所示。

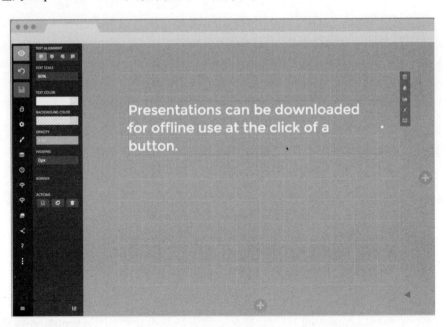

图 1.56　Reveal 编辑器

有了编辑器之后，通过 reveal.js 去创建 Presentation 就非常方便了，使用方法基本类似于 PPT，但是效果却好很多。

↘　Slides

Slides（https://slides.com/）类似于一款在线 PPT 制作工具，如图 1.57 所示。

图 1.57　Slides

作者只需要借助网页，就可以创建出效果丰富的幻灯片。这些通过 js 实现的展示工具，不仅仅可以用在平时的项目展示中，很多博客中的个人展示、个人简历都可以用这种方式设计，会给人耳目一新的感觉。

1.5　开发文档

开发者在开发过程中，不可避免地需要撰写开发文档，不论你是开发的库项目还是功能模块，一个好的说明文档都是非常重要的。

➥ Markdown

Markdown 是一种标记性语言，通过使用简单的语法来实现统一的文字格式。那么有读者要问了，很多博客都使用的 HTML 富文本编辑器都很好用，出来的格式还很整齐，为什么要使用 Markdown 呢？笔者认为，Markdown 最大的优势在于它的易读性与易写性。普通的富文本编辑器虽然同样可以实现文字排版，但却需要作者在写作过程中多次调整格式，这一点相信经常在博客上写文章的人会深有体会。而 Markdown 则不同，它甚至可以不用任何编辑器就能编写统一的文字样式，作者只需要添加少量的语言标识符，即可完成格式化。这一点有点类似于 HTML 的语法，例如使用<h1>表示 H1 级别标题，在 Markdown 中使用"#"表示标题内容。

Markdown 简明语法

前面笔者介绍了 Markdown 是一种简单的标志性语言，因此 Markdown 是通过一些标识符识别内容格式的，它的语法并不复杂。常用的语法可以通过下面这段文本说明。

```
# 一级标题
## 二级标题
### 三级标题
#### 四级标题

- 无序列表 1
- 无序列表 2
- 无序列表 3

- 无序列表 1
- 无序列表 2
  - 无序列表 2.1
    - 列表内容
- 列表内容

1. 有序列表 1
2. 有序列表 2
3. 有序列表 3

> 这个是引用

**这个是粗体**
*这个是斜体*
***这个是粗体加斜体***

![这里写图片描述](这里是图片地址)

```
这里是代码块
```

~~我是删除线~~

Tables	like	this
col 1 is	right-aligned	100
col 2 is	centered	200
total	are	300
```

初学者可能会觉得要记忆的符号很多，实际上只需要写二至三篇文章，这些符号基本就可以全部掌握了。而且大部分的 Markdown 编辑器都自带 Demo，在 Help 菜单中找到

Demo 就可以快速找到想要实现效果的语法了。其他一些比较复杂的语法，例如绘制 UML 图、流程图，虽然 Markdown 也能实现，但是编写比较复杂，可以使用其他工具制作成图片，再导入文档。

Markdown 编辑器

虽然编写 Markdown 文本不需要任何编辑器，但是使用工具就是为了提高编写的效率。使用 Markdown 工具，可以让使用者更专注于写作，而不需要考虑格式的问题，常用的 Markdown 编辑器有以下几种。

- 作业部落——在线 Markdown 编辑器，如图 1.58 所示。

图 1.58　作业部落 MD 编辑器

这款编辑器有多种版本，包括 Web 在线版和 PC 版，同时还能在多端同步，非常方便。

- CSDN 博客——在线 Markdown 编辑器，如图 1.59 所示。

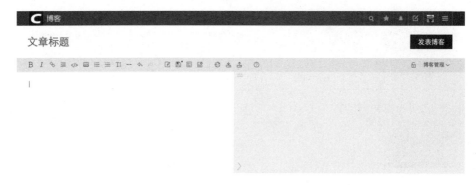

图 1.59　CSDN MD 编辑器

CSDN 博客相信大家都很熟悉了，这个网站最大的改版就是新增了 Markdown 编辑器，就笔者的使用来看，这款在线 Markdown 编辑器非常不错，使用简洁，功能强大。

- Macdown——Mac 编辑器，如图 1.60 所示。

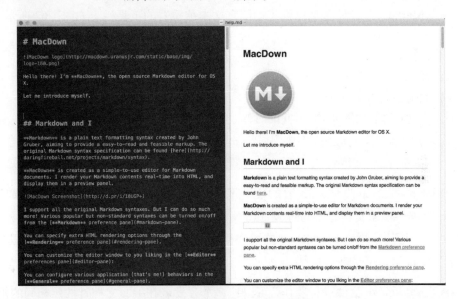

图 1.60　MacDown MD 编辑器

这是 Mac 下的一款 Markdown 编辑器，基于 Mou 这个经典的 Markdown 工具改进而来，这款编辑器在本地编辑非常方便。

- Typora，如图 1.61 所示。

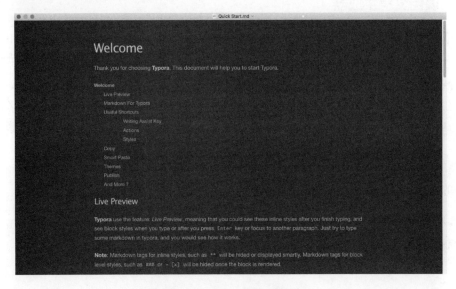

图 1.61　Typora MD 编辑器

这款 Markdown 编辑器与前面所有的编辑器最大的区别就是它没有文本预览界面，这也是它的特色之一，用户在编辑的时候可以实时显示出文字的应用格式。

Markdown 的编辑器基本大同小异，使用哪一种完全看个人习惯。但可以看见的是，几乎所有的 Markdown 编辑器都提供了类似富文本编辑器的工具栏，如图 1.62 所示。

图 1.62　MD 编辑栏

因此，在刚开始使用 Markdown 的时候，如果用户忘记了某些格式的标识符，可以通过这个工具栏快速找到对应格式的标识符，同时大部分的编辑器都提供了帮助文档。在帮助文档上可以查看 Markdown 几乎所有的功能。

Markdown 提供了简洁、高效的文档标记语法，被广泛运用于各种开源项目的 README 文档、说明文档等。同时 Markdown 语法还兼容 HTML 语法，在某些场合也可以使用 HTML 语法来增强 Markdown 的展现格式。不过笔者建议不要这样使用，以免导致一些平台对 Markdown 的兼容问题。

掌握了 Markdown 语法进行写作，可以让多个开发者在编写文档时按照相同的格式写作。同时 Markdown 还能转换为各种其他格式，如 PDF、HTML，甚至通过 pandoc 工具还能转化为 Word 等格式。因此，掌握 Markdown 对于一个开发者来说是非常重要的一项技能。

↘ 项目文档生成器

有了用 Markdown 格式写好的文档，如何展示给其他开发者或者同事呢？在 Github 上，当一个开发者上传了库项目后，通常会使用 README 文件的形式将项目说明写在里面，这样当其他开发者访问这个页面的时候，就可以在主页上看见该项目的 README 文件内容。那么，如果不是 Github 呢？还好现在已经有工具来帮助开发者展示项目文档了，这个工具就是 MkDocs。

该工具的项目地址为 http://www.mkdocs.org/，项目如 1.63 所示。

它的一个示例网站如图 1.64 所示。

可以看见该工具生成的界面，左边是项目的文档结构，这些都是通过 Markdown 生成的，而右边则是对应的文档说明，简洁明了，一目了然。

图 1.63　MkDocs

图 1.64　MkDocs 示例

通过这个工具，可以清晰地展现项目文档，不管是开发者还是管理者，通过这个文档可以非常快地了解项目。而这个项目仅仅是通过 Markdown 文件就可以生成，同时还可以设置不同的主题和风格，适用于开发者进行文档管理。

类似的工具还有 Raneto Docs。与 MkDocs 相似，它也是一个利用 Markdown 进行文档管理的系统，其官方地址为 http://raneto.com/，示例界面如图 1.65 所示。

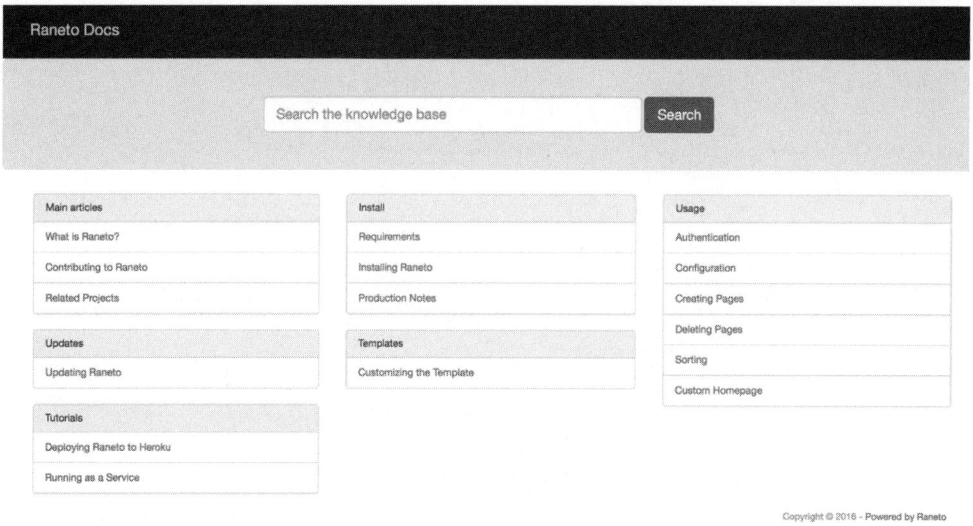

图 1.65　Raneto

　　这些工具基本上都是一个原理，即通过 Markdown 管理 API 文档。Markdown 的优势可见一斑。通过 Markdown 生成的文档，格式整齐、风格统一、简洁明了，对于程序 API 来说，这是一个非常好的展示文档。

第 2 章

版本控制神器——Git

说到版本控制，相信大部分的开发者都不会太陌生，从最早的通过文件来管理修改履历，到后面的 SVN、微软的 SourceSafe，再到今天的主角——Git。这些版本控制工具，不仅让开发者可以确保代码的安全，更让开发者之间的协作变得更加容易。在本章中，笔者将向大家介绍版本控制神器——Git 的使用。

2.1 Git 的前世今生

说到 Git，就不能不提到一个人——Linus Torvalds，如图 2.1 所示。

图 2.1　Linus Torvalds

他的一生基本上只干了两件事，一个是 Linux，另一个就是 Git。但这每一件事都在 IT 史上创建了巨大的 Tag，包括笔者在内的很多开发者都对 Linus 非常崇拜。开发者在了解了这些伟人创造的工具之后，更不该忘记他们对编程史的贡献。

↘ Git 是什么

Git 是用来做版本控制的，这就好比很多日本公司现在还在做的事情一样。每次修改文件都需要在文件第一页新增修改履历，详细记录修改内容，以此维护版本修改记录。但如果是多人同时操作，就会发生很多并发问题。可以想象一下，这种做法的维护成本有多高，大量的时间都花费在履历的维护上，同时每次还只能是一个人进行操作。因此，高效的版本控制永远是项目开发的重中之重。

那么问题来了，版本控制哪家强？一句话就可以说明，Git 是目前世界上最先进的分布式版本控制系统（没有之一），当然把"分布式"三个字去掉也是同样成立的。

目前市面上的版本控制工具，主要为集中式的版本控制工具和分布式的版本控制工具两种。

集中式版本控制

作为最方便易懂的版本控制方式，集中式的控制最早出现在开发界，它的使用方式与人的合作方式非常类似，即大家都去操作一份文件，如果有人占用则等待。集中式的版本控制工具以 SVN 为代表，它有一个中央服务器控制着所有的版本管理，其他所有的终端可以对这个中央库进行操作，中央库保证版本的唯一性。

但这样做有一个非常不好的地方，那就是如果中央服务器因为各种原因被毁，那么整个项目的版本控制就完蛋了。而且在使用过程中，终端不论是提交修改还是获取更新都需要不断与服务器进行通信，一旦网络出现故障，一切就很难再继续操作。

因此，集中式的版本控制工具的劣势如下。

- 容灾性差

- 通信频繁

当然，这两个劣势并不是就完全否定了集中式的版本控制工具。只能说在合适的场景下，集中式的版本控制工具也是可以使用的，只是没有分布式的版本控制工具好而已。

分布式版本控制

分布式版本控制的典型就是 Git，它跟集中式的最大区别就是它的终端可以获取到中央服务器的完整信息，就好像做了一个完整的镜像。这样我们可以在终端做各种操作，获取各种信息而不需要与服务器通信。同时就算服务器出现问题被毁，各个终端依然有完整的备份，而且 Git 的各种操作可以全部发生在本地，只需要最终完成后提交服务器即可，而不需要频繁通信。

分布式的思路在版本控制上具有得天独厚的优势，当然这也只是 Git 优势的冰山一角。

Git 核心思想

学习 Git 最好的方式就是忘记 SVN、VSS 等版本控制工具的控制思想。Git 作为分布式的版本控制工具，其核心在于以下几个方面。

- 分布式。各个 Repo 都具有完整的镜像，虽然在协作中通常会指定一台中心服务器，但分布式的思想是 Git 的第一个重要概念。

- 快照。相比 SVN，Git 每次记录的都是完整的 Repo 信息，而不是每个版本之间的差异，这也是 Git 速度快的原因之一。

- 状态区。了解 Git 的状态区是学习 Git 的重要步骤，只有掌握了不同状态区中的状态，才能了解 Git 的核心思想。

- 分支。分支是 Git 最重要的功能之一，利用好分支可以让 Git 的使用如虎添翼。

开发者在了解 Git 的时候，需要始终围绕着这几个方面进行思考，这样才能对 Git 的思想有比较好的理解。

➥ Git 安装与配置

下面笔者将从最基本的 Git 配置进行讲解。

Git 基本配置

在 Mac 下，Git 的安装在"搭建高效的开发环境"一章中已经讲解了，这里不再赘述。

在安装好 Git 以后，可以在终端中查看 Git 的版本，代码如下所示。

```
➥   ~   git --version
git version 2.6.2
```

如果你之前已经使用过 Git，那么可以通过以下代码查看当前的 Git 配置信息。

```
➥   XXXXXXXXX git:(master) git config --list
user.name=徐宜生
user.email=xuyisheng@hujiang.com
```

```
core.repositoryformatversion=0
core.filemode=true
core.bare=false
core.logallrefupdates=true
core.ignorecase=true
core.precomposeunicode=true
remote.origin.url=https://github.com/xuyisheng/XXXXXXXXX.git
remote.origin.fetch=+refs/heads/*:refs/remotes/origin/*
branch.master.remote=origin
branch.master.merge=refs/heads/master
```

以下信息显示了当前一个 Git 项目中的相关配置，当然你也可以通过以下指令显示所有 Git 项目通用的配置信息。

```
➜  ShortcutHelper git:(master) git config --list --global
user.name=徐宜生
user.email=xuyisheng@hujiang.com
```

或者你也可以通过指定的配置名来获取单独的配置信息，指令如下所示。

```
➜  ShortcutHelper git:(master) git config user.name
徐宜生
```

通过上面的这些指令可以查看当前的 Git 配置。如果你还没有对 Git 进行配置，那么需要先对 Git 的 Global 参数进行基本的配置后才能使用。类似于一般网站的注册，配置参数的时候，可以指定一个配置进行参数设定（以键值对的形式）或者多个参数进行同时设定，代码如下所示。

```
➜  ~  git config --global user.name xys
```

```
➜  ~  git config --global --add user.name xys user.email xxx@xx.com
```

顺便提一下，如果你要删除一个配置，可以使用以下指令。

```
➜  ~  git config --global --unset user.name xys
```

与 Linux 的设计思想一样，Git 也是把所有的配置都保存为文件。那么 Git 的配置文件在哪里呢？随便打开一个 Git 项目，显示其所有文件。

```
➜  XXXXXXXXX git:(master) ll -a
total 88
drwxr-xr-x  18 xuyisheng  staff   612B 12  7 14:51 .
drwxr-xr-x  13 xuyisheng  staff   442B 12 10 18:12 ..
drwxr-xr-x  13 xuyisheng  staff   442B 12 12 17:52 .git
……
```

我们可以发现一个.git 的隐藏文件夹。进入这个文件夹，打开其中的 config 文件。

```
[core]
    repositoryformatversion = 0
    filemode = true
    bare = false
    logallrefupdates = true
    ignorecase = true
    precomposeunicode = true
[remote "origin"]
    url = https://github.com/xuyisheng/XXXXXXXXXX.git
    fetch = +refs/heads/*:refs/remotes/origin/*
[branch "master"]
    remote = origin
    merge = refs/heads/master
[user]
    email = git
```

在这里保存了一个 Git 项目的所有配置信息，而个人相关的配置信息都保存在 Git 的个人配置中。

配置别名 Alias

这个功能在 Shell 命令中是很常用的，开发者可以根据自己的开发习惯来给一些指令起一个简称或者别名（Alias）以取代原本比较复杂的指令。

```
git config --global alias.st status
```

通过以上所示的配置就可以使用 st 来取代 status 指令了。当然，这只是一个示例，开发者通常会把一些比较复杂但又常用的指令来取别名。

这里笔者找到了一个关于 Git log 的比较好的 Alias，代码如下所示。

```
git    config    --global    alias.lg    "log    --color    --graph    --pretty=format:'%Cred%h%Creset
-%C(yellow)%d%Creset %s %Cgreen(%cr) %C(bold blue)<%an>%Creset' --abbrev-commit"
```

通过这个 Alias 就可以显示出比较清晰的 Log 信息，笔者的一个项目的使用效果如图 2.2 所示。

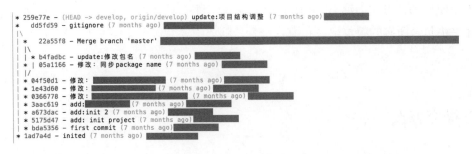

图 2.2　通过 Alias 显示 Log

这样通过一个简单的 Alias 指令 lg，就可以显示出非常详细、有用的 Log 信息。读者可以根据自身的使用习惯，不断完善自己的 Alias，提高输入效率。通过终端的快速提示即使不使用 Alias，基本的命令也可以非常快地输入。因此如何使用 Alias，还是要看个人的使用习惯决定。一般来说，笔者建议将一些比较长的、不常用的指令通过 Alias 进行简化。而基本的 add、commit 等指令，直接通过终端的提示就可以了，不需要额外增加 Alias 的记忆成本。

2.2　创建 Git 仓库

版本控制就是为了管理代码，代码就要放在仓库（Repo）中。在 Git 中创建仓库有两种方式，一种是自己创建一个仓库；另一种是创建另一个仓库的 clone。

↘　Git init

通过 Git init 指令，可以把一个目录快速设置成 Git 的代码仓库，代码如下所示。

```
➜  MyGithub   cd GradleTest/
➜  GradleTest   git init
Initialized empty Git repository in/Users/xuyisheng/Downloads/MyGithub/GradleTest/.git/
➜  GradleTest git:(master) ✗
```

通过上面的指令就把一个普通的文件目录创建成了一个 Git 代码仓库。在创建成功后，该目录下就会生成一个.git 隐藏文件夹。而在终端中，文件夹路径名的后面也会识别出文件夹的 Git 分支名。

↘　Git clone

Git clone 用于 clone 一个远程仓库到本地，关于远程仓库后面会继续介绍。

不论使用哪种方式创建 Git 代码仓库，该仓库目录下都会生成一个.git 的隐藏文件夹。该文件夹中包含所有的版本记录和配置信息，默认不要对这个文件夹进行修改。

2.3　提交修改

创建好代码仓库后就可以进行版本控制了。每当开发完一定的功能后，就需要把完成的代码提交到代码仓库中，进行版本的一次提交。

↘　add && commit

为了演示提交代码修改，笔者在演示的项目中创建一个 README 文件，再把 README 文件加入到版本控制中去。首先创建一个 README 文件，并通过 git status 指令查看增加新文件后，代码仓库的状态变化，如下所示。

```
→   GradleTest git:(master) touch README
→   GradleTest git:(master) ✗  git status
On branch master
Untracked files:
  (use "git add <file>..." to include in what will be committed)

    README

nothing added to commit but untracked files present (use "git add" to track)
```

在添加文件后，Git 追踪到了新的文件——README，并告诉开发者使用 git add <file> 的方式添加版本控制。最后将 add 后的文件通过 git commit 指令提交到代码仓库，完成一次版本的记录。代码如下所示。

```
→   GradleTest git:(master) ✗  git add README
→   GradleTest git:(master) ✗  git commit -m "add README"
[master ce8e133] add README
 1 file changed, 0 insertions(+), 0 deletions(-)
 create mode 100644 README
```

创建了 README 文件之后，通过 git add <file> 的方式进行 add 操作，最后通过 git commit 操作进行提交，其中 -m 参数指定了提交的注释。

这时通过 git log 指令，就可以查看到刚才的提交记录。

```
commit ce8e133421f53f99f38bf7341eb985da8c168c8f
Author: 徐宜生  <xuyisheng@hujiang.com>
Date:     Sat Dec 12 18:15:37 2015 +0800

    add README

commit 6c8ebf02a1327be98634b34d755b87a5d81885fb
Author: 徐宜生  <xuyisheng@hujiang.com>
Date:     Sat Dec 12 18:11:25 2015 +0800

    init commit
(END)
```

另外，Git 还提供了一个 git shortlog 的指令，输入后显示效果如下所示。

```
徐宜生 (6):
      init commit
      add README
      modify README
      delete readme
      add readme again
      delete readme again

(END)
```

这条指令可以根据提交者的名字进行分组，显示每个开发者的所有提交 commit 记录。这适用于在文档中创建发布日志。

↘ 追加修改

当开发者提交了一个 commit 后，如果发现该 commit 有错，可以随时对这个 commit 进行修改，例如在文件中笔者第一次修改，增加了一行文本"test1"并通过 add、commit 操作进行了提交。这时候笔者想修改这行文本为"test1/2"，这时候就不用重新生成一个提交，直接使用 git commit –amend 指令即可，完整的示例如下所示。

```
➜  gittest git:(master) ✗  git add README.md
➜  gittest git:(master) ✗  git commit -m "test1"
[master b33e94d] test1
 1 file changed, 2 insertions(+)
➜  gittest git:(master) subl README.md          （修改文件）
➜  gittest git:(master) git add README.md
➜  gittest git:(master) ✗  git commit --amend -m "add test2"
[master d68870b] add test2
 Date: Sun Mar 6 09:42:26 2016 +0800
 1 file changed, 2 insertions(+)
➜  gittest git:(master) git push
Counting objects: 3, done.
Writing objects: 100% (3/3), 271 bytes | 0 bytes/s, done.
Total 3 (delta 0), reused 0 (delta 0)
To git@git.oschina.net:eclipsexu/gittest.git
    8855caf..d68870b   master -> master
```

通过这种方式可以修改commit，而不是通过新的commit来修正前一个错误的commit。

↘ 查看代码仓库状态

版本控制的一个非常重要的部分就是可以让开发者知道当前的开发状态，经过一段时间的开发，目前的代码修改与未修改之前的具体差异是什么。前面笔者也提到了 git status 指令，通过这个指令可以告诉开发者当前代码仓库中所有文件的版本追溯，当前哪一个文件进行了修改。例如，在上一节中笔者创建了一个 README 文件，但却是一个空文件。下面笔者打开这个文件，输入一段文本 "this is my readme!"。接下来，使用 git status 指令查看当前代码仓库的版本修改，代码如下所示。

```
➜   GradleTest git:(master) vim README
➜   GradleTest git:(master) ✗ git status
On branch master
Changes not staged for commit:
    (use "git add <file>..." to update what will be committed)
    (use "git checkout -- <file>..." to discard changes in working directory)

        modified:    README

no changes added to commit (use "git add" and/or "git commit -a")
```

可以发现，Git 提示它检测到了一个修改过的文件——"modified:　README"，并提升使用 git add\commit 进行版本管理。

那么除了使用 git status 查看文件的修改状态，开发者还可以通过 git diff 指令查看发生变化文件的具体变化，例如输入 git diff README 指令。

```
diff --git a/README b/README
index e69de29..a226c41 100644
--- a/README
+++ b/README
@@ -0,0 +1 @@
+this is my readme!
(END)
```

Git 显示出了指定文件的具体修改，提示新的文件增加了一行修改。在了解了被修改文件的修改内容后，就可以使用前一节讲到的 git add\commit 指令来添加这些新的修改到版本管理了。

git diff 指令除了比较指定文件的差异，还可以比较提交节点间的差异，例如使用如下所示代码比较与上一个 commit 节点间的差异。

```
➜   GradleTest git:(master) ✗ git diff HEAD
```

同理，通过指定不同的 HEAD，例如 HEAD^、HEAD^^，还可以比较更早版本的差异。

除了上面使用 Git 自带工具进行 diff 操作的示例，实际上 Git 还支持使用第三方的 diff 工具进行 diff 操作。而且这些第三方 diff 工具通常要比 Git 终端中的 diff 功能更加强大，开发者可以根据自己的喜好配置 diff 工具，如 Meld、beyond compare 等。

↘ 追溯版本历史

在项目中一个仓库通常会有非常多次的 add、commit 过程，这些过程都会被记录下来作为追溯的证据。在前面的小节中，笔者已经提到了 git log 指令，通过这个指令 Git 会列出所有的提交记录，例如经过前面的操作再使用 git log 指令，显示如下所示。

```
commit 0fb569c9fda8b01d3f480945bc95278c89428f0d
Author: 徐宜生 <xuyisheng@hujiang.com>
Date:    Sat Dec 12 20:32:12 2015 +0800

        modify README

commit ce8e133421f53f99f38bf7341eb985da8c168c8f
Author: 徐宜生 <xuyisheng@hujiang.com>
Date:    Sat Dec 12 18:15:37 2015 +0800

        add README

commit 6c8ebf02a1327be98634b34d755b87a5d81885fb
Author: 徐宜生 <xuyisheng@hujiang.com>
Date:    Sat Dec 12 18:11:25 2015 +0800

        init commit
(END)
```

这个 Git 代码仓库已经发生了 3 次代码提交。每条记录都对应一个 commit id。commit id 是一个 40 位的 16 进制的 SHA-1 hash code 用来唯一标记一个 commit。

同时，我们也可以使用 gitk 命令查看图形化的 Log 记录，如图 2.3 所示。

如图 2.3 所示的 gitk 指令，与命令行中的记录本质上是一样的，只不过 gitk 展示的信息更加丰富。Git 会自动将 commit 串成一条时间线，每个点就代表一个 commit。点击这些点，就可以看见相应的修改信息。

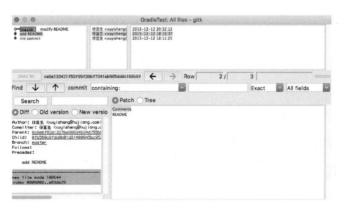

图 2.3　gitk 界面

通过 git log 的参数设置，可以得到非常好的 Log 展现形式，例如笔者在前面的文章中提到的设置，如下所示。

```
git config --global alias.lg "log --color --graph --pretty=format:'%Cred%h%Creset -%C(yellow)%d%Creset %s %Cgreen(%cr) %C(bold blue)<%an>%Creset' --abbrev-commit"
```

虽然参数非常多，但是通过设置别名的方式，可以简化这个过程并显示非常清晰的 Log。这里笔者只是举一个例子，大家可以根据自己的喜好来设置自己的 Log，在终端中执行 git log --help 指令就可以获取 Log 指令的详细参数，尝试不同的指令参数是了解这些命令的最好方式。

除了 git log 指令以外，开发者还可以通过 git blame 指令追溯一个指定文件的历史修改记录，显示信息如图 2.4 所示。

```
→  GradleTest git:(master) ✗ git blame app/build.gradle

^6c8ebf0 (徐宜生    2015-12-12 18:11:25 +0800  1) apply plugin: 'com.android.application'
^6c8ebf0 (徐宜生    2015-12-12 18:11:25 +0800  2)
^6c8ebf0 (徐宜生    2015-12-12 18:11:25 +0800  3) android {
^6c8ebf0 (徐宜生    2015-12-12 18:11:25 +0800  4)     compileSdkVersion 23
^6c8ebf0 (徐宜生    2015-12-12 18:11:25 +0800  5)     buildToolsVersion "23.0.2"
^6c8ebf0 (徐宜生    2015-12-12 18:11:25 +0800  6)
^6c8ebf0 (徐宜生    2015-12-12 18:11:25 +0800  7)     defaultConfig {
^6c8ebf0 (徐宜生    2015-12-12 18:11:25 +0800  8)         applicationId "com.xys.gradletest"
^6c8ebf0 (徐宜生    2015-12-12 18:11:25 +0800  9)         minSdkVersion 14
^6c8ebf0 (徐宜生    2015-12-12 18:11:25 +0800 10)         targetSdkVersion 23
^6c8ebf0 (徐宜生    2015-12-12 18:11:25 +0800 11)         versionCode 1
^6c8ebf0 (徐宜生    2015-12-12 18:11:25 +0800 12)         versionName "1.0"
^6c8ebf0 (徐宜生    2015-12-12 18:11:25 +0800 13)     }
^6c8ebf0 (徐宜生    2015-12-12 18:11:25 +0800 14)     signingConfigs {
^6c8ebf0 (徐宜生    2015-12-12 18:11:25 +0800 15)         xys {
^6c8ebf0 (徐宜生    2015-12-12 18:11:25 +0800 16)             storeFile file(System.properties['keyStore'])
^6c8ebf0 (徐宜生    2015-12-12 18:11:25 +0800 17)             storePassword System.properties['keyStorePassword']
^6c8ebf0 (徐宜生    2015-12-12 18:11:25 +0800 18) //          keyAlias project.property('xys.keyAlias')
^6c8ebf0 (徐宜生    2015-12-12 18:11:25 +0800 19) //          keyPassword project.property('xys.keyAliasPassword')
^6c8ebf0 (徐宜生    2015-12-12 18:11:25 +0800 20)             keyAlias pKeyAlias
^6c8ebf0 (徐宜生    2015-12-12 18:11:25 +0800 21)             keyPassword pKeyAliasPassword
^6c8ebf0 (徐宜生    2015-12-12 18:11:25 +0800 22)         }
^6c8ebf0 (徐宜生    2015-12-12 18:11:25 +0800 23)     }
^6c8ebf0 (徐宜生    2015-12-12 18:11:25 +0800 24)     buildTypes {
^6c8ebf0 (徐宜生    2015-12-12 18:11:25 +0800 25)         release {
:
```

图 2.4　git blame

在 Android Studio 中，同样可以找到类似的功能。打开任意一个修改文件，在代码行数的区域内，单击鼠标右键，选择 Annotate 选项，如图 2.5 所示。

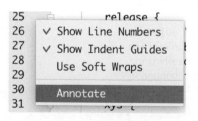

图 2.5　Annotate

通过这种方式，同样可以找到该文件每一行代码的历史操作人。

2.4 工作区与暂存区

在前面的章节中，笔者带领大家大致了解了 Git 的一些基本使用方法。但在实际工作中，Git 的使用绝对不止这么简单。很多开发者觉得 Git 非常难用，笔者认为其本质在于没有深刻理解 Git 设计的三个操作区域。

↘ Git 操作区域

Git 通常是工作在三个区域上的，即工作区、暂存区和历史区。其中，工作区就是开发者平时工作、修改代码的区域；历史区是用来保存各个版本的区域；暂存区则是 Git 的核心所在。

暂存区实际上保存在 Git 根目录下的.git 隐藏文件夹中的一个叫 index 的文件中。开发者所做的代码提交记录都保存在这个文件中。

当我们向 Git 仓库提交代码时，执行 add 操作实际上是将修改记录保存到暂存区。例如，笔者修改一下 README 文件并执行 git add 操作，再通过 gitk 查看历史，结果如图 2.6 所示。

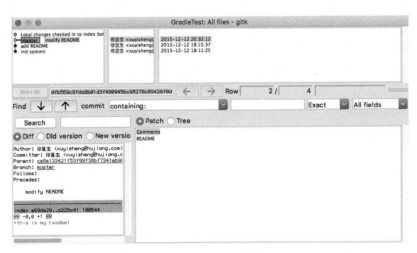

图 2.6 git add 后的操作历史

可以发现执行 add 操作之后，Git 在本地生成了一个记录。但是还没有 commit，所以当前 HEAD 并没有指向最新的修改，修改还保存在暂存区。

下面再执行 commit 操作，继续通过 gitk 查看历史记录，结果如图 2.7 所示。

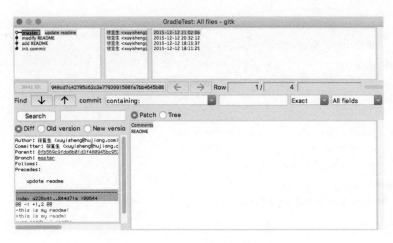

图 2.7 git commit 后的操作历史

此时，HEAD 已经移到最新的修改上了。也就是说，刚刚 commit 的内容生成了一个新的 commit id。

由此可见，git commit 操作就是将暂存区的内容全部提交。但如果内容不 add 到暂存区，那么 commit 也就不会提交修改内容。

这里需要说明一个概念，Git 管理的是修改内容而不是文件，每个 SHA-1 的值也是根据内容计算出来的。

2.5 Git 回退

如果在开发过程中，只需要 git add、git commit 操作，就不会有这么多版本控制的问题了。但是理想是美好的，现实是残酷的，如何处理版本的回退和修改是使用 Git 非常重要的一步。

➤ checkout && reset

git checkout 指令是用来还原一个代码仓库中的文件的，例如笔者在前面的项目中，继续修改 README 文件，然后执行 git checkout <file>指令，此时再查看当前代码仓库状态，如下所示。

➜ GradleTest git:(master) vim README
➜ GradleTest git:(master) ✗ git status
On branch master

```
Changes not staged for commit:
  (use "git add <file>..." to update what will be committed)
  (use "git checkout -- <file>..." to discard changes in working directory)

    modified:    README

no changes added to commit (use "git add" and/or "git commit -a")
➜  GradleTest git:(master) ✗  git checkout README
➜  GradleTest git:(master) git status
On branch master
nothing to commit, working directory clean
```

可以发现在修改文件之后，执行 git add 指令之前，如果执行 checkout 指令，则会抛弃当前本地的所有修改，恢复到上次最后的提交版本。

如果修改文件并执行 git add 指令后继续修改文件，此时再执行 checkout 指令，查看代码仓库状态，如下所示。

```
➜  GradleTest git:(master) vim README
➜  GradleTest git:(master) ✗  git status
On branch master
Changes not staged for commit:
  (use "git add <file>..." to update what will be committed)
  (use "git checkout -- <file>..." to discard changes in working directory)

    modified:    README

no changes added to commit (use "git add" and/or "git commit -a")
➜  GradleTest git:(master) ✗  git add README
➜  GradleTest git:(master) ✗  vim README
➜  GradleTest git:(master) ✗  git checkout README
➜  GradleTest git:(master) ✗  git status
On branch master
Changes to be committed:
  (use "git reset HEAD <file>..." to unstage)

    modified:    README
```

可以发现在执行 add 指令将代码提交到暂存区后，再修改该文件。此时如果继续执行 checkout 指令，则会将该文件恢复到执行 add 操作后的初始状态，即恢复 add 后的所有修改。因此，git checkout <file>指令其实是用版本库里的版本替换工作区的版本，无论工作区是修改还是删除。

注意到执行 git status 后显示的一句话提示：(use "git reset HEAD <file>..." to unstage)，Git 告诉开发者可以通过该指令将一个文件移出暂存区。这也是回退的方法。而对于已经

commit 的提交，如果要进行回退，则可以使用 git reset <last commit SHA> <file> 指令。它的原理就是 reset 掉提交记录，但不修改本地工作区，从而进行新的提交。

↘ 回退版本

当代码仓库中有了提交记录后，就可以通过 git log 指令查看历史提交记录，如下所示。

```
commit 948cd7c42785c62c3e7793991580fe7bb4645b08
Author: 徐宜生 <xuyisheng@hujiang.com>
Date:    Sat Dec 12 21:02:06 2015 +0800

    update readme

commit 0fb569c9fda8b01d3f480945bc95278c89428f0d
Author: 徐宜生 <xuyisheng@hujiang.com>
Date:    Sat Dec 12 20:32:12 2015 +0800

    modify README

commit ce8e133421f53f99f38bf7341eb985da8c168c8f
Author: 徐宜生 <xuyisheng@hujiang.com>
Date:    Sat Dec 12 18:15:37 2015 +0800

    add README

commit 6c8ebf02a1327be98634b34d755b87a5d81885fb
Author: 徐宜生 <xuyisheng@hujiang.com>
Date:    Sat Dec 12 18:11:25 2015 +0800

    init commit
(END)
```

这些在前面的小节中已经有了讲解。这里要处理的问题是，如何回退到指定的某个历史提交，也就是开发中经常要遇到的版本回退问题。

在 Git 中，用 HEAD 表示当前版本，那么上一个版本就是 HEAD^，上上一个版本就是 HEAD^^，如果往上 100 个版本就不要这样写了，写成 HEAD~100 即可。

知道了如何用 HEAD 表示版本历史，那么要回退到指定的版本就很容易了，例如要回退到上个版本，代码如下所示。

```
➜  GradleTest git:(master) git reset --hard HEAD^
HEAD is now at 0fb569c modify README
```

可以发现，HEAD 也就是当前版本，已经移动到了另一个提交，这时候如果再查看 git log，如下所示。

```
commit 0fb569c9fda8b01d3f480945bc95278c89428f0d
Author: 徐宜生 <xuyisheng@hujiang.com>
Date:    Sat Dec 12 20:32:12 2015 +0800

    modify README

commit ce8e133421f53f99f38bf7341eb985da8c168c8f
Author: 徐宜生 <xuyisheng@hujiang.com>
Date:    Sat Dec 12 18:15:37 2015 +0800

    add README

commit 6c8ebf02a1327be98634b34d755b87a5d81885fb
Author: 徐宜生 <xuyisheng@hujiang.com>
Date:    Sat Dec 12 18:11:25 2015 +0800

    init commit
(END)
```

由此可以证明，当前版本已经回退。所以要回退到哪个版本，只要通过 HEAD 找到对应的版本就可以了。同时你可以写 commit id，也可以以 HEAD^、HEAD^^来表示对应的版本。

2.6 操作历史

前面笔者提到了通过 git log 指令查看提交的历史记录，但是如果通过 git reset 指令进行版本回退后，再通过 git log 指令就无法找到 reset 前的那个版本的 commit id 了，也就是说再想回到这个版本就无法指定 commit id 了。其实，git log 还有一个增强版本，那就是 git reflog 指令。即使像上一节一样执行了版本回退，回退到了上一个版本，但通过 git reflog 指令后，可以得到如下所示的记录。

```
0fb569c HEAD@{0}: reset: moving to HEAD^
948cd7c HEAD@{1}: commit: update readme
0fb569c HEAD@{2}: commit: modify README
ce8e133 HEAD@{3}: commit: add README
6c8ebf0 HEAD@{4}: commit (initial): init commit
(END)
```

可以发现笔者所执行的所有操作在这里都能找到历史，当然前面也保留了该操作执行的 commit id。

2.7　Git 文件操作

Git 提供了类似 Linux 的文件管理的基本指令，其中删除和暂存文件是使用最广泛的两个指令。

↘　git rm

Git 既然作为一个代码仓库，那么肯定是可以执行各种文件操作的。如果我们要删除 Git 仓库中的文件，那要怎么做呢？

首先，执行 shell 的 rm 指令将 README 文件删除，接下来执行 git status 查看当前代码库状态，如下所示。

```
→  GradleTest git:(master) rm README
→  GradleTest git:(master) ✗ git status
On branch master
Changes not staged for commit:
   (use "git add/rm <file>..." to update what will be committed)
   (use "git checkout -- <file>..." to discard changes in working directory)

      deleted:     README

no changes added to commit (use "git add" and/or "git commit -a")
→  GradleTest git:(master) ✗ git add README
→  GradleTest git:(master) ✗ git commit -m "delete readme"
[master 499d4d0] delete readme
 1 file changed, 1 deletion(-)
 delete mode 100644 README
```

由此可以发现，通过 rm 指令确实可以删除一个文件，Git 不仅可以监听到增加新文件、修改文件，还可以监听到文件的删除操作，同样通过 git add\commit 操作来完成一次新的提交。

那么除了从 Shell 的删除指令 rm 的方式执行删除操作之外，Git 还提供了它的删除指令——git rm。

重新创建一个新的 README 文件，并提交到代码仓库。接下来，使用 git rm 指令删除这个文件，代码如下所示。

```
➜  GradleTest git:(master) git rm README
rm 'README'
➜  GradleTest git:(master) ✗ git status
On branch master
Changes to be committed:
  (use "git reset HEAD <file>..." to unstage)

    deleted:    README

➜  GradleTest git:(master) ✗ git commit -m "delete readme again"
[master 27493e5] delete readme again
 1 file changed, 0 insertions(+), 0 deletions(-)
 delete mode 100644 README
```

由此可见，git rm 指令省去了重新执行 git add 的操作。

➥ 文件暂存

这里的暂存并不是前文中说到的暂存区，而是指一次备份与恢复操作。

举个例子，当前开发者正在 dev 分支上进行一个新功能的开发，但是开发到一半，测试人员提了一个 bug 需要解决。这时候开发者通常需要创建一个 bug 分支来修改这个 bug，但是当前 dev 分支并不是干净的，新功能开发到一半直接从 dev 上拉分支，代码是不完善的，可能会编译不过。在这种情况下，可以使用 git stash 指令将当前修改暂存起来，把修改前的分支作为新的 bug 分支，而不会带有新修改的代码。等重新切换回 dev 分支的时候，再把代码 pop 出来，继续开发。

例如，你 checkout 了一个 bug 分支，修改了 bug，使用 git merge 指令合并到了 master 分支并删除了 bug 分支，重新切换到 dev 分支，想继续之前的新功能开发。这时候就需要将之前执行 git stash 指令暂存的代码 pop 出来，恢复之前的操作。

首先，你可以使用 git stash list 指令查看当前暂存的内容，接下来通过 git stash apply 指令或者 git stash pop 指令进行内容恢复。这两个指令的作用是一样的，但区别是前者不会删除记录（你也可以使用 git stash drop 指令来删除），而后者会。

2.8 远程仓库

既然 Git 是分布式代码仓库，那么开发者肯定是需要多台服务器同时进行协同操作的。因此在一般的开发中会用一台电脑做中央服务器，各个终端从中央服务器拉取代码，提交修改。这个中央服务器就提供了类似集中式代码管理的服务器功能。

那么我们如何去搭建一个 Git 远程服务器呢？答案很简单，个人开发者可以通过 Github 获取免费的远程 Git 服务器，或者使用国内开源中国的 OSChina 的 Git 服务器。而对于企业用户，则可以通过开源的 Gitlab 搭建企业级的 Git 远程服务器。

目前大部分的互联网公司都会使用 Gitlab 搭建自己的代码库和代码库管理平台。

↘ 身份认证

当本地 Git 仓库与 Git 远程仓库进行通信的时候，需要通过 SSH 进行身份认证。

创建 SSH Key

打开根目录下的.ssh 目录，查看是否已经存在 id_ras 文件和 idras.pub 文件，代码如下所示。

```
→  ~   cd .ssh
→  .ssh   ll -a
total 24
drwx------    5 xuyisheng   staff    170B 10 26 15:12 .
drwxr-xr-x+ 37 xuyisheng   staff    1.2K 12 14 21:10 ..
-rw-------    1 xuyisheng   staff    1.6K 10 26 15:08 id_rsa
-rw-r--r--    1 xuyisheng   staff    403B 10 26 15:08 id_rsa.pub
-rw-r--r--    1 xuyisheng   staff    2.4K 11  3 14:30 known_hosts
```

这里由于已经使用过 Git，所以生成了两个文件。如果没有这两个文件，那么可以通过命令生成这两个文件，代码如下所示。

```
→  ssh-keygen -t rsa -C "youremail@example.com"
```

执行指令后效果如下所示。

```
→  .ssh   ssh-keygen -t rsa -C "xuyisheng89@163.com"
Generating public/private rsa key pair.
Enter file in which to save the key (/Users/xuyisheng/.ssh/id_rsa):
Enter passphrase (empty for no passphrase):
Enter same passphrase again:
Your identification has been saved in /Users/xuyisheng/.ssh/id_rsa.
Your public key has been saved in /Users/xuyisheng/.ssh/id_rsa.pub.
The key fingerprint is:
SHA256:CVBfuQyPdtlDWHpS1he46drRe1noZVY0ZxERr/z8524 xuyisheng89@163.com
The key's randomart image is:
+---[RSA 2048]----+
|    ...   .++..**|
```

```
|     . ...o+....*|
|       . .=o=. o++|
|      .o.*oo+ ..|
|      .S.   ..+..|
|              o.+=|
|              o..+*|
|            ...oE|
|                 +*|
+----[SHA256]-----+
```

该命令生成的 id_rsa 和 id_rsa.pub 两个文件就是 SSH Key 的秘钥对。id_rsa 是私钥用于验证自己的身份，而 id_rsa.pub 是公钥用在 Git 远程服务器上表明自己的身份。

添加 SSH Key

下面需要把生成的 SSH 的公钥保存到 Git 远程服务器上。例如在 Github 上，可以在个人的配置界面找到添加 SSH Key 的设置，如图 2.8 所示。

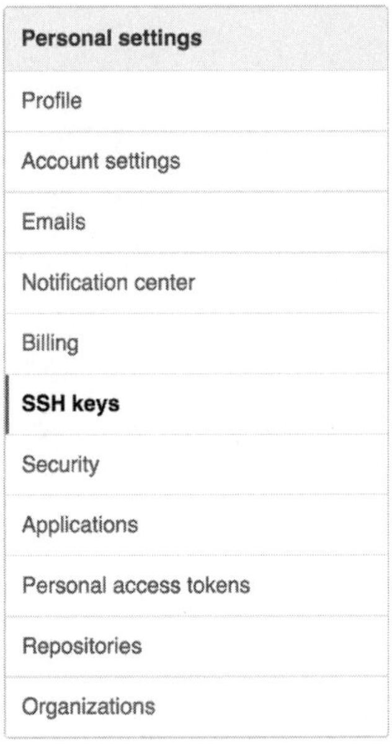

Personal settings
Profile
Account settings
Emails
Notification center
Billing
SSH keys
Security
Applications
Personal access tokens
Repositories
Organizations

图 2.8　Github Setting

选择右边列表上的"Add an SSH Key"，将生成的 id_ras.pub 文件内容复制到 Key 输入框中即可。

↘ 同步协作

当开发者在本地建立了 Git 仓库想与远程 Git 仓库同步，这样 Github、Gitlab 上的远程仓库就可以作为本地的备份，或者与其他开发者进行协同工作。

下面笔者就以 Github 为例，讲解如何使用 Github 与其他开发者进行协作。

创建代码仓库

首先，在 Github 上点击如图 2.9 所示的按钮，创建一个新的 Repo（代码仓库）。

图 2.9　New Repo

点击后，Github 提示填写相关的 Repo 信息，如图 2.10 所示。

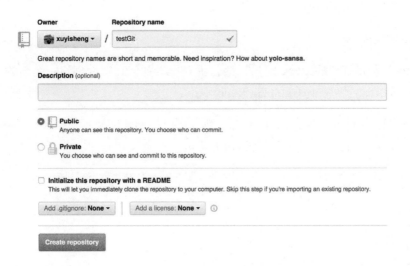

图 2.10　Repo 信息

最后，通过点击"Create repository"按钮，创建好一个代码仓库。创建完毕后，Github提示如何使用这个 Repo，如图 2.11 所示。

图 2.11　Repo 提示操作

在创建好的 Repo 中，Github 会提示如何使用这个 Repo。完整的指令都列出来了，开发者只需要按照说明操作就可以了。

链接与推送代码

在 Github 创建好新的 Repo 之后，会告诉开发者如何在本地创建一个新的 Repo 或者如何将既存的 Repo 提交到创建的 Git Repo 中。

由于笔者已经创建了本地的 Git 项目，所以可以根据安装提示使用 git remote add 指令将本地代码仓库添加到远程仓库，代码如下所示。

```
➜  gitTest git:(master) git remote add origin git@github.com:xuyisheng/testGit.git
➜  gitTest git:(master) git push -u origin master
Counting objects: 18, done.
Delta compression using up to 4 threads.
Compressing objects: 100% (8/8), done.
Writing objects: 100% (18/18), 1.39 KiB | 0 bytes/s, done.
Total 18 (delta 1), reused 0 (delta 0)
To git@github.com:xuyisheng/testGit.git
 * [new branch]          master -> master
Branch master set up to track remote branch master from origin.
```

再看 Github 上的远程仓库，查看刚刚提交的代码，如图 2.12 所示。

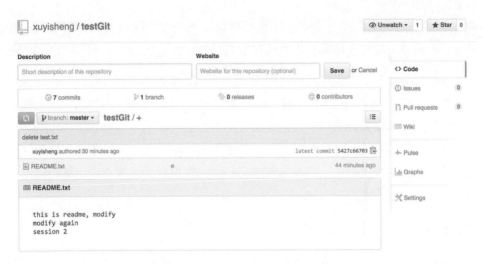

图 2.12 提交的代码

README 已经提交上去了。这时候再回过头来看看添加到远程服务器的代码。

```
git remote add origin git@github.com:xuyisheng/testGit.git
```

这条指令中的 origin 指的就是远程仓库的名字。你也可以叫别的名字，但是默认远程仓库都叫 origin，以便区分。基于使用习惯，该命名基本上不会修改。

而下一条指令使用代码把修改推送到远程仓库，代码如下所示。

```
git push -u origin master
```

由于 git push 指令加上了-u 参数，所以 Git 不但会把本地的 master 分支内容推送到远程新的 master 分支，还会把本地的 master 分支和远程的 master 分支关联起来（不过后面的 Push 就不需要这个参数了）。

在 Push 到远程分支之后，笔者再对文件做一些修改，并使用前面讲的添加本地 Git 仓库的方式将新的修改推送到远程分支，代码如下所示。

```
➜  gitTest git:(master) ✗ git add README.txt
➜  gitTest git:(master) ✗ git commit -m "modify again"
[master e7ae095] modify again
 1 file changed, 2 insertions(+), 1 deletion(-)
➜  gitTest git:(master) git push
Counting objects: 5, done.
Delta compression using up to 4 threads.
Compressing objects: 100% (2/2), done.
Writing objects: 100% (3/3), 285 bytes | 0 bytes/s, done.
Total 3 (delta 0), reused 0 (delta 0)
To git@github.com:xuyisheng/testGit.git
   5427c66..e7ae095  master -> master
```

可以发现，这时候再 Push 代码就不需要使用-u 参数了，可以直接使用 git push 或者 git push origin master 指定仓库和分支名将新的修改推送到远程分支。

在实际项目中经常会发生这样的协作问题，即开发者 A 将 Push 修改到 Repo 时，开发者 B 已经将自己的修改 Push 到了 Repo。这时候开发者 A 在 Push 的时候，Git 会提示使用 git pull 指令先来获取最新的修改，但这样会在 Git 历史中留下一个 Merge History，这并不是开发者所希望的。因此在这种情况下，可以使用 git pull --rebase 指令拉取最新修改，该指令的作用是拉取本地代码后，将本地未提交的代码作用到最新版本中，从而避免多余的 Merge History。

更新代码

当远程分支上的代码有内容更新时，通过 git pull 指令即可拉取最新的代码更新，如果拉取的更新代码与本地代码没有冲突，那么 Git 将在本地自动进行代码 Merge 工作。

↘ Clone 远程仓库

在前面的小节中，笔者提到了创建本地仓库的几种方式，其中有一种是通过 git clone 的方式 Clone 远程仓库。

Github 实际上就已经提示开发者如何使用 git clone 将一个远程代码仓库 Clone 到本地了，如图 2.13 所示。

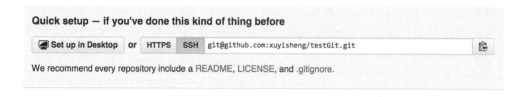

图 2.13　Repo 地址

在 Clone 的时候，可以选择 Https 的方式或者 SSH 的方式进行 Clone 操作。但通常情况下都会使用 SSH 的方式，因此 Https 的方式会要求账户密码验证。而 SSH 则是通过对称加密秘钥来验证的，比较方便。而且 SSH 协议在终端下对 Git 项目有优化，传输效率较高（但是有些公司内部只开放了 Http 端口，这时就必须要使用 Https 的方式进行 Clone 了）。

那么使用图中提供的远程 Git 项目地址，使用 git clone <git 地址>的方式，将远程项目 Clone 到本地，代码如下所示。

```
→　MyWork　git clone git@github.com:xuyisheng/testGit.git
Cloning into 'testGit'...
remote: Counting objects: 21, done.
```

```
remote: Compressing objects: 100% (9/9), done.
remote: Total 21 (delta 1), reused 21 (delta 1), pack-reused 0
Receiving objects: 100% (21/21), done.
Resolving deltas: 100% (1/1), done.
Checking connectivity... done
```

2.9　分支管理

笔者认为，分支是 Git 最大的魅力。Git 中的分支就好像现在的平行宇宙理论，不同的分支互不干扰且相互独立，你可以像一个上帝一样，随时对任意一个分支进行任何操作，可以今天去这个分支玩，明天去另一个分支玩。玩腻了，甚至可以把两个分支合并一起玩。

这样的设计方式，可以极大地提高开发者的开发效率。举个比较恰当的例子，笔者现在要开发一个新功能，需要大概 3 个月的时间，但是笔者不能每天都把未完成的代码提交到其他开发者每天都在使用的分支上。这样其他开发者拉取了笔者的代码之后，就可能因此编译不过，而无法正常工作。但是笔者又不能直接新建一个代码仓库，这样仓库太多，很难管理。而使用 Git，笔者可以新建一个分支，在这个新的分支上开发新的功能而不会影响其他开发者的工作。新的分支不仅能够备份我的代码，让我能够开发新的功能，而且当新功能开发完毕后，可以通过合并分支将整个新功能 Merge 到其他开发者正在使用的分支中。

➥　创建分支

对于开发者的每次提交，Git 都把它们串成一条时间线，这条时间线就是一个独立的分支。不创建其他分支时，默认只有一条时间线，在 Git 里这个分支叫主分支即 master 分支。通过 gitk 指令，可以很清楚地看见各个分支的产生、合并情况，如图 2.14 所示。

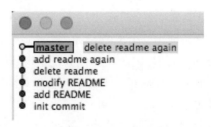

图 2.14　Git 分支

由于这里只有笔者一人操作，所以只创建了一个分支即主分支。通过以下指令，可以创建一个新的分支并切换到该分支上，代码如下所示。

```
➜  gitTest git:(master) git checkout -b dev
Switched to a new branch 'dev'
➜  gitTest git:(dev)
```

这里需要注意的是，在前文中笔者也讲到了 checkout 指令，此 checkout 指令非彼 checkout 指令，checkout 后面跟分支名才代表分支操作。如果跟的是文件名，则代表恢复操作。另外通过-b 参数，可以使 Git 创建并自动切换到该分支，该命令等价于：

```
$ git branch dev
$ git checkout dev
Switched to branch 'dev'
```

如果该分支已经存在，那么直接使用 checkout <分支名>就可以切换到该分支。但是在切换时，如果当前分支有过还未提交的修改，则 Git 是无法切换分支的。此时最好的办法就是通过 git stash 指令将修改暂存并恢复到原始版本。这时候再切换分支，等其他分支操作完毕后回到原来的分支，再将暂存代码调出，恢复原来的状态继续工作。

↘ 查看分支

通过 git branch 指令可以列出当前所有本地分支，代码如下所示。

```
➜  gitTest git:(dev) git branch
* dev
  master
```

在当前分支上会多一个*，用来表示当前所处的分支。通过指定-r 参数可以列出所有远程分支，或者使用-a 参数列举所有本地和远程分支。

↘ 合并分支

例如，开发者切换到 dev 分支后，对内容进行修改，接下来执行 add 和 commit 操作。此时开发者再切换到 master 分支，查看当前修改，你会发现 dev 分支上之前做的修改在 master 分支上都没有生效。这是显而易见的，因为这是两个不同的分支，它们之间是完全独立不受影响的。但是大部分新创建的分支都是为了完成某个功能而去创建的。最终发布的版本一般都会从 master 分支上获取。因此在其他分支上进行的修改，通常都要重新 Merge 到主分支 master。在 Git 中分支间的 Merge 工作是非常简单的，通过指令即可完成不同分支间的合并工作，代码如下所示。

```
➜  gitTest git:(master) git merge dev
Updating e7ae095..7986a59
Fast-forward
 README.txt | 3 ++-
 1 file changed, 2 insertions(+), 1 deletion(-)
```

这样再查看 master 分支下的文件，dev 上的修改就有了。

在合并分支的时候，经常会发生 Merge 冲突的问题，这是所有版本控制工具都无法避免的一个问题。Git 在合并分支的时候，会对文件进行自动 Merge。如果没有冲突，则自动合并代码。如果有冲突，Git 会把冲突的代码都显示在代码中，让开发者删掉废弃的代码，最终完成合并操作。

Merge 与 Rebase

在合并分支时，还有一种 Rebase 操作，它与 Merge 操作所实现的功能基本是一样的。唯一的区别是，使用 Rebase 操作后 Git 时间线会被进行合并，而 Merge 操作不会。

这两个操作各有利弊，Merge 操作保持了完整的 Git 提交记录；而 Rebase 让时间线变得更加干净。具体使用哪种方式进行分支合并，可以根据具体的项目进行选择，更详细的使用指南，读者可以参考"Git 学习资料"一节中的资源进行进一步学习。

↘　删除分支

当一个临时分支使用完毕后，最合适的操作是把这个分支删除，避免过多的分支造成混乱。删除一个不再使用的分支非常简单，只需要执行以下指令即可。

```
→   gitTest git:(master) git branch -d dev
Deleted branch dev (was 7986a59).
→   gitTest git:(master) git branch
* master
```

通过 git branch 的-d 参数就可以删除一个分支，删除后再通过 git branch 指令查看当前分支，可以发现 dev 分支已经被删除了。

这里有一点需要注意一下，当一个分支从未进行过合并的时候，如果删除分支，Git 会显示以下提示。

```
>error: The branch 'feature-vulcan' is not fully merged.
If you are sure you want to delete it, run 'git branch -D dev.
```

这是 Git 为了防止误删未合并的分支而设计的，如果一定要删除，则可以使用-D 参数进行强行删除。

看完分支的操作，有人可能会问："创建这么多分支，Git 会不会产生很多重复的文件？"答案是不会。与 SVN 不同，Git 不论是创建分支还是记录版本，都不是创建整个文件或分支的备份，而是创建一个指针指向不同的文件或分支而已。切换分支，创建分支或者是记录版本都只是改变指针指向的位置，Git 实际上只使用了很小的存储空间来记录这一切。

笔者认为，Git 的分支是一种非常好的团体协作方式。一个项目中通常会有一个 master 分支进行发布管理，一个 dev 分支、进行开发。而不同的开发者 checkout 出 dev 分支进行开发，merge 自己的分支到 dev。当有 issue 或者新需求的时候，checkout 分支进行修改，可以保证主分支的安全，即使修改取消也不会影响主分支。

↘ 查看远程分支

当开发者从远程仓库 Clone 代码仓库时，实际上 Git 自动把本地的 master 分支和远程的 master 分支对应起来了，并且远程仓库的默认名称是 origin。

通过以下指令，我们可以查看远程分支。

```
➔  gitTest git:(master) git remote
origin
```

或者使用以下指令查看详细信息。

```
➔  gitTest git:(master) git remote -v
origin      git@github.com:xuyisheng/testGit.git (fetch)
origin      git@github.com:xuyisheng/testGit.git (push)
```

↘ 推送分支

要把本地创建的分支同步到远程仓库上，同样是使用 git push 指令。例如开发者创建一个 dev 分支后，即可使用以下指令将这个分支推送到远程仓库。

```
➔  gitTest git:(master) git checkout -b dev
Switched to a new branch 'dev'
➔  gitTest git:(dev) git push origin dev
Everything up-to-date
```

如上所示，通过制定分支名把一个指定的 dev 分支推送到了远程仓库 origin 中。

↘ 分支管理思想

Git 虽然是一个无中央集权的版本控制系统，但在一般开发过程中通常还是会指定一台服务器作为 Git 版本中央库，同时使用分支来对中央库进行版本控制。

分支的设置

在 Git 中央服务器上（通常称之为 origin），都会有一个默认的主分支（通常称之为 master 分支），而一般的开发不会直接在主分支上进行。主分支永远用于打 Tag 和发布 release 版本，保证发布出去的版本一定是完善的、已验证过的。而且在团队中，也只有

Leader 以上级别的开发者才有权限将其他分支的代码 Merge 到主分支。因此开发时，最少会建立一个 develop 分支，所有的最新开发进展都同步到 develop 分支。团队中的成员在项目开始时，获取到了最新的 develop 分支代码之后，通常会在本地建立自己的开发分支，例如 dev_xxxx 分支。自己的开发都在本地的 dev_xxxx 分支中操作，当自己的一个功能开发完毕后，再 Merge 到 develop 分支，完成一次功能性提交。

无用的分支在使用完毕后，尽量删除，避免太多的分支造成管理上的混乱，同时分支的命名也应当遵循一定的规则。

功能分支

在开发过程中，项目经常有一些需要紧急完成的功能或者需要紧急修复的 bug，针对这些打断正常开发流程的事情，同样可以利用分支来进行处理。这些分支称之为功能分支或辅助分支，这些分支的管理与 develop 分支的处理基本类似。但要注意的是，一旦完成修改应该立刻删除这些分支，保证代码库的干净。

2.10　Git 图解

通过前文的讲解，相信读者朋友已经基本了解了 Git 的使用过程与工作流。下面，笔者想通过一幅图，让大家比较形象地了解 Git 的整个工作过程，如图 2.15 所示。

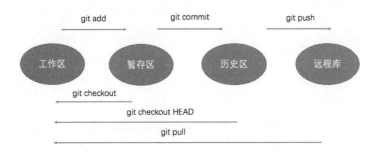

图 2.15　Git 的工作过程

在学习 Git 的时候，理清这几个区域的关系是学习的重点，指令可以在使用的时候查找相关文档。但其中的思想却是文档所不能完全讲清楚的，需要开发者自己好好领悟、思考。

2.11 Tag

Tag 的概念类似于 branch，区别是 branch 是可以不断改变、Merge 的而 Tag 不行。Tag 可以认为是一个快照、一个记录点，用于记录某个 commit 点或分支的历史快照。Tag 通常打在 Master 分支上，以保证代码的准确性。

↘ 创建 Tag

要创建一个 Tag 非常简单，只需要使用以下指令即可。

```
→   testGit git:(master) git tag version1
```

这样创建的 Tag，默认会记录在最后的提交上。但你也可以通过 commit id 指定要创建 Tag 的地方，代码如下所示。

```
→   testGit git:(master) git tag version0 b687b06
→   testGit git:(master) git tag
version0
version1
```

细心的读者可以发现，这里的 commit id 并没有写全，实际上通过前 6、7 位 SHA-1 Code，Git 就可以查找到相应的 id 了。只有当代码库记录非常大的时候，才需要通过指定更多的位数来避免重复的 id。

↘ 创建带标签的 Tag

除了上面讲到的普通的 Tag，Git 还可以创建带有注释说明的 Tag，通过-a 参数可以指定 Tag 名，通过-m 参数指定注释文字，代码如下所示。

```
git tag -a v1 -m "version1" b687b06fbb66da68bf8e0616c8049f194f03a062
```

↘ 查看 Tag

创建好一个 Tag 后，就可以通过以下指令查看该 Tag。

```
→   testGit git:(master) git tag
version1
```

而且，可以通过 git show <tagname>指令查看指定 Tag 的详细信息，代码执行后显示效果如下所示。

```
commit 27493e5ee68dd6a64cce6ce71103e388032555ce
Author: 徐宜生 <xuyisheng@hujiang.com>
Date:     Sat Dec 12 22:28:25 2015 +0800

      delete readme again

diff --git a/README b/README
deleted file mode 100644
index e69de29..0000000
(END)
```

↘ 删除标签

Tag 的删除与分支的删除类似，通过指定-d 参数就可以了。

```
➜  testGit git:(master) git tag
version0
version1
➜  testGit git:(master) git tag -d version0
Deleted tag 'version0' (was b687b06)
➜  testGit git:(master) git tag
version1
```

↘ 推送 Tag 到远程

如果直接使用 git push 指令，是无法将一个本地 Tag 推送到远程仓库的，要把一个本地 Tag 推送到远程代码仓库需要使用以下代码。

```
➜  testGit git:(master) git push origin version0
Total 0 (delta 0), reused 0 (delta 0)
To git@github.com:xuyisheng/testGit.git
 * [new tag]            version0 -> version0
```

或者通过指定--tags 参数来推送所有的本地 Tag。

```
➜  testGit git:(master) git push origin --tags
Total 0 (delta 0), reused 0 (delta 0)
To git@github.com:xuyisheng/testGit.git
 * [new tag]            version1 -> version1
```

↘ 删除远程 Tag

当本地 Tag 已经 Push 到远程代码仓库后，再要删除这个 Tag，就必须先删除本地 Tag。

```
➜  testGit git:(master) git tag -d version0
```

```
Deleted tag 'version0' (was b687b06)
```

删除本地 Tag 后，再重新 Push 到远程代码仓库。但此时指令与推送新建 Tag 到远程有所不同。

```
➜   testGit git:(master) git push origin :refs/tags/version0
To git@github.com:xuyisheng/testGit.git
 - [deleted]              version0
```

2.12　Git 图形化工具

Git 的操作通常在终端完成，但 Git 也提供了一些图形化的操作工具，简化 Git 的操作。

↘　Git for Windows

Git 需要安装"Git for Windows"工具才能在 Windows 系统中运行，该工具地址为 https://git-for-windows.github.io/，官网如图 2.16 所示。

图 2.16　Git bash for Windows

该工具在 Windows 系统中提供了 Git bash 终端工具和 Git GUI 工具，开发者可以使用 Git GUI 工具完成整个版本控制。

↘　Github Desktop

Github 是使用最广泛的网络 Git 库，它也提供了自己的 Git 图形化界面工具，地址为 https://desktop.github.com/，官网如图 2.17 所示。

图 2.17　Github for Windows

利用该工具，可以很方便地对 Github 上的项目进行操作。但它的局限也很明显，就是只能使用 Github 上提供的 Git 服务，而不能使用自己搭建的 Git 服务器。

SourceTree

SourceTree 可以说是最常用的一款 Git 图形化操作工具了，该工具下载地址为 https://www.sourcetreeapp.com/，官网如图 2.18 所示。

SourceTree 将 Git 中的很多操作进行了封装，可以很方便地使用图形化界面完成 Git 的操作，对于想使用 Git 但又害怕终端的开发者来说，这是一个很方便的工具。

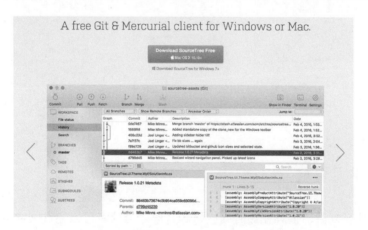

图 2.18　SourceTree

Android Studio

在 Android Studio 中也有对 Git 的支持，Android Studio 继承了开放的思想，也支持其他版本控制工具，如 SVN 等。

当一个项目被添加到 Git Root 后，在 Android Studio 中打开 VCS 菜单，就可以进行版本控制的管理了。此外，在代码编辑界面单击鼠标右键也可以执行版本控制操作，如图 2.19 所示。

这里的 Git 操作与 SourceTree 十分类似。虽然 Git 图形化工具可以比较直观地显示 Git 操作，但笔者一直偏爱于在终端中执行 Git 指令。开发者可以根据自己的喜好，选择合适的工具为己所用。

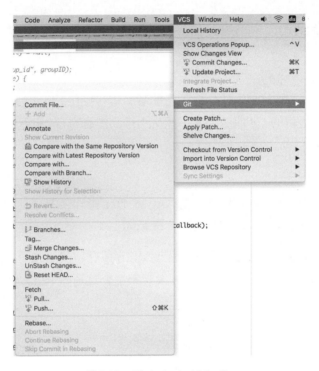

图 2.19　Git in Android Studio

2.13　Git 学习资料

Git 命令繁多复杂，很难在短时间内讲解完毕，但读者可以通过阅读本文，掌握基本的 Git 使用。入门之后，即可在平时的开发中不断提高自己的 Git 技巧，在遇到问题时查看相关资料进行学习即可，而不需要刻意抽出时间学习。下面笔者给大家介绍一些比较权威的 Git 学习指南。

* Git 权威指南的中文版（http://git-scm.com/book/zh/v1/），可以说是 Git 最权威的指南。

- Git Community Book 的中文版（http://gitbook.liuhui998.com/），是 Git 社区的合作版本。

- 这是 WIKI 的 Git 主页（https://git.wiki.kernel.org/index.php/Main_Page/），里面几乎记录了 Git 的所有操作，推荐深入研究 Git 时再去阅读。

- 图解 Git 最好的网站（http://marklodato.github.io/visual-git-guide/index-zh-cn.html），通过图形可以让初学者更好地掌握其设计思想。

Git 使用到的命令非常多，但常用的命令并不多。学习 Git 的最好办法就是在实际项目中熟练，只有在项目中多操作、多思考，才能逐渐掌握 Git 的使用技巧。

➥ Git 练习

笔者所在的公司 Git 和 Android Studio 已经成为衡量一个 Android 开发者的最低标准，可想而知学好 Git 是多么重要。但是 Git 的终端命令又多又杂，而且 Git 的设计思想与一般的集中式管理方式非常不同，导致开发者上手难度很大。因此，下面介绍几个关于 Git 的学习工具，帮助开发者快速掌握 Git 的使用。

Git dojo

Git dojo 是一个练习快捷键的网站（https://www.shortcutfoo.com/）的子项目，这个网站提供了一个有趣的方式让开发者学习 Git 的使用。将枯燥无味的学习变成了有趣的在线游戏，地址为 https://www.shortcutfoo.com/app/dojos/git，官网如图 2.20 所示。

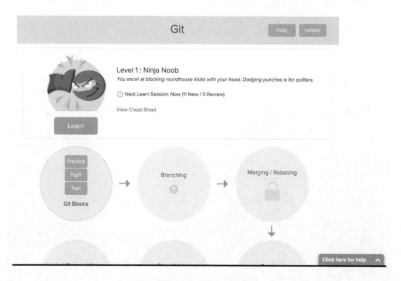

图 2.20　Git dojo

开发者可以在这个网站上练习、调整，并不断解锁新的学习。

15 分钟练习 Git

这个网站与上面的网站类似，也是通过在线教程帮助开发者进行 Git 学习，网址为 https://try.github.io/levels/1/challenges/1，官网如图 2.21 所示。

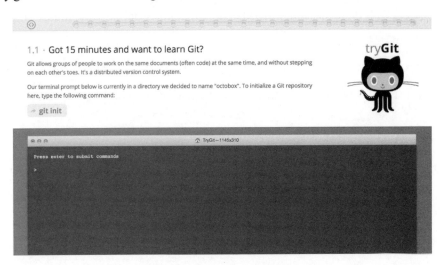

图 2.21　Learn Git in 15min

作者虚拟了一个终端，并将 Git 学习分解成一个个的小任务，让开发者在模拟的真实环境中学习 Git。

LearnGitBranching

与 Learn Git in 15min 非常类似，LearnGitBranching 这个网站也模拟了一个 Git 终端界面，如图 2.22 所示。

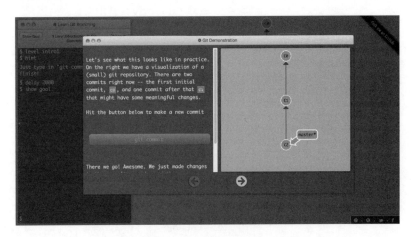

图 2.22　LearnGitBranching

　　通过这个网站，可以非常清楚地了解 Git 操作的每一步的具体含义，同时通过实际操作熟练这些命令。

　　这些练习 Git 的网站可以让开发者在引导中逐渐掌握 Git 的基本使用方法，模拟实际项目中可能遇到的问题，这些网站是学习 Git 的一个非常好而且高效的途径。

第 3 章

Android Studio 奇技淫巧

经过社区开源人士一年多的推广，特别是"亲爹"Google 的大力支持，Eclipse For Android——ADT 终于在 2015 年底"寿终正寝"，Android Studio 开始名正言顺地接管 Android 开发的掌门大权。作为一款由 IntelliJ IDEA 改进而来的 IDE，Android Studio 继承了 IDEA 的大部分优点，不论界面的美丑还是功能的高低，Android Studio 都具有 Eclipse 不可比拟的优势。目前，虽然很多开发者都在使用 Android Studio，但是真正能发挥出 Android Studio 能力的人却不多。主要是因为 Android Studio 还很年轻，Eclipse 作为一个老牌 IDE，已经使用了很多年了，Android Studio 中有很多未知的技巧等着你去发掘，等你真正领略到它强大的功能之后，你一定会对它爱不释手。总之一句话，用 Android Studio 写代码就像是在进行艺术创作，程序员不再是"码农"，而是创造代码的"艺术家。笔者算是国内最早一批使用 Android Studio 的开发者，本章笔者将向大家分享 Android Studio 的使用心得和使用技巧。

3.1 Android Studio 使用初探

不知道各位读者在第一次接触 Android Studio 的时候，是否有仔细了解 Android Studio 上每个标签、每个 Tab 的具体功能。虽然大部分的 IDE 都具有非常相似的功能板块布局，但这其中仍然有一些特色的东西，值得开发者去了解。因此，笔者认为学习 Android Studio 最好的办法就是多点一点，多使用一些快捷键，多留心 IDE 的各种提示，不经意间，也许你就能发现一些非常好用的功能。

↘ Project 面板

在 Android Studio 最左边可以找到 Project 标签，这里是开发者管理项目的地方，如图 3.1 所示。

图 3.1　Project 面板

Project 标签下有几个选项卡，点击右边的箭头，可以打开切换菜单，如图 3.2 所示。

图 3.2　选择展示类型

图中 3.2 选中的是 Project 选项卡，当选中这个选项卡的时候，Project 标签下展示的是整个项目的目录结构。完全按照文件系统的目录结构来进行展示。在这个选项卡下，通常可以做项目结构的调整，或者是添加一些资源文件夹，如 jni 文件夹、asset 文件夹等。

不过，Android 选项卡才是开发中使用最多的选项卡，新建的 Android 工程也默认打开 Android 选项卡，Android 选项卡如图 3.3 所示。

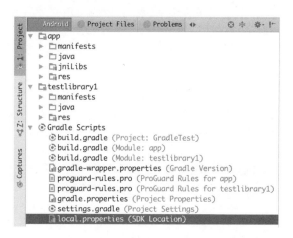

图 3.3　Android 选项卡

Android 选项卡不是按照文件目录结构对项目进行的整理，而是按照 module 来进行的整理。例如图 3.3 中的这个项目，每个 module 不论是主项目还是库项目都是一个独立的文件夹，另外所有的 Gradle 脚本都在一个单独的目录中——Gradle Scripts。这样组织项目有一个非常好的优势，就是可以让项目结构一目了然，代码、资源、脚本都可以非常方便地找到。

↘ Structure 面板

Structure 面板在 Eclipse 时代就已经是标配了，Android Studio 同样也进行了集成，如图 3.4 所示。

图 3.4　Structure 面板

与 Eclipse 一样，Structure 标签不仅可以显示代码结构，也可以显示其成员变量、静态常量、方法等信息。而且在 Android Studio 中不仅是代码，XML 布局、脚本也可以显示其 Structure 信息。

⟿ Android Monitor

这个面板应该是开发者使用的非常多的一个面板。这里会显示Debug程序的Log信息，在设置中可以对 Logcat 所打印的 Log 根据其种类设置成不同的颜色。这样可以非常方便地进行区分，设置的地点如图 3.5 所示。

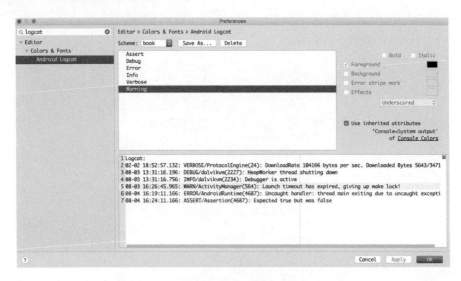

图 3.5　修改 Log 配色

你可以根据不同的 Log 类型设置其颜色参数。

⟿ Keymap

Android Studio 可以设置各种类型的快捷键，如图 3.6 所示。

图 3.6　快捷键类型

在 Setting 中找到 Keymap 标签，在下拉菜单中可以选择各种内置的快捷键类型，例如 Emacs 的快捷键类型、Visual Studio 的快捷键类型，以及 Eclipse 的快捷键类型。选择后在下面的面板中就可以找到所有的快捷键对应操作，Keymap 的设置极大地方便了从各种 IDE 迁移过来的开发者。但是笔者在这里建议，最好选择默认的快捷键类型，而不要因为不适应新的快捷键而选择旧 IDE 的快捷键类型。毕竟快捷键这个东西，只要用几天就能熟悉了，完全没有必要使用旧的快捷键。本文中所有的快捷键都指的是默认的 Android Studio 快捷键。

↘ Tip of the Day

在 Android Studio 菜单栏的 Help 标签下，选择 Tip of the Day 选项，可以打开 Android Studio 的 Tips 提示，如图 3.7 所示。

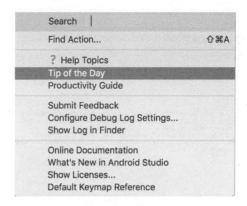

图 3.7　Tips

这里面会随机显示一条 Android Studio 的使用提示，如图 3.8 所示。

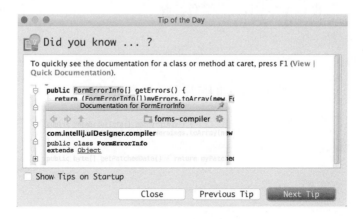

图 3.8　Tip of the Day

Tip of the Day 默认是在启动时显示的，但是很多开发者都不会让它启动时显示。实际上，这里才是 Android Studio 的技巧集萃，里面都是非常实用的使用技巧。每天抽一点时间，简单看一下这个 Tips，用不了多久这些 Tips 带给你的时间收益，绝对远大于你看这些 Tips 的时间成本。这是一笔非常划算的买卖，希望各位开发者能好好利用这个 Tip of the Day。

除了这里的 Tips，IntelliJ IDEA 的官方网站也应该是开发者经常关注的地方，特别是它的功能介绍，地址为 https://www.jetbrains.com/idea/whatsnew/。

在这里，开发者可以找到很多实用的 IDEA 的新功能，而 Android Studio 正是基于 IDEA 的，它的很多新功能在 Android Studio 上同样是适用的，如图 3.9 所示。

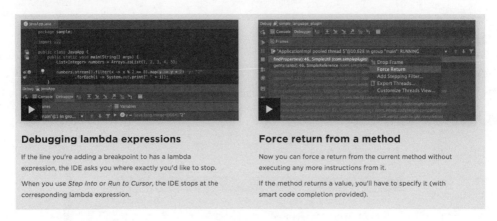

图 3.9 IDEA 功能介绍

而且对于很多开发者来说，平时并不仅仅是只开发 Android 程序，有时候还写一些 Gradle 插件、Java 项目等。如果用 Android Studio 就显得有点力不从心了（虽然通过某些插件还是可以支持），这时候 IDEA 就派上用场了。

➷ 快速查找

在 Android Studio 中有一个堪比 Alfred 的功能，那就是 Android Studio 自带的强大的全局快捷搜索，要调出这个 Android Studio 中的 "Alfred" 非常容易，只需要快速双击 "shift" 键即可，如图 3.10 所示。

图 3.10 Search Everwhere

在这个 Search Everwhere 中，你只需要输入要查找的内容（可以模糊查询，有关键字即可），下面就可以实时显示查找出的结果。当勾选上面的复选框——Include non-project items 后，还可以搜索非项目中的内容，例如引用的 jar 包中的内容。

这个 Search Everwhere 虽然没有 Alfred 强大，但却是打开类、查找某个文件、脚本最快的方法。

↘ Search Action

Android Studio 快捷键众多，靠记忆难免有遗忘的时候，因此 Android Studio 提供了一个类似搜索指令的入口。通过快捷键"Command + Shift + A"可以快速调出这个搜索入口，如图 3.11 所示。

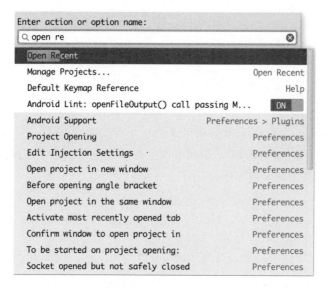

图 3.11　Search Action

例如要查找打开最近的工程这样一个指令，可以直接输入"Open Recent"，甚至都不用输入完整，Android Studio 就能找到你想使用的指令，按下回车后键之可以直接打开这条指令。

再例如查看方法调用栈的快捷键，如果一时无法想起，可以通过输入 hier 找到该指令及其快捷键，如图 3.12 所示。

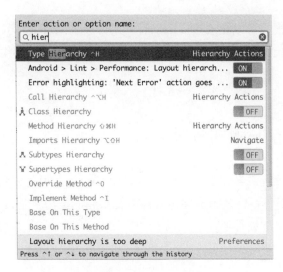

图 3.12　Search Action

　　这个搜索入口可以说是前面一条快速查找的姊妹版，将两条指令结合使用可以非常快捷地打造一个快速、高效的开发环境。

↘ 演示模式

　　Android Studio 为开发者提供了极为方便的演示模式，打开菜单栏的 View 选项，在最下面找到几种演示模式，如图 3.13 所示。

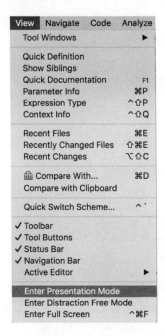

图 3.13　演示模式

通过选择这几种模式可以在连接投影仪时非常方便地全屏显示代码区域，获得更好的演示效果。另外，在代码区域通过双指缩放（Mac 下）也可以进行代码区域的缩放。

3.2　Android Studio 使用进阶

相信大部分的开发者或多或少都接触过 Android Studio。但是你真的因为使用 Android Studio 提高开发效率了吗？你是否掌握了快速重构代码的技巧？是否掌握了快速开发的技巧？如果没有，那么就继续看吧。

↘　操作与导航

IDE 的操作导航技巧是掌握、驾驭一个 IDE 的必备技能。下面笔者将介绍一些比较常用的操作与导航技巧。

单词选择

在 Android Studio 中，通过键盘操作来选择单词是编辑代码时最常用的操作。在默认的 Android Studio 配置中，IDE 设置的是通过"Option+ ←"快捷键来实现按单词的光标移动。但在 Android 编程中，开发者使用最多的是驼峰命名法。此时如果按单词来整体移动的话，那么在选择某些变量的一部分时就不是很方便，智能的 Android Studio 提供了安装驼峰命名法来实现光标移动的设置，如图 3.14 所示。

图 3.14　实现光标移动

在设置中开启"Use CamelHumps words"即可使用该功能，开启后，再通过"Option+ ←"快捷键就可以按照驼峰来移动光标选择了。

显示最近操作、修改

在 Android Studio 中，使用"Command + E"和"Command + Shift + E"快捷键，可以快速显示最近的文件操作和文件修改，如图 3.15 和图 3.16 所示。

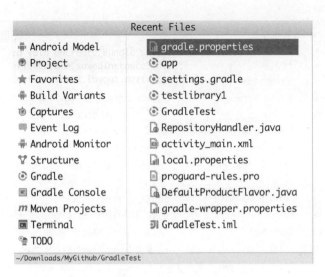

图 3.15　Recent Files

使用"Command＋E"快捷键显示了最近浏览过的文件，类似于浏览器的浏览记录。

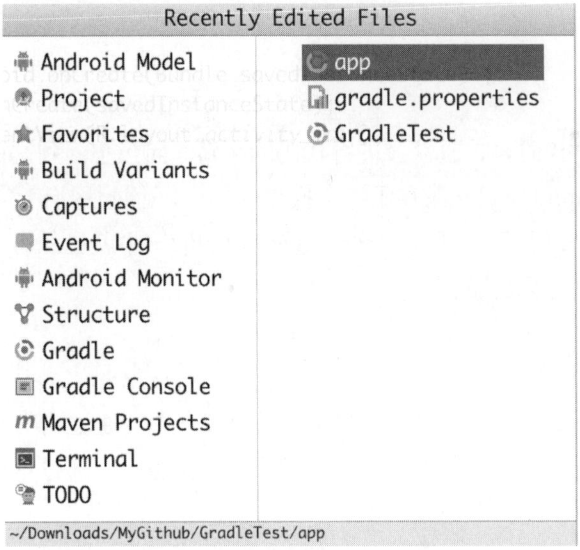

图 3.16　Recent Edited Files

使用"Command＋Shift＋E"快捷键显示了最近编辑过的文件。与此同时，你可以使用"Control＋Tab"快捷键进行各个界面的切换，如图 3.17 所示。

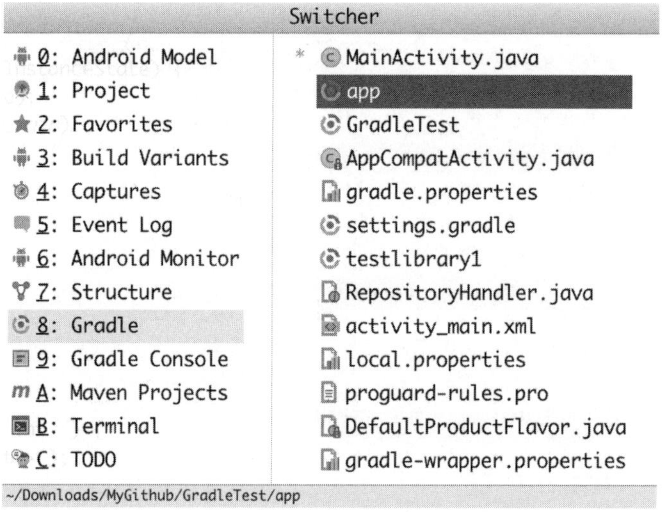

图 3.17　窗口导航

这个功能在开发新功能的时候非常有用，因为很多时候开发者需要操作多个类。通过这个功能，可以快速在编辑的几个类间进行切换，提高开发的效率。

操作记录

当开发者在浏览代码时，通常会进行代码的跳转，而当想回到之前浏览过的地方时就比较麻烦了。而 Android Studio 保存了每个操作的历史，通过快捷键"Command + Option + Left\Right"来进行访问位置的导航，这一功能在 Eclipse 中就已经有了，相信大部分的开发者都使用过，这里不再赘述。

移动行

整体移动某行是很常用的方法，在 Android Studio 中，通过"Option+Shift+方向键上\方向键下"就可以实现某一行的上下移动。类似的方法也可以通过这个快捷键进行整体的移动。

查找调用

在开发中，查找一个方法在何处被调用过或者查找一个 ID 在哪里被引用过是经常性操作。例如要查找 initViews()的调用处，只要选中这个方法单击鼠标右键，选择"Find Usages"即可，如图 3.18 所示。

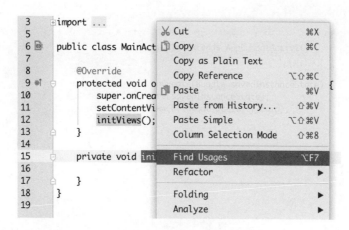

图 3.18　Find Usages

当然，你也可以使用快捷键"Option + F7"进行快速查找。

快速方法操作

在不同的方法间进行跳转是开发者了解程序架构的必备技能。在 Android Studio 中，开发者可以通过按住"Command"键，并点击方法名的方式进入方法，查看方法详情。你也可以通过直接使用"Command + B"快捷键进入一个方法。

查找参数定义与文档

在使用一个方法时，通过快捷键"Command + P"可以快速查看该方法的参数定义，如图 3.19 所示。

```
@Override
protected void onCreate(Bundle savedInstanceState) {
    super.onCreate(savedInstanceState);
    setContentView(R.layout.activity_main);
    initViews(1, 2, 3);
}
          int x, int y, int z
/**
 * 测试方法
 *
 * @param x x
 * @param y y
 * @param z z
 */
private void initViews(int x, int y, int z) {
    List<String> list = new ArrayList<>();
```

图 3.19　查看参数

使用快捷键"Command+ P"可以看出 initViews 方法的参数定义，在输入这个方法的时候就会自动弹出这个提示了。

那么如果想显示整个方法的文档呢？例如要查看系统方法的 API 文档，或者是自己写的方法的注释，可以使用快捷键"F1"查看 API 文档，如图 3.20 所示。

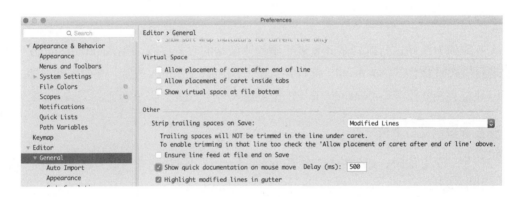

```
@Override
protected void onCreate(Bundle savedInstanceState) {
    super.onCreate(savedInstanceState);
    setContentView(R.layout.activity_main);
    initViews(1, 2, 3);
}
```

图 3.20　查看文档

如果你想像使用 Eclipse 一样，当鼠标放上去的时候就显示文档的提示，那么可以在设置中进行设置，Editor-General-Show quick documention on mouse move，如图 3.21 所示。

图 3.21　文档悬浮提示

这个功能有时候并不好，在代码较多的时候，鼠标悬浮即可看见文档会导致阅读代码时经常被弹出的文档打断，影响使用体验。而且自动弹出悬浮提示也比较耗性能，开发者可以根据自己的需要来决定是否开启。

快速行操作

通过快捷键 "Command + Shift + Up\Down"，可以迅速地将一行移动到上面一行或者下面一行，而不需要通过剪切来进行两行的交换。

那么如何删除一行呢？默认的快捷键是 "Command + Backspace"，但是这两个键按起来不是很方便，所以笔者通常采用快捷键 "Command + X" 的方式进行删除行的操作（该操作实际上是剪切行操作）。

类似的方式，复制一行也有相应的快捷键 "Command + D"（该快捷键在 Eclipse 中是删除行，需要习惯一下）。通过这个快捷键，开发者可以迅速复制上一行的代码，同时将光标停留在变量名的地方，方便开发者直接进行修改。

快速断点

当开发者在进行代码调试时，如果碰到要在循环体中打断点，但是却只需要在某种情况下才断，例如 i == 5 时，那么使用条件断点就可以非常方便地做到这一点。

条件断点与普通断点一样，直接在左边的编辑面板上点击就能生成，而要给一个普通断点增加条件功能，只需要在普通断点上单击鼠标右键，在弹出菜单的 Condition 中填入断点条件即可，如图 3.22 所示。

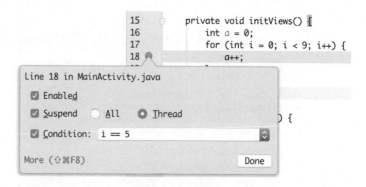

图 3.22　条件断点

同时，在这里还能启用、停用一个断点，点击 Enable 复选框即可实现。除了条件断点之外，开发中还有一种断点用得比较多，那就是临时断点。在调试时，开发者可能会临时增加一些断点，而这些断点并不是开发者一直需要的。也就是说，开发者实际上只想让这个断点执行一次，下次就不想在这个地方继续执行断点了，那么这个时候，临时断点就派上用场了。要增加一个临时断点也非常简单，只需要执行快捷键"Command + Option + Shift + F8"即可将当前行作为临时断点。如图 3.23 所示。

```
private void initViews() {
    int a = 0;
    int b = 1;
    for (int i = 0; i < 9; i++) {
        a++;
        b--;
    }
}
```

图 3.23　临时断点

临时断点与普通断点的区别就在于临时断点上有一个数字"1"，当临时断点执行一次后，这个断点就会自动消失，不需要开发者手动取消了。

异常断点

设想一种场景，测试拿着手机过来说，App 崩溃了需要处理，你要如何去做呢？通常的办法是先复现问题，然后用 ADB 抓 Log 找出具体的异常原因，再结合代码分析。然而有了 Android Studio，就完全不需要这么麻烦了！

举个例子，程序中最常见的 Crash 莫过于 NullPointerException 了，如何在程序中可能出现 NullPointerException 的地方都打上断点呢？其实根本不需要这么做，开发者只要打开 Run-View breakpoints 界面，点击右上角的 "+"，选择 Java Exception Breakpoints，并输入要监听的异常即可，如图 3.24 所示。

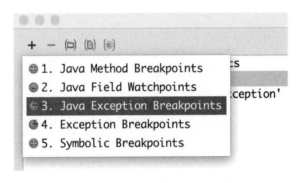

图 3.24 异常断点

如图 3.24 所示，笔者在这里选择监听 NullPointerException。那么在程序运行的时候，不需要设置任何断点，只要 App 因为 NullPointerException 异常而导致崩溃，系统就会在对应的地方自动断点并暂停，如图 3.25 所示。

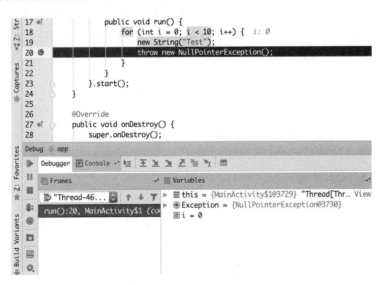

图 3.25 异常断点信息

这个功能可能很多开发者都不知道，但是在通过 Log 文件的崩溃信息调试程序的时候是非常有用的，可以快速定位到错误的代码。

日志断点

开发者经常会遇到这样的情况，整个工程的代码已经写完了，突然出现一个 bug 需要加一行 Log 进行调试，因为这一行 Log 要把整个工程都编译一遍，这是非常痛苦的事。而实际上，Android Studio 已经提供了针对这个问题的解决方案，那就是日志断点。

例如下面这个例子，开发者需要在每次循环中打出一句 Log，但是又不想增加一行 Log，如图 3.26 所示。

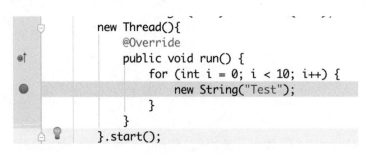

图 3.26　日志断点

此时可以使用日志断点来增加 Log 而不需要修改代码。首先，你需要在要断点的地方打上一个普通断点。然后在断点上单击鼠标右键，选择 suspend 属性为 false，并在下面的 Log evaluated expression 中写入日志信息即可，如图 3.27 所示。

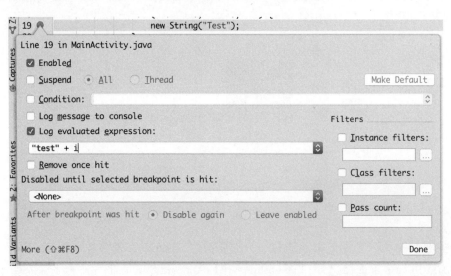

图 3.27　日志断点信息

这样设置后，在程序运行时就不用重新编译，而且会在断点处打出你需要的日志信息。

多重选择

Android Studio 提供了很多高级的编辑技巧，可以让代码的编辑变得非常方便。例如对文本的多重选择功能。当代码的上下文中有很多相同的代码，而开发者又需要同时对这些代码块进行操作时，就可以使用多重选择功能。例如将好几个 private 修改为 public，好几个 int 修改成 float 等，如图 3.28 所示。

```
private void initViews() {
    int a = 0;
    int b = 1;
    int c = 2;
    for (int i = 0; i < 9; i++) {
        a++;
        b--;
    }
}
```

图 3.28   多重选择

只要将光标放在第一个 int 处，使用快捷键 "Control + G" 就可以选中第一个 int，再按一次快捷键 "Control + G" 就可以选中第二个 int。以此类推，全部选择完毕后，只需要一次修改就可以完成所有的修改。另外需要注意的是，这个快捷键不仅可以选择类似 int、private 这样的修饰符，当多个变量中包含相同的命名时也可以使用。例如 firstX、secondX 中的 X，同样可以使用这种方式进行修改。

除了通过相似性进行多重选择，Android Studio 还提供了通过列进行多重选择的方式，如图 3.29 所示。

```
private void initViews() {
    int a = 0;
    int b = 1;
    int c = 2;
    for (int i = 0; i < 9; i++) {
        a++;
        b--;
    }
}
```

图 3.29   列选择

要实现如图 3.29 所示的多重选择，只需要按住 "Option" 键并拖动即可。除了使用上面两种方式进行多重选择之外，与 Sublime 类似，Android Studio 也支持多光标的操作方式，如图 3.30 所示。

```
@Override
protected void onCreate(Bundle savedInstanceState) {
    super.onCreate(savedInstanceState);
    setContentView(R.layout.activity_main);
    int a = 1;
    int b = 1;
    int c = 1;
    int d = 1;

}
```

图 3.30　多光标编辑

如图 3.30 所示，在要修改的地方，通过快捷键 "Option+Shift+鼠标点击" 就可以增加一个新的编辑光标，从而对多个地方进行同时修改。

快速完成

在 Android Studio 中，很多地方的操作都是可以偷懒的。通过使用快捷键 "Command + Shift + Enter"，在很多地方可以让 Android Studio 快速完成某些操作。例如方法体大括号的添加、行尾分号的添加、自动格式化该行等操作。笔者现在基本上每写完一行代码，都会使用这个快捷键来补全、格式化，非常有用。

代码提示

代码提示是一个 IDE 的重要功能之一，Android Studio 提供了非常强大的智能提示，通过使用快捷键 "Control+Space" 就可以在代码的任何地方调出代码提示，如图 3.31 所示。

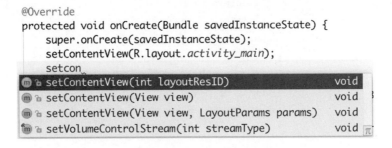

图 3.31　代码提示

在使用代码提示时，有一点需要注意的是，当显示出候选的提示后，通过 Enter 键可以完成提示的输入。另外，通过 Tab 键同样也可以完成提示的输入，区别是它会将后面已经输入的提示全部删掉，而 Enter 键会保留后面的输入。

除了使用快捷键 "Control+Space" 获取代码提示之外，在 Android Studio 中，IDE 还提供了快捷键 "Control+Shift+Space" 以显示更加智能的代码提示。通常情况下 IDE 可以根据上下文来获取更为丰富的代码提示，如图 3.32 所示。

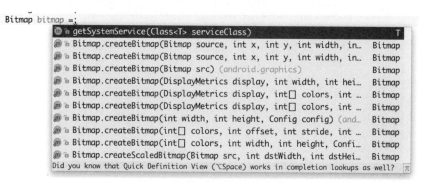

图 3.32　智能提示

代码提示不仅可以用于代码编写的过程中，在程序出现错误时，也可以借助快速完成快捷键 "Option+Enter" 获取代码修改提示。例如，笔者使用快捷模板 logi，产生一条 Log 日志，IDE 会自动生成如下所示的代码。

```
Log.i(TAG, "onCreate: ");
```

这时在 TAG 变量上使用快捷键 "Option+Enter"，选择 "Create constant field 'TAG'" 即可，如图 3.33 所示。

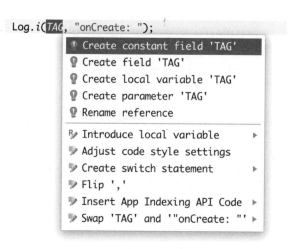

图 3.33　快速修复

对于笔者所举的这个例子来说，IDE 已经内置了 logt 快捷模板来生成如下所示的代码。

```
private static final String TAG = "MainActivity";
```

不管通过哪种方式，Android Studio 的提示功能都是非常全面的。通过提示，可以让 Android Studio 指出开发者代码存在的潜在风险和优化的方法，帮助开发者完成更好的代码。

调试中计算变量的值

在调试过程中的一些使用技巧，在《Android 群英传》中已经进行了介绍。这里补充一点，在调试过程中只要按住 Alt 键，点击代码中的表达式，即可显示表达式的值。其他的调试技巧，开发者可以参考《Android 群英传》中 Android Studio 的相关内容。

设置变量命名代码风格

根据 Google 的代码风格指南，类的成员变量通常要以 m 开头，而静态成员变量通常要以 s 开头。因此，你可以在设置中设置变量的命名规则，如图 3.34 所示。

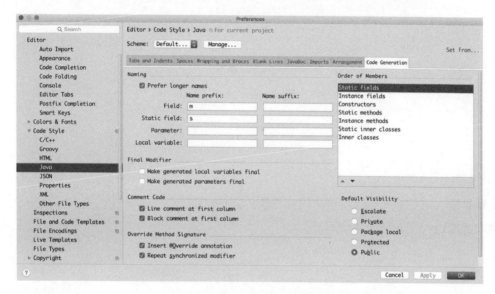

图 3.34　变量前后缀

在 Field 的 Name prefix 中设置 m，在 Static field 的 Name prefix 中设置 s。这样在输入一个变量的名字时，就可以自动补全 m 或者 s，如图 3.35 所示。

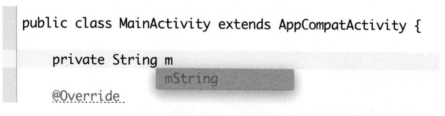

图 3.35　变量命名

同时在 Extra 代码的时候，生成的代码都可以自动根据这个规则重构。

查看大纲

当项目很大的时候，通过使用快捷键"Command+F12"，可以调出大纲界面，即显示方法和成员变量列表，如图 3.36 所示。

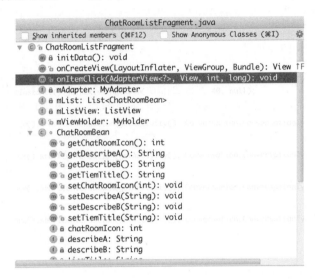

图 3.36　查看大纲

通过输入方法名，可以快速定位到方法。同时它还支持模糊查询，查询方法的一部分关键字也能进行筛选，如图 3.37 所示。

图 3.37　大纲筛选

通过这种方式，开发者可以快速找到想要搜索的方法。

书签

在接手老项目的代码或者在调试代码时，往往需要分析代码的思路，经常需要记录一些关键的代码、方法。这时候使用书签来记录就是最好的方式，类似在 Chrome 中添加书签，通过快捷键 F3 可以将一处代码添加到书签或者从书签中删除，如图 3.38 所示。

```
515 ∨    ⊙  💡  private void setPrivateActionBar(String targetId) {
516
517              if (DemoContext.getInstance() != null) {
518
519                  UserInfos userInfos = DemoContext.getInstance().getUserInfosById(targetId);
520
521                  if (userInfos == null) {
522                      getSupportActionBar().setTitle("");
523                  } else {
524                      getSupportActionBar().setTitle(userInfos.getUsername().toString());
525                  }
526              }
527
528          }
529
530          @Override
531 ●†∨      public boolean onCreateOptionsMenu(final Menu menu) {
```

图 3.38　书签

添加到书签的代码，在行数旁边会有一个小钩，同时在 Favorites 标签中，可以找到相应的 Bookmarks，如图 3.39 所示。

Favorites　　　　　　　　　　÷　✿▾　╟
★ demo-app-android-v2
▾ ∨ Bookmarks
　　∨ © ConversationActivity.java:531
　　∨ © ConversationActivity.java:515
● Breakpoints

图 3.39　显示书签

另外，通过快捷键"Command+F3"，可以调出书签面板，显示所有的书签，如图 3.40 所示。

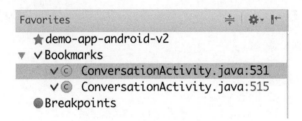

图 3.40　显示所有书签

这个工具对于记录代码中的关键点非常有用，有利于分析代码结构。

附加调试

开发者一定遇到过当项目很大时，编译一次需要很长时间，而这时候又需要调试程序的情况。那么除了直接使用 Debug 运行程序以外，还可以使用 attach to debugger 的方式。

在 ADB 连接手机的情况下，点击 attach to debugger 按钮并选择要调试的程序（只能调试 Debug 签名的 App），即可进入调试模式，不需要通过 Debug 运行程序，如图 3.41 所示。

图 3.41　附加调试

这种调试方式在项目开发中使用得非常多，毕竟一个大的项目，如果使用 Debug 模式进行运行会非常卡。而通过附加调试的方式就可以以正常的方式进行程序运行，然后再进行调试了。

其他操作技巧

Android Studio 还有很多其他操作技巧，这里不再一一列举，只是简单进行一下功能描述。

• 代码折叠

通过快捷键"Command＋-"和"Command＋+"，可以对一段代码进行折叠和展开，如图 3.42 所示。

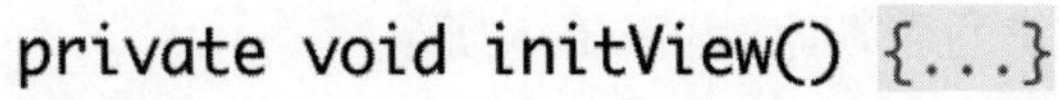

```
private void initView() {...}
```

图 3.42　代码折叠

- 在文件系统中打开文件

按住 Command 键并点击打开的代码 Tab 页，就可以在文件系统例如 Finder 中打开代码文件。或者选中文件，单击鼠标右键，选择 Reveal in Finder 同样可以在文件系统中打开文件，如图 3.43 所示。

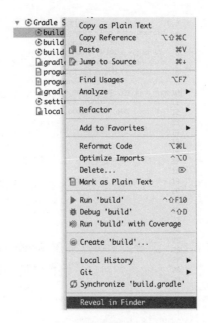

图 3.43　在文件系统中打开

- 预览方法定义

开发者在调试代码的时候，如果想查看某个方法的定义，但又不想跳转到方法所在的类，那么就可以使用快捷键 "Command+Y" 在当前页面上对指定方法进行预览，如图 3.44 所示。

- 拆分窗口

通常情况下，在编辑界面只有一个界面。通过窗口拆分，可以同时展示更多的界面。在菜单栏中选择 Window→Editor Tabs→Split vertical\ horizontal，这样就可以在整个编辑区域显示多个编辑界面，不论是进行代码对比还是查看都非常方便。

- 相关文件

对于 Activity 来说，通常都有与之对应的 XML 布局文件。这些布局文件作为 Activity

的相关文件会被标记在类的最前面，如图 3.45 所示。

图 3.44 预览方法定义

图 3.45 相关文件

点击这个标记，就可以关联到相应的 XML 文件。很多地方都会出现这样的标记，例如颜色、图标等，这些相关联的内容可以通过点击这些标记进行跳转。

- 查找快捷键

由于笔者的电脑是 Mac 系统，因此很多快捷键在 Windows 平台上是无法使用的，那么使用其他平台系统的开发者如何才能找到对应的快捷键呢？答案非常简单，打开设置中的 Keymap，如图 3.46 所示。

图 3.46 Keymap

在下拉框中，Android Studio 内置了各个平台的快捷键模板，通过切换可以找到对应的平台，例如 Mac。找到需要查找的快捷键，记住其名称，再切换回自己系统的快捷键，通过名称找到对应的快捷键即可。而且在旁边的输入框中，Android Studio 还提供了通过输入按键进行快捷键查找的方式，非常方便。

➴ 快速重构

重构是开发时的常用功能，不论是开发新的功能，还是完善旧的功能，开发者都需要进行大量的重构工作。

重构入口

当选择一个代码片段准备重构时，Android Studio 提供了一个快捷的重构入口，如图 3.47 所示。

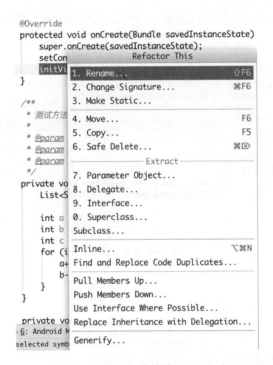

图 3.47　重构入口

通过快捷键 "Control + T" 可以打开这个重构入口，或者通过单击鼠标右键，选择 "Refactor" 调出这个界面，如图 3.48 所示。

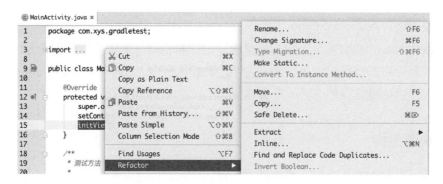

图 3.48　重构选项

在这里基本上可以找到所有的重构入口，例如常用的 Rename 操作等。

Surround With

在开发中，开发者经常要对某行代码进行重构，例如增加判空的 if 条件，或者是增加 try catch 捕获异常。那么可以使用快捷键 "Command + Option + T" 来进行操作，如图 3.49 所示。

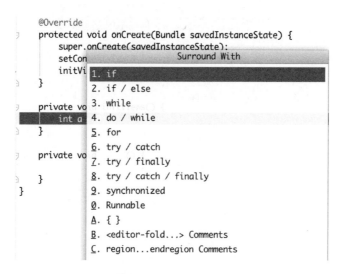

图 3.49　Surround With

当执行了这个快捷键之后，会弹出如图 3.49 所示的界面，选择相应的 Surround 类型，就可以快速将该 Surround 类型作用到选择的代码上。

快速提示

Android Studio 是一款非常智能的 IDE，它的智能不仅仅在于它强大的快捷键支持和强大的功能支持，更在于 Android Studio 在代码编写中提供的各种快捷提示，它可以根据代码场景的不同，提示不同类型的修改意见。

通过快捷键"Option + Enter"可以迅速调出快速提示。例如当一行代码写完，还差一个分号时，通过快捷键"Option + Enter"快速提示，Android Studio 可以快速帮你补全分号、换行，并格式化该行代码。再例如，你可以先写一个还未生成的方法，通过快捷键"Option + Enter"快速提示来让 Android Studio 帮你生成这个方法，如图 3.50 所示。

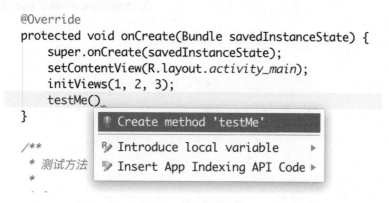

图 3.50　快速提示 1

再例如，开发者有时候会在代码中写一些 if…else if…这样的条件判断语句。但是在重构的时候，你很可能想把它换成 switch 语句，那么通过 Android Studio 的快速提示，这样的转换就是完全智能的。只要在 if 上使用"Option + Enter"快速提示即可，如图 3.51 所示。

```
private void test1(String flag) {
    if (flag.equals("a")) {
        💬 Insert App Indexing API Code          ▶
        💬 Invert 'if' condition                 ▶
        💬 Remove braces from 'if' statement     ▶
        ✎ Replace 'if' with 'switch'             ▶
}
```

图 3.51　快速提示 2

如图 3.51 所示，选择"Replace 'if' with 'switch'"即可迅速完成这样的重构。另外，当你的代码出错时，通过"Option + Enter"快速提示，可以让 Android Studio 提示出错误的方法。对于一些系统性的错误，Android Studio 都可以给出准确的修改提示，有了这个功能，几乎相当于身边多了个高级程序员在协助你一起开发，简直是不能更方便了。

快速国际化

在 Android 项目中进行项目的国际化，是通过建立不同语言的 strings.xml 文件来实现的，在 Android Studio 中，IDE 提供了 translation editor 帮助开发者快速创建国际化文件。

要使用这个功能，开发者只需要打开 strings.xml 文件，打开右上角的提示 "Open editor"，即可打开 translation editor。在 translation editor 中，选择左上角的 "地球" 图标，即可打开资源国际化选择器，如图 3.52 所示。

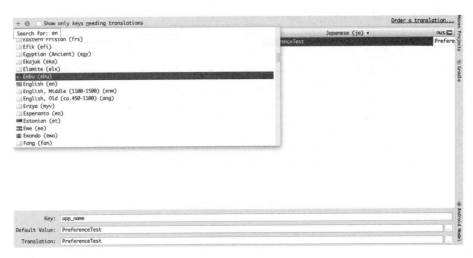

图 3.52　资源国际化

选择相应的语言，即可在目录下产生该语言对应的资源文件，如图 3.53 所示。

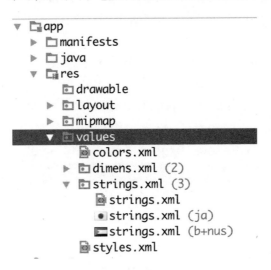

图 3.53　资源国际化文件夹

这样就非常方便地完成了资源国际化的创建工作，同时 IDE 还人性化地用不同国旗来区分不同的语言。

Extract 的妙用

Extract 在重构代码时是非常有用的，例如将一段重复的代码抽出来作为一个方法，如

图 3.54 所示。

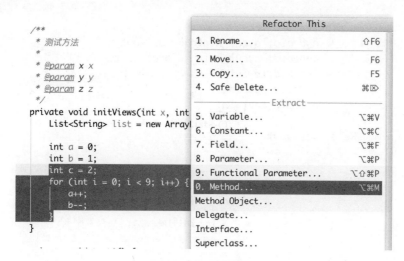

图 3.54　提取方法

通过 Extract Method，可以将一个代码段抽出作为一个方法，并且可以设置该方法的访问类型，如图 3.55 所示。

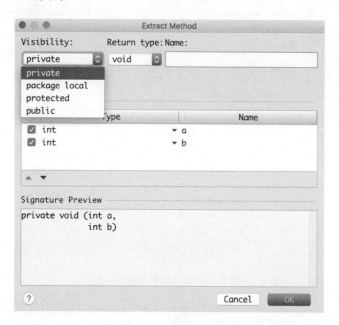

图 3.55　生成提取方法信息

那么 Extract 是不是仅仅可以重构 Java 代码呢？当然不是，对于 XML 布局文件，Extract 同样可以发挥巨大的作用。例如一个布局的 XML 文件，要抽取它的一些属性作为 Style，供其他 View 进行复用，那么就可以直接在这个 View 的 XML 布局代码中，执行

Extract-Style，如图 3.56 所示。

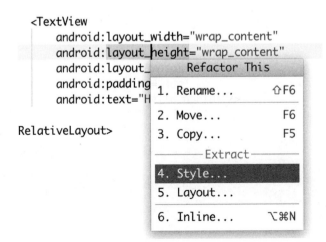

图 3.56　提取 Style

在弹出的界面中设置抽取的 Style 的名字和要抽取的属性即可，如图 3.57 所示。

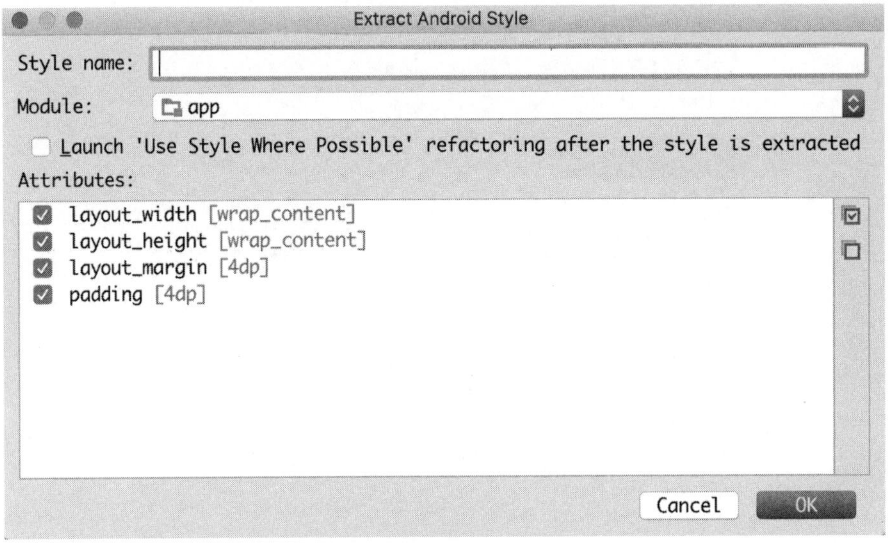

图 3.57　生成提取 Style 信息

Extract 不仅可以抽取 Style，还可以抽取布局 Layout，使用方法基本一致，这里就不再演示了。

在代码中，Extract 可以提取各种变量、参数、常量。例如，将一个局部变量提取为类的成员变量，将一个字符串的常量提取为全局的常量（你可以选择提取到这个类本身中，或者提取到新的类，例如常量类中）。而且提取后，Android Studio 会非常人性化地帮你以合适的命名规则命名，例如成员变量的 m、常量全部大写，等等。

Stucturally Search

Structurally Search 是 Android Studio 中一个非常重要的功能。通过 Find Action 方法，可以快速打开该功能，如图 3.58 所示。

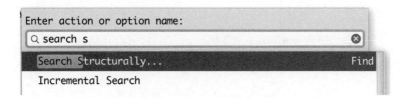

图 3.58　打开 Structurally Search

Structurally Search 界面如图 3.59 所示。

图 3.59　Structurally Search

在编辑区域，开发者可以编辑各种要搜索的代码。而最关键的是，可以使用"$xxxx$"标志进行匹配搜索，如图 3.59 所示，通过"$time$"进行了任意变量值的匹配。这样搜索后，就可以发现在不同文件中的不同变量的 something()方法，如图 3.60 所示。

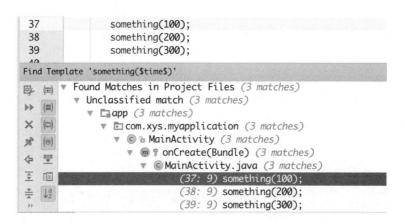

图 3.60　Structurally Search 搜索结果

在搜索结果区域可以展示所有的搜索结果，并根据自己的需要进行修改。

代码模板

代码模板是 Android Studio 的另一个强大的功能。通过 Android Studio 内置的代码模板，可以减少很多重复的代码输入工作，提高编辑的效率。

内置模板

Android Studio 与 Eclipse 一样，内置了很多代码的快速输入模板，例如 Eclipse 常用的——"syso"（System.out.print），Android Studio 同样有很多这样的代码模板，在代码编写过程中，只需要使用快捷键"Command + J"就可以调出这些代码模板。同时，Android Studio 还会根据当前代码的位置来推断要提供哪些种类的代码模板，非常的智能，如图 3.61 所示。

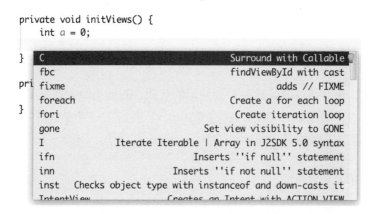

图 3.61　代码模板

　　这里提供了丰富的快捷输入模板，例如"fori"代表快捷输入 for 循环，"ifn"代表快捷输入"if null"，等等。这些代码模板可以在设置中进行配置，当然你还可以增加自己的代码模板，如图 3.62 所示。

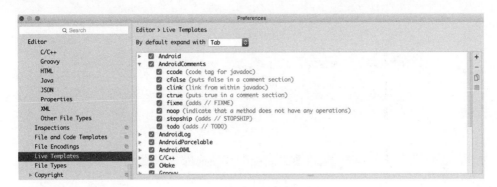

图 3.62　代码模板配置

　　在设置中找到 Live Templates 标签，即可找到所有的代码模板。可以发现，这里不仅提供了 Java 代码的快捷模板，就连 Android 注释、Log，甚至是 XML 都有非常多的快捷模板。经常了解快捷输入的代码模板，一定可以让你的代码输入有一种行云流水的感觉，这里以 Log 的快捷模板为例，展示一下 Android Studio 强大的模板功能，如图 3.63 所示。

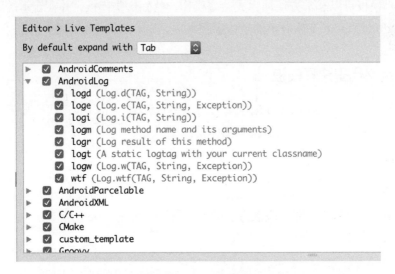

图 3.63　Log 代码模板

　　如上所示，Android Studio 不但提供了各个级别的 Log 模板，更有 logm、logr 等更高级的 Log 模板来创建带参数、返回值的 Log 信息，相信大家在使用后一定会赞不绝口。

后缀模板

前面提到了在代码输入中使用快捷键"Command + J"调出内置代码模板。Android

Studio 同样也给出了一些非常常用的类提供了通过后缀的方式来调出代码模板。例如要给一个 List 写一个遍历语句，其实并不需要通过内置模板来实现，直接在 List 后面跟上".for"，即可快速打开 foreach 遍历语句，如图 3.64 所示。

```
private void initViews() {
    List<String> list = new ArrayList<>();
    list.for
        for                                    for (T item : expr)
        fori                  for (int i = 0; i < expr.length; i++)
        forr                  for (int i = expr.length-1; i >= 0; i--)
```

图 3.64　for 后缀模板

另外，还可以使用"·cast"来快速生成类型转换模板，如图 3.65 所示。

```
private void initViews() {
    List<String> list = new ArrayList<>();

    list.cast
        cast                                        ((SomeType) expr)
```

图 3.65　list 后缀模板

这些代码模板可以非常方便地完成一些操作。熟知这些模板，并在合适的时候使用它们是提高 Android Studio 工作效率的最佳途径之一。

❘ 自定义代码注释模板

当开发者使用 Android Studio 创建类、方法等代码时，可以通过代码模板，增加相应的注释。这样既能统一风格，也能减少工作量。

方法注释

在 Android Studio 中，系统给开发者提供了默认的方法注释模板在方法名上一行输入"/**"，再按 Enter 键确认，即可获取方法的注释代码，如图 3.66 所示。

```
    /**
     *
     * @param test
     * @param flag
     * @return
     */
    private boolean testMethod(String test, int flag) {

        return true;
    }
```

图 3.66　方法注释

通过这种方式，可以快速生成方法注释。同时，系统会自动生成参数、返回值，并将光标定位到方法描述区域。一般情况下，使用这种方式就可以满足大部分的方法注释需求了。

但和 Android 一样，Android Studio 也提供了强大的自定义功能，开发者可以根据自己的需要随意生成想要的注释模板。要自定义一个方法模板，首先需要打开设置，选择 Live Templates，如图 3.67 所示。

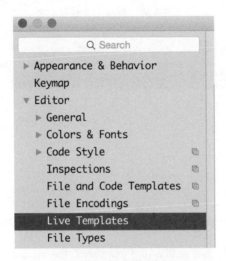

图 3.67　选择方法模板

接下来，点击右边栏的加号，选择增加一个 Template Group，并在该 Group 下新增一个 Template，如图 3.68 所示。

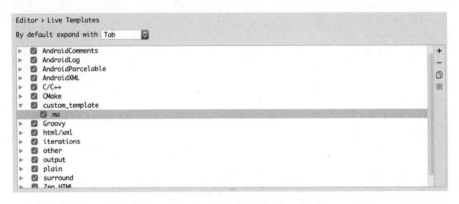

图 3.68　自定义方法模板

选中自定义的注释模板，如图 3.68 所示的"ma"，在下方的编辑区域中进行注释代码的编辑，笔者所编辑的效果如图 3.69 所示。

其中，使用"$"符号包裹的即为变量，可以通过右边的按钮"Edit variables"来进行修改，如图 3.70 所示。

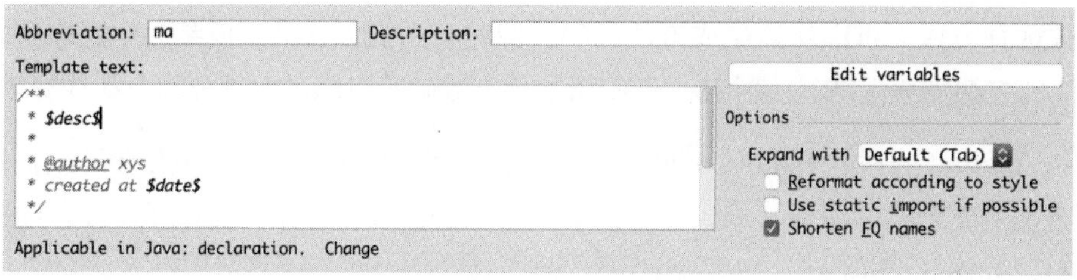

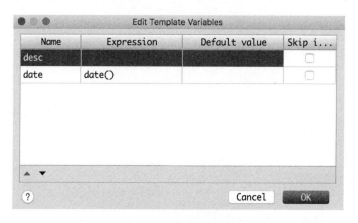

图 3.69　编辑方法模板

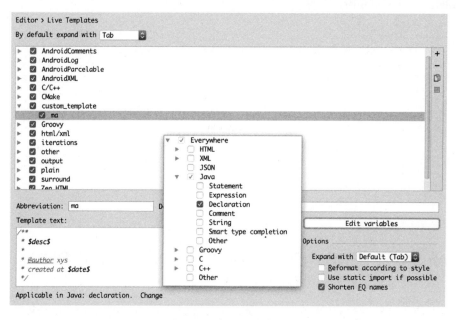

图 3.70　方法模板变量

这里给变量 date 提供了 date()函数的赋值，即获取当前系统时间，并动态赋值给 date 变量。最后，点击下方的 change 连接，选择在何时对该注释进行生效，如图 3.71 所示。

图 3.71　申明方法模板

一般来说，选择 Declaration 即可，表明在申明时即生效。通过这样的配置后，在方法前输入 "ma" 即可弹出该模板，按 Enter 键后确认输入，如图 3.72 所示。

```
/**
 * |
 *
 * @author xys
 * created at 16/2/29
 */
private boolean testMethod(String test, int flag) {

    return true;
}
```

图 3.72 使用代码模板

通过这种方式，开发者可以随意修改、新增自己的代码模板，非常的方便。

文件、类注释

当系统生成一个类、接口等文件时，系统会默认生成一些代码和注释，如图 3.73 所示。

```
package com.xys.gradlelifecircle;

/**
 * Created by xuyisheng on 16/2/29.
 */
public class TestClass {
}
```

图 3.73 文件模板

和方法注释一样，开发者对这些注释同样可以完全自定义。

首先，进入设置界面，选择 "File and Code Templates" 即可打开代码注释模板界面，如图 3.74 所示。

图 3.74　配置文件模板

在这里，Android Studio 已经内置了一些代码的模板，开发者可以根据自己的需要，修改这些模板或者新增新的代码模板。

接下来，选择 Include 标签。这里的模板，类似于在布局文件中被 Include 进来的布局，即一些通用模板。例如笔者配置的两个模板，如图 3.75 和图 3.76 所示。

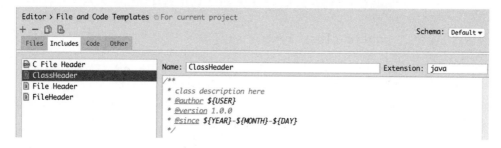

图 3.75　编辑文件模板 1

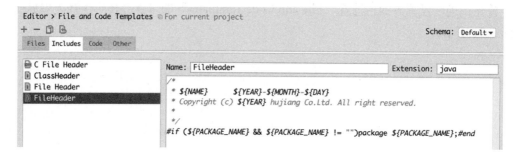

图 3.76　编辑文件模板 2

有了这两个相同模板，开发者就可以组合这些模板来创建新的完整的类、文件模板。例如，在 Files 标签中新创建一个模板文件，命名为 MyClass 并设置代码模板，如图 3.77 所示。

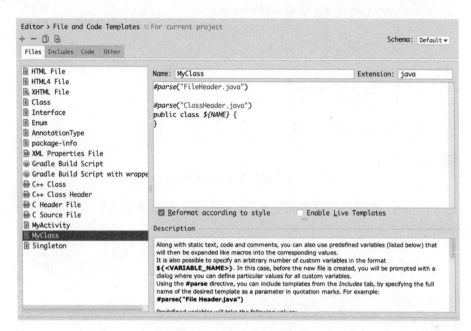

图 3.77　自定义文件模板

代码中所引用的就是前面笔者在 Include 标签中所增加的那几个通用模板。要使用自定义的模板也非常方便，只需要在单击鼠标右键选择 New 的时候，选择自定义的模板代码即可，如图 3.78 所示。

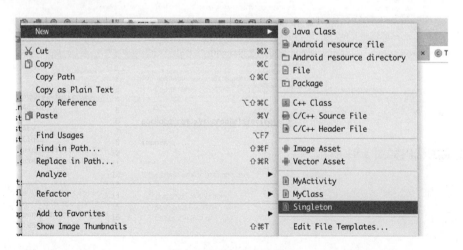

图 3.78　使用自定义模板

选择相应的模板后，生成的代码如图 3.79 所示。

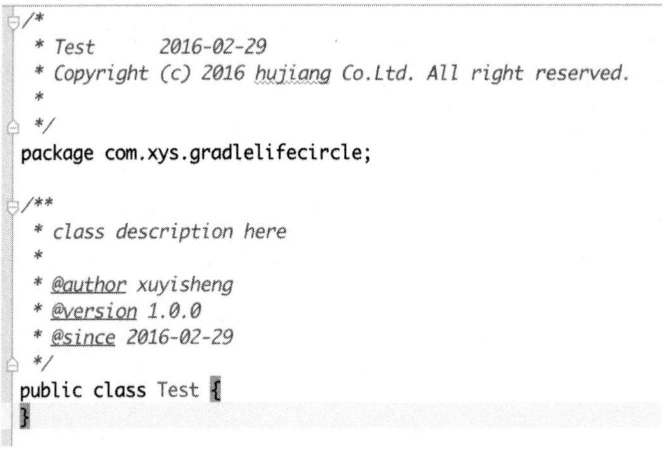

```
/*
 * Test        2016-02-29
 * Copyright (c) 2016 hujiang Co.Ltd. All right reserved.
 *
 */
package com.xys.gradlelifecircle;

/**
 * class description here
 *
 * @author xuyisheng
 * @version 1.0.0
 * @since 2016-02-29
 */
public class Test {
}
```

图 3.79　生成文件模板

有了这个示例，大家还可以创建更多的代码模板，例如笔者创建的 MyActivity 模板，如图 3.80 所示。

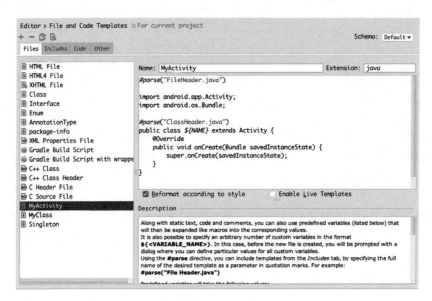

图 3.80　配置类文件模板

生成的代码如图 3.81 所示。

```
/*
 * TestAty      2016-02-29
 * Copyright (c) 2016 hujiang Co.Ltd. All right reserved.
 *
 */
package com.xys.gradlelifecircle;

import ...

/**
 * class description here
 *
 * @author xuyisheng
 * @version 1.0.0
 * @since 2016-02-29
 */
public class TestAty extends Activity {
    @Override
    public void onCreate(Bundle savedInstanceState) {
        super.onCreate(savedInstanceState);
    }
}
```

图 3.81　生成类文件模板

举一反三，开发者可以为自己的开发提供常用的代码模板，增加开发的效率。那么除了这些类和文件的模板，实际上在 Android 中有很多代码都是类似的。例如 Adapter、单例这样的代码，因此为这些可复用的代码增加模板是非常有用的，笔者这里就列举一个单例的模板，如图 3.82 所示。

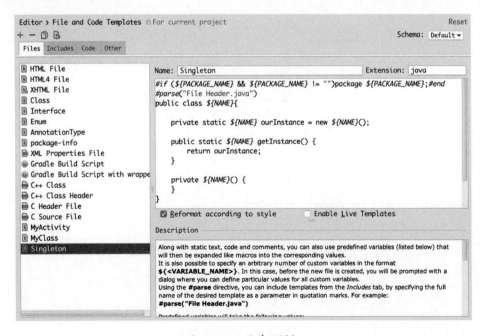

图 3.82　配置单例模板

生成的代码如图 3.83 所示。

```java
package com.xys.gradlelifecircle;

/**
 * Created by xuyisheng on 16/2/29.
 */
public class TestSingle {
    private static TestSingle ourInstance = new TestSingle();

    public static TestSingle getInstance() {
        return ourInstance;
    }

    private TestSingle() {
    }
}
```

图 3.83　生成单例模板

开发者可以在平时的工作中慢慢积累这些模板，不断提高开发效率。

↘ 代码分析

在 Android Studio 中，Google 提供了很多代码分析工具，这些工具都集中在 Android Studio 的 Analyze 菜单中，如图 3.84 所示。

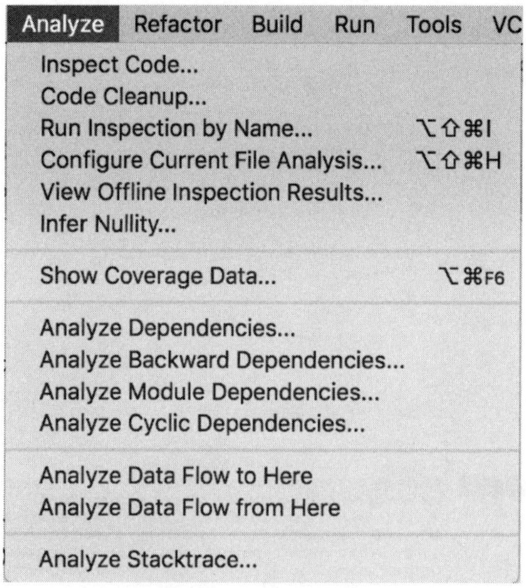

Analyze	Refactor	Build	Run	Tools	VC

Inspect Code...
Code Cleanup...
Run Inspection by Name...　⌥⇧⌘I
Configure Current File Analysis...　⌥⇧⌘H
View Offline Inspection Results...
Infer Nullity...

Show Coverage Data...　⌥⌘F6

Analyze Dependencies...
Analyze Backward Dependencies...
Analyze Module Dependencies...
Analyze Cyclic Dependencies...

Analyze Data Flow to Here
Analyze Data Flow from Here

Analyze Stacktrace...

图 3.84　代码 Analyze

开发者平时可以通过使用这些分析工具分析代码结构，同时了解 Android Studio 提供的这些功能。

Inspect Code && Code Cleanup

通过 Inspect Code 功能，可以让 IDE 分析整个工程，类似于 Android 的 Lint 分析，运行后，结果如图 3.85 所示。

图 3.85　Inspect code

可见，Inspect Code 不仅提供了 Lint 的检测功能，还提供了一些其他的代码静态分析结果，同时给出了大致的修改意见。在了解存在的问题之后，便可以有针对性地进行修复。你也可以选择 Code Cleanup 功能来进行自动的代码修复。这两个功能可以在 Analyze 菜单中找到，如图 3.86 所示。

图 3.86　Inspect code && Code cleanup

Dependencies

在 Analyze 菜单中，有几个 Dependencies 选项。通过这几个选项，可以快速分析项目的 Dependencies 依赖，如图 3.87 所示。

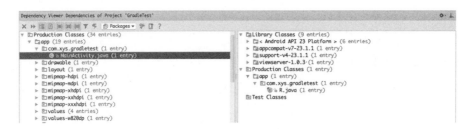

图 3.87 分析项目依赖

通过 Gradle 的指令，开发者可以快速得到项目的依赖关系结构。

Analyze Data flow

这个功能用的不是太多，但是在某些情况下，对于熟悉旧的代码非常有帮助。它可以追踪数据流，了解该数据变量的来龙去脉。一个简单的示例，如图 3.88 所示。

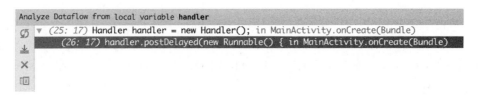

图 3.88 Dataflow from

图 3.88 显示的是 Dataflow from local variable 的结果，图 3.89 显示的是 Dataflow to local variable 的结果。

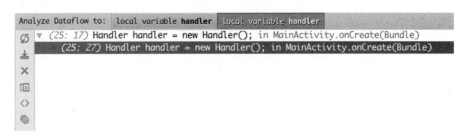

图 3.89 Dataflow to

方法调用栈

对于某些方法来说，查看它被调用的地方和调用的顺序是非常重要的。在 Android Studio 中，通过快捷键"Control+Option+H"可以快速找到该方法的调用栈，如图 3.90 所示。

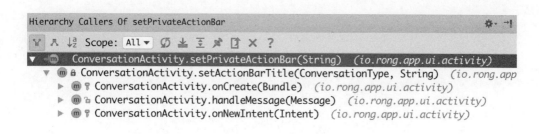

图 3.90　方法调用栈

通过这个功能,开发者可以在分析代码时,快速了解代码的执行流程,而不用一个个类地去跟踪。

↘ 在 Android Studio 中进行版本管理

Android Studio 在 IDE 面板中已经集成了终端,因此在终端中即可对项目进行 Git 操作。那么除了使用 Android Studio 自带的终端进行 Git 操作,Android Studio 还提供了对 Git 的直接支持。如图 3.91 所示,在任意一个界面上单击鼠标右键即可弹出相应的 Git 操作。

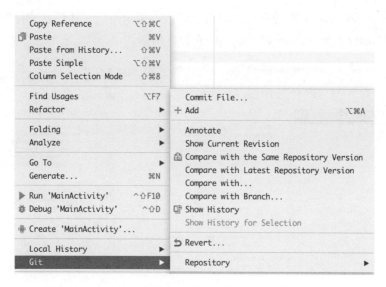

图 3.91　Git 操作

类似于 SourceTree 的图形界面,如图 3.92 所示。

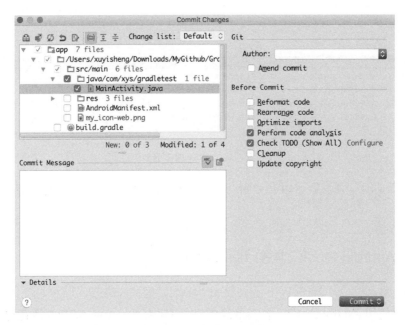

图 3.92　Git 图形化操作

同时，Android Studio 本地也有一套自己的版本记录系统，在任意文件处单击鼠标右键选择 Local History-show history 即可，如图 3.93 所示。

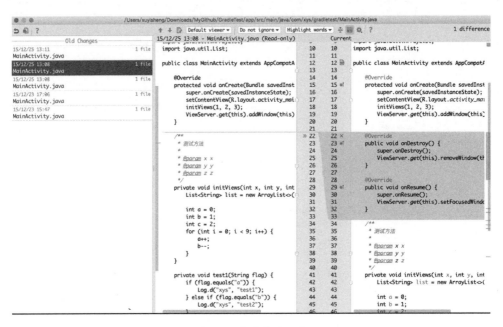

图 3.93　查看修改历史

在这里，可以看见开发者对该文件的操作版本记录。

对 Git 的设置，可以在设置里面搜索 Git 找到，如图 3.94 所示。

图 3.94　Git 配置

一旦该文件被纳入 Git 版本管理，文件的颜色就会变成对应状态的颜色，如图 3.95 所示。

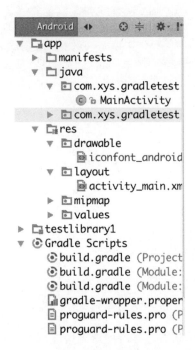

图 3.95　Git 标识

红色表示未被纳入的新文件，绿色表示已经 Add 到暂存区的文件。在主界面的 VCS 菜单选项中，几乎包含了所有的 Git 操作，如图 3.96 所示。

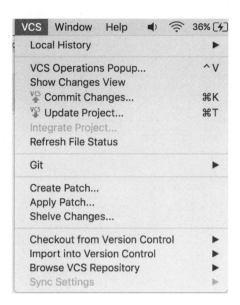

图 3.96　Git 操作菜单

Android Studio 也内置了对 Github 的支持，选择 VCS-Import into Version Control-Share Project on Github，即可一键将项目上传到 Github，如图 3.97 所示。

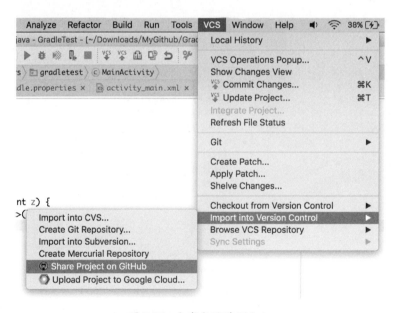

图 3.97　分享代码到 Github

点击 Share Project on GitHub 后，等待项目上传即可。

3.3　Android Studio 新功能

随着 Android Studio 的不断改善，其功能越来越强大，而且提供了越来越多的工具来帮助开发者提高开发效率。在《Android 群英传》的第一部中，笔者介绍了 Android Studio 的大部分基础功能。但由于笔者介绍的版本还是 Android Studio 0.8 版本，与现在的版本已经有很大的差别了，因此笔者在这里继续介绍一些旧版本 Android Studio 中所没有的一些新功能。

↘ 项目模板

Android Studio 在创建 Android 项目的时候，会让开发者选择自带的项目模板，如图 3.98 所示。

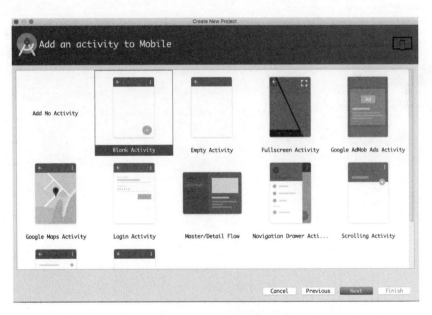

图 3.98　项目模板

这里提供了常用的项目类型，开发者可以根据自己的需要，通过选择对应的模板快速创建项目，同时开发者还可以根据系统自带的模板（在 Android Studio 安装目录的 ~/plugins/android/lib/templates 目录下）创建自定义模板，从而进一步简化开发。

↘ ThemeEditor

在新版的 Android Studio 中，当打开一个主题文件时，系统会提示开发者在 editor 中进行编辑，如图 3.99 所示。

图 3.99 编辑主题

这个 editor 就是 Android Studio 的新功能——Theme Editor，打开后的界面如图 3.100 所示。

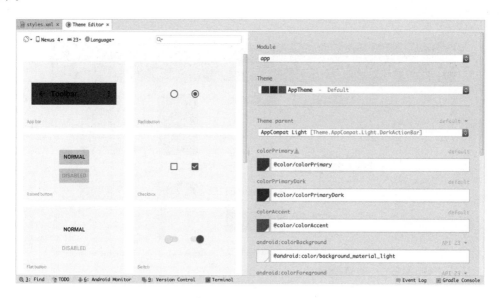

图 3.100 Theme Editor

这里 Android Studio 对主题设置进行了可视化编辑，修改的设置马上就能知道是怎样的显示效果，非常直观，一目了然。

↘ Image Asset && Vector Asset

Image Asset 和 Vector Asset 是 Android Studio 中新增的功能，可以帮助开发者快速创建不同分辨率的图像和 SVG 文件。

要使用这个功能，可以在 res 资源目录下单击鼠标右键，选择 New，如图 3.101 所示。

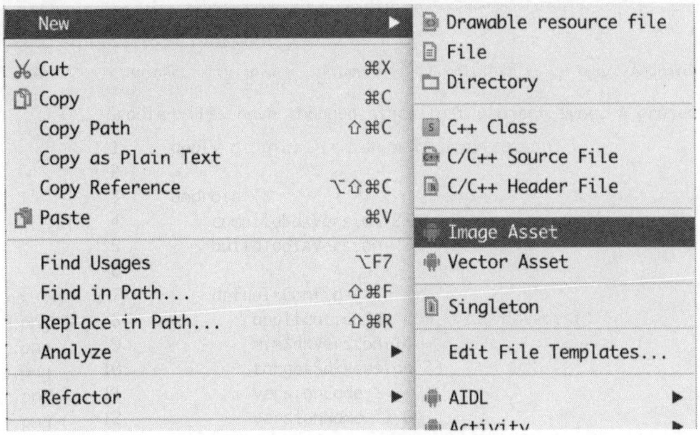

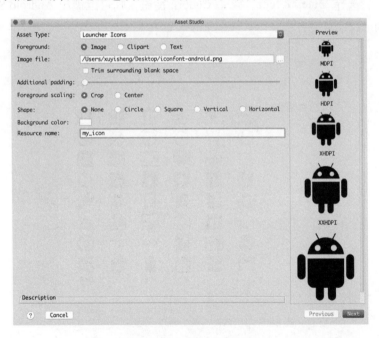

图 3.101　生成 Image Asset

点击 Image Asset，即可进入如图 3.102 所示的界面。

选择相应的图片并命名，点击 next 即可自动生成所有分辨率的图片。同时，Image Asset 还提供了很多图片的处理选项，开发者可以根据自己的需要进行设置。

图 3.102　编辑 Image Asset

如果选择 Vector Asset，则会弹出如图 3.103 所示的界面。

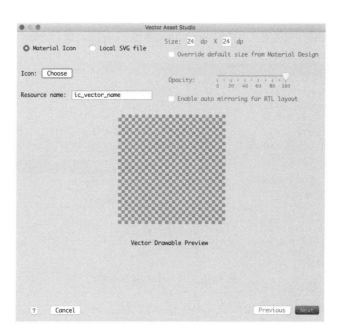

图 3.103　Vector Asset

如果开发者选择 Material Icon，点击 Choose 按钮，则可以调出 Android Studio 的内置 SVG 图片，如图 3.104 所示。

图 3.104　内置 SVG

开发者可以在 Android Studio 提供的大量 SVG 图片中选择自己需要的图片，点击 OK 后，即可生成相应的 SVG XML 文件。

另外，开发者也可以选择加载本地的 SVG 图片，如图 3.105 所示。

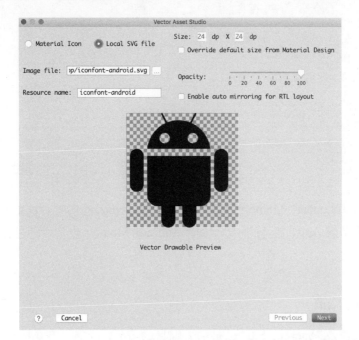

图 3.105　编辑 SVG

点击 Next 后，即可生成相应的 SVG XML 文件，如图 3.106 所示。

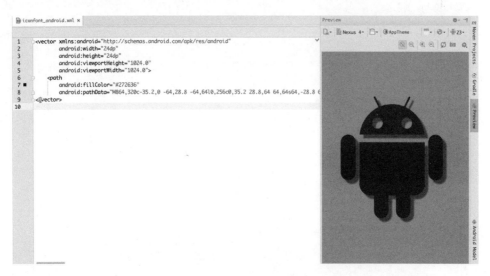

图 3.106　使用 SVG 图像

⬐ Android Monitor

Android Monitor 类似于 Eclipse 上用的 DDMS 工具，但是 Android Monitor 的功能更

加强大，它的界面如图 3.107 所示。

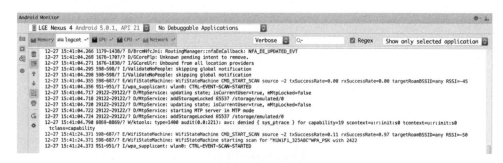

图 3.107　Android Monitor

该工具提供了 Logcat、Memory、CPU、GPU、Network 的实时分析工具，可以让开发者在开发过程中了解 App 的运行情况。同时 Android Monitor 也是后面进行性能分析与检测的重要工具。

↘ Instant Run

该功能可以说是 Android Studio 最引人瞩目的一个新功能。开启该功能后，Android Studio 将以插件补丁的形式更新 App，提供 App 的调试速度。要开启这个功能，只需要在设置中设置 Enable Instant Run 即可，如图 3.108 所示。

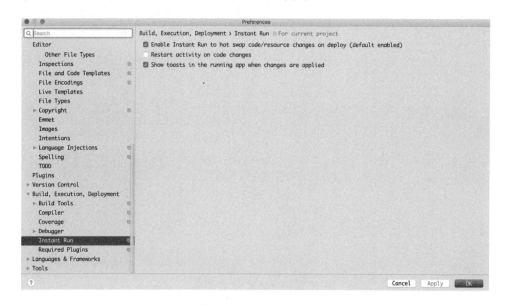

图 3.108　Instant Run

接下来，在第一次全编译项目运行之后，启动和调试按钮旁边将多出一个闪电标识。如果开发者再对项目有更改，那么点击带闪电标识的启动或调试按钮，就可以非常快地应用修改，显示修改后的程序。就笔者目前使用下来的情况看，该功能的 Bug 还比较多，但相信在后面的版本中，该功能一定是提高开发效率的一个重要工具。

❱ Productivity Guide

Productivity Guide 是一个非常有意思的功能，打开 Help 菜单，就可以打开这个功能，如图 3.109 所示。

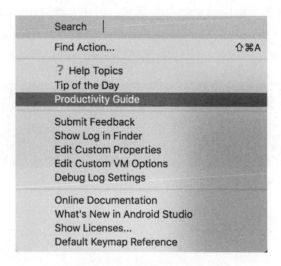

图 3.109　Productivity Guide

打开之后，整个界面如图 3.110 所示。

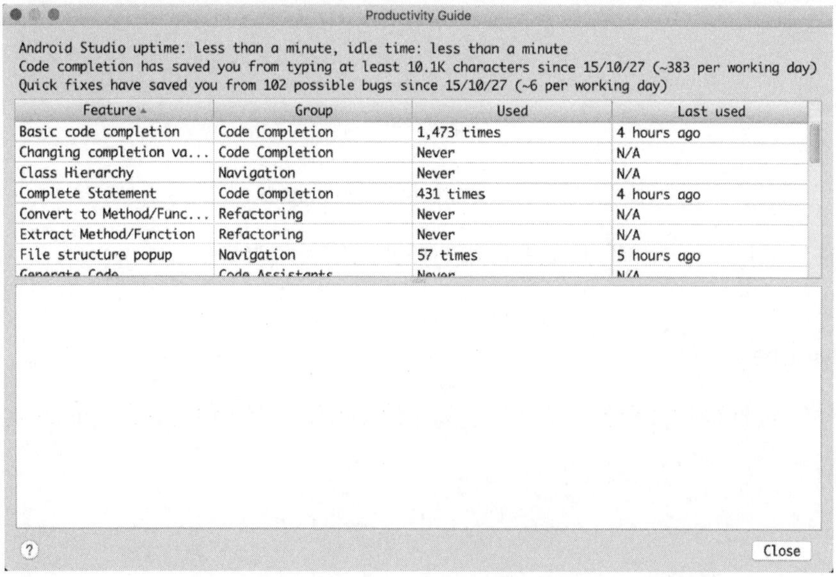

图 3.110　Productivity Guide 信息

这里可以显示开发者本次使用 Android Studio 的总时间、活动时间、已经使用的快捷键次数、代码提示次数等统计信息。开发者平时可以通过这些数据评估工作效率。

3.4 Android Studio 插件

Android Studio 继承了 Eclipse 的插件化思想，因此它拥有非常多的插件。开发者可以在网站上(http://plugins.jetbrains.com/?androidstudio)找到 Android Studio 的插件，如图 3.111 所示。

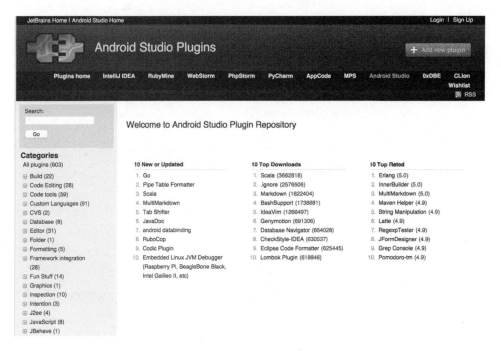

图 3.111 Android Studio Plugins

笔者在这里推荐一些平时开发中常用的插件以供大家参考。

➘ Ignore

该插件的功能如它的名字一样，就是为了给 Git 项目生成最合适的 ignore 文件，如图 3.112 所示。

图 3.112　ignore

大部分的插件都可以通过这种方式进行安装、更新，但是 Android Studio 同样支持本地安装插件包。

在任意文件上单击鼠标右键选择 New，选择.ignore file 选项，选择 gitignore file (Git)，如图 3.113 所示。

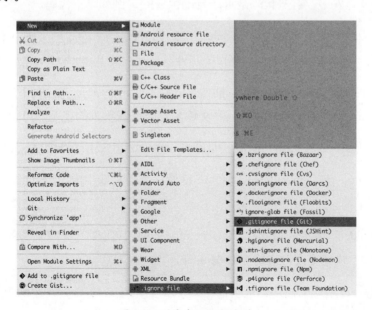

图 3.113　生成 ignore 文件

选择后会弹出新的界面，选择 Android 即可，如图 3.114 所示。

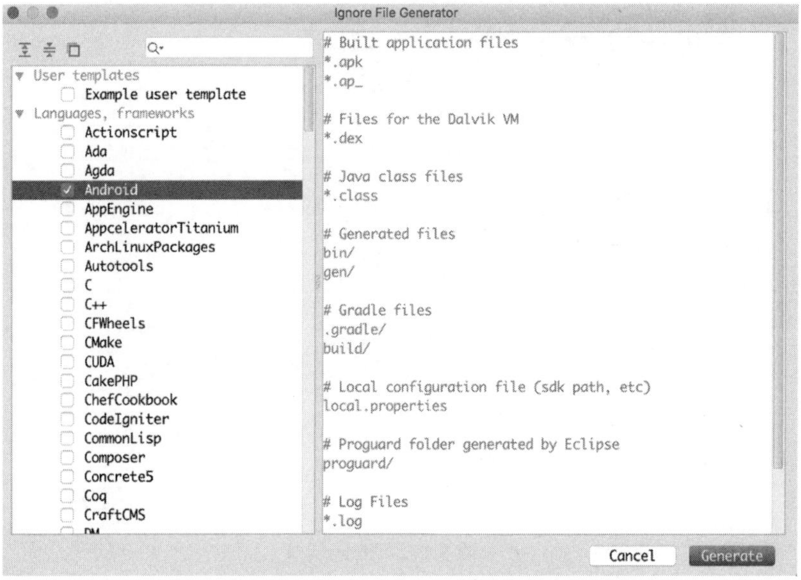

图 3.114　生成 Android ignore 文件

这样就生成了最适合 Android 项目的 gitignore 文件。

➘　自动生成代码类插件

在 Android 开发中，有些代码是可以自动生成的，例如以下代码。

- ButterKnife：使用 ButterKnife Zelezny 插件，在代码中的布局文件上单击鼠标右键，选择 Generate-Generate ButterKnife 就可以自动生成 ButterKnife 所需要的注解文件。

- Selector：使用 SelectorChapek 插件可以将一个 drawable 文件夹下的图像，自动生成对应的 drawable selector，只要文件名符合安装要求的规范即可。

- Gson：使用 GsonFormat 插件，即可将一段 Json 生成所需要的 Gson 实体。

- Parcelable：使用 ParcelableGenerate 插件，可以自动生成 Parcelable 接口所需要的代码。

- ViewHolder：使用 AndroidCodeGenerator 插件，可以在 getView 方法中根据布局文件的 ID，快速生成对应的 ViewHolder。

- Prettify：使用这个插件，可以根据 Layout 自动生成该 Layout 中的 View 在 Java 中的 findViewById 代码。

由于这些插件在其 README 上都有详细的使用讲解，这里就不再赘述了。开发者可以根据自己的需要查找相应的插件。当然，开发者也可以自己编写 Android Studio 的插件。

主题插件

Android Studio 默认只提供了两种主题，即默认主题与 Darcula 主题。但是，开发者通常都想定义自己的主题，那么下面这个插件就可以完成你的愿望，该插件地址为 http://color-themes.com ，该网站如图 3.115 所示。在这里，几乎有各种各样程序员爱好的主题，开发者可以根据自己的喜好选择相应的主题。

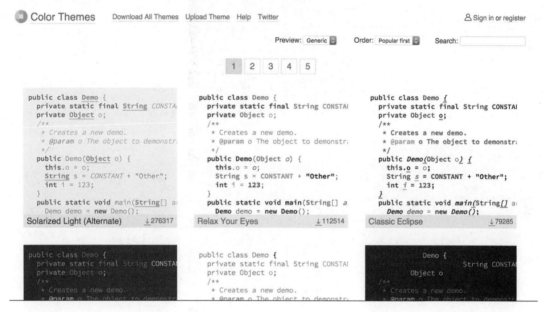

图 3.115　Android Studio 主题

下载好主题的 jar 文件后，只需要在 Android Studio 中选择 File-Import Settings，如图 3.116 所示。

在弹出的菜单中选择要导入的 jar 文件，最后系统提示重启 Android Studio，主题安装完毕。在设置的 Editor-Colors & Fonts 选项中，即可找到安装的主题，如图 3.117 所示。

例如笔者安装的这个主题效果，如图 3.118 所示。

File
Edit
View
Navigate
Coc
New
Open...
Open Recent
Close Project
Project Structure...
⌘;
Other Settings
Import Settings...
Export Settings...
Settings Repository...
Save All
⌘S
Synchronize
⌥⌘Y
Invalidate Caches / Restart...
Export to HTML...
Print...
Add to Favorites
File Encoding
Line Separators
Make File Read-only
Power Save Mode

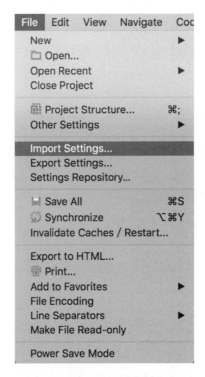

图 3.116　使用 Android Studio 主题插件

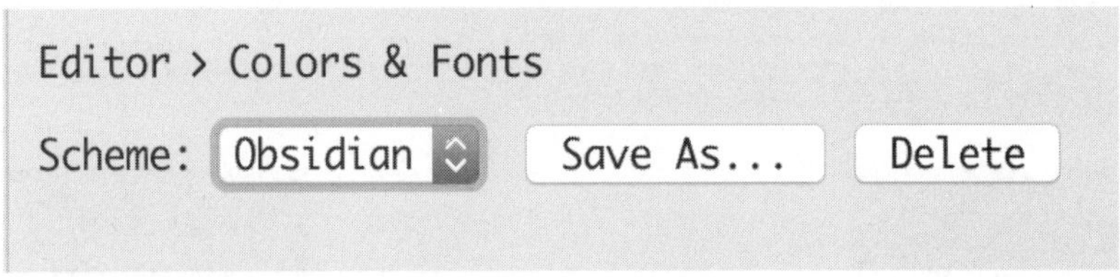

Editor > Colors & Fonts
Scheme:
Obsidian
Save As...
Delete

图 3.117　配置主题

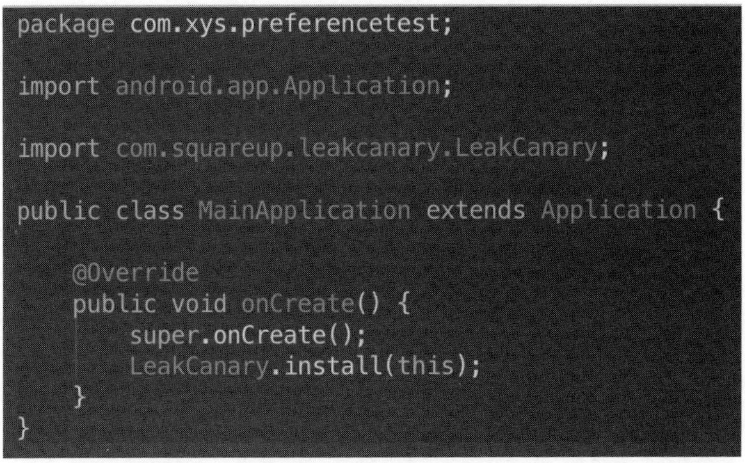

package com.xys.preferencetest;
import android.app.Application;
import com.squareup.leakcanary.LeakCanary;
public class MainApplication extends Application {
@Override
public void onCreate() {
super.onCreate();
LeakCanary.install(this);
}
}

图 3.118　主题效果

读者也可以根据自己的喜好选择主题。

3.5　Android Studio 资源网站

由于众所周知的原因，Google 的官方网站一直难以访问（https://developer.android.
com/studio/intro/index.html），这就导致了 Android 开发者很难第一时间获取最新的官方支
持。然而社区的热心人士，给中国的开发者创建了一些中文的开发资源，以便那些不能访
问 Google 官方网站的开发者使用。

↪ Android Studio 中文社区

Android Studio 中文社区的网址为 http://tools.android-studio.org/index.php，如图 3.119
所示。

图 3.119　Android Studio 中文社区

这里提供了各个平台下的 Android Studio、SDK 下载资源。同时，该网站还有很多关
于 Android Studio 的使用技巧。

➷ Android Studio 问答社区

Android Studio 问答社区的网址为 http://ask.android-studio.org/?/explore/，如图 3.120 所示。

图 3.120 Android Studio 问答社区

该网站类似于 Android Studio 中文社区，这里有很多开发者交流在使用 Android Studio 过程中的一些问题。类似的网站还有很多，例如：

● Android Studio 中文论坛，http://forum.android-studio.org/forum.php

● Android 开发者工具下载，http://www.androiddevtools.cn/

虽然在刚开始使用 Android Studio 的时候，很多开发者会因为从 Eclipse 切换过来而不习惯。但是，开发者不能因为这些困难而不去尝试新的开发工具，只有对工具有足够了解，才能利用好工具进行创造。相信开发者在探索、使用一段时间之后，就会越来越熟练，最后一定会因为使用更好的工具，而成倍提高你的开发效率。

第 4 章

与 Gradle 的爱恨情仇

2013 年，Google 发布了全新的 Android 开发 IDE——Android Studio。然而，Android Studio 基于 IDEA，不管怎么说，这都是一个高级的 IDE。而其核心是 Google 新推出的 Gradle 编译系统。

Gradle 用于替换 Eclipse 所使用的 ant 作为默认的 Android 编译工具，相对于 ant 编译工具，Gradle 吸纳了 ant 灵活的脚本特性、Maven 丰富的依赖管理策略和强大的插件式环境。

正是由于 Gradle 的强大，导致其上手难度要远大于 ant，这也是很多从 Eclipse 环境切换到 Android Studio 环境的开发者觉得困难的原因。平心而论，笔者对 Gradle 是爱恨交加，一方面，Gradle 强大的功能，让 Android 开发的依赖管理、库管理、渠道管理等变得更加方便；而另一方面，Gradle 与 ant 明显的差异，也让很多开发者难以快速上手，从而在 Eclipse 迁移到 Android Studio 的过程中踩了一个又一个的坑。如果你曾经因为各种 Gradle 的编译失败、资源冲突而一筹莫展；如果你曾经为了解决 Gradle 的库项目依赖而一筹莫展；如果你曾因为不懂 Gradle 的配置，无法使用其强大的功能而一筹莫展，那么本章的内容一定是你需要的。

需要注意的是，早期版本的 Gradle，对于兼容性做得非常不够，所以经常因为升级 Gradle 版本而导致原本编译通过的项目在升级后无法编译通过。目前笔者使用的 Gradle 版本是 Gradle 2.8，Android Studio 版本为 Android Studio 2.0 Beta。

4.1　如何学习 Gradle

Gradle 本身是基于 Groovy 脚本语言进行构建的，并通过 Domain Specific Language（DSL 语言）进行描述和控制构建逻辑。而笔者在本文中先不准备详细介绍 Groovy 脚本语言，而是通过直接分析 Android 项目中的 Gradle 编译文件进行讲解，如果读者对 Groovy 脚本语言有任何问题，可以直接参考这本书——《Gradle in action》或者直接参考 Gradle 的官方文档 http://gradle.org/documentation/。

另外，有一些学习资料是对本章内容非常好的补充，开发者可以根据自己的需要进行学习。

- Gradle 用户指南，https://docs.gradle.org/current/userguide/userguide.html。

- Android Studio 构建指南，http://tools.android.com/tech-docs/new-build-system。

- Android Studio Gradle，插件使用指南 https://developer.android.com/intl/zh-cn/tools/building/plugin-for-gradle.html。

- Gradle DSL 语言 API，http://google.github.io/android-gradle-dsl/current/。

以上是关于 Gradle 的权威指南，如果读者想要深入理解 Gradle 的相关知识，那么这些官方文档是一定需要的。如果开发者觉得阅读英文文档有些吃力，也可以参考下面的中文翻译，地址如下。

http://pkaq.github.io/gradledoc/docs/userguide/userguide.html

这是国内的开发者翻译的 Gradle 中文文档。学习 Gradle 并没有太多的技巧可言，主要方法还是多实践，只有将学到的知识用于实际中，才能更好地掌握这些知识。另外，良好的编码习惯和风格，对于减少不必要的 Gradle 问题也是很有帮助的。例如库项目中的统一资源前缀、统一的 aar 引用、Mainifest 中统一的 Style 配置等，这些在 Gradle 进行编译的过程中都是非常容易出错的（最新版的 Android Studio 2.2 preview 中增加了一个新功能，可以对资源 Merge 过程进行可视化展示，这对于了解资源合并很有帮助）。

4.2　Gradle 初探

首先，通过 Android Studio 创建一个新的 Android 工程，作为 Gradle 分析的基础项目，创建好的项目如图 4.1 所示。

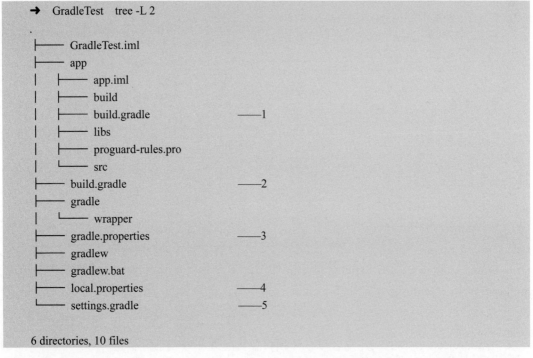

图 4.1　Gradle 项目结构

进入终端，通过 tree 指令，可以看到这个项目的基本结构，如下所示。

```
➜   GradleTest   tree -L 2
.
├── GradleTest.iml
├── app
│   ├── app.iml
│   ├── build
│   ├── build.gradle              ——1
│   ├── libs
│   ├── proguard-rules.pro
│   └── src
├── build.gradle                  ——2
├── gradle
│   └── wrapper
├── gradle.properties             ——3
├── gradlew
├── gradlew.bat
├── local.properties              ——4
└── settings.gradle               ——5

6 directories, 10 files
```

整个项目里面，在根目录 GradleTest 下，包含 2（build.gradle）、3（gradle.properties）、

4（local.properties）、5（setting.gradle）这样四个 Gradle 构建文件。此外，在 module app 下，还有一个 1（build.gradle）文件。整个结构类似于 Android 源代码编译工具——Make。在 Make 工具中，在每个模块的目录下使用一个 makefile 进行代码的组织与编译逻辑控制。Gradle 在根目录中会有一个项目全局的 build.gradle 文件，而在每个模块下，同样会有针对该模块的 build.gradle 文件。而除了 2、5（build.gradle）文件之外的 Gradle 相关文件都是 Gradle 构建工具的配置文件，后面的文章会进一步讲解这些配置文件的作用，这里先来讲解项目全局的 Gradle Build 文件——build.gradle。

➥ 项目全局 build.gradle

一个完整的项目全局 build.gradle 文件，如下所示。

```
// Top-level build file where you can add configuration options common to all sub-projects/modules.

buildscript {
    repositories {
        jcenter()
    }
    dependencies {
        classpath 'com.android.tools.build:gradle:2.0.0-alpha1'

        // NOTE: Do not place your application dependencies here; they belong
        // in the individual module build.gradle files
    }
}

allprojects {
    repositories {
        jcenter()
    }
}

task clean(type: Delete) {
    delete rootProject.buildDir
}
```

实际上，项目全局的 build.gradle 文件中最重要的就是 buildscript 的部分代码。在 buildscript 中，Gradle 指定了使用 jcenter 代码仓库，同时声明了依赖的 Android Gradle 插件的版本。

在 allprojects 领域中，开发者可以为项目整体配置一些属性。

↘ Module build.gradle

Android Studio 自动创建的 module 默认生成了 build.gradle 文件。

```
apply plugin: 'com.android.application'

android {
    compileSdkVersion 23
    buildToolsVersion "23.0.2"

    defaultConfig {
        applicationId "com.xys.gradletest"
        minSdkVersion 14
        targetSdkVersion 23
        versionCode 1
        versionName "1.0"
    }
    buildTypes {
        release {
            minifyEnabled false
            proguardFiles getDefaultProguardFile('proguard-android.txt'), 'proguard-rules.pro'
        }
    }
}

dependencies {
    compile fileTree(dir: 'libs', include: ['*.jar'])
    testCompile 'junit:junit:4.12'
    compile 'com.android.support:appcompat-v7:23.1.1'
}
```

这里的信息就比项目全局的 build.gradle 文件复杂多了。但前面提到了，Gradle 使用的是 DSL 语言，即领域特定语言。它是针对某个领域所设计出来的特定的语言，因为有了领域的限制，要解决的问题就被划定了范围。因此在理解的时候，只需要针对每个特定的领域进行分析即可。

apply plugin 领域

apply plugin 这块领域描述了 Gradle 所引入的插件。

```
apply plugin: 'com.android.application'
```

表示该 module 是一个 Android Application。这个插件里面包含了 Android 项目相关的所有工具。

android 领域

android{……}这块领域描述了该 Android module 构建过程中所用到的所有参数。默认情况下，IDE 自动创建了 compileSdkVersion、buildToolsVersion 两个参数，分别对应编译的 SDK 版本和 Android build tools 版本。而在 android 领域内，系统还默认创建了两个领域—— defaultConfig 和 buildTypes，这两个领域后面会再进行具体解释。

dependencies 领域

dependencies{……}这块领域描述了该 Android module 构建过程中所依赖的所有库，库可以是以 jar 的形式进行依赖，或者是使用 Android 推荐的 aar 形式进行依赖。aar 相对于 jar 具有不可比拟的优势，不仅配置依赖更为简单，而且可以将图片的资源文件放入 aar 中供主项目依赖，几乎等于依赖了源码。Gradle 对于依赖关系的处理，就是向调用者屏蔽所有的依赖关系，主项目只需要依赖该 aar 库项目，而不需要知道 aar 项目对于其他库的依赖，这正是 Gradle 的设计哲学之一。

如何进一步了解这些领域

初学者看见这么多的脚本语法，可能已经很头疼了。的确这么多的配置、语法，绝不是一朝一夕可以记住的。这时候文档的作用就体现出来了，借助 Android Gradle DSL 的文档（地址为 http://google.github.io/android-gradle-dsl/current/index.html），开发者就可以随时查找文档，找到相关的信息，通过这些文档 API 来编写自己的功能。例如前面笔者提到的这些领域都可以在文档中找到其所有的参数，如图 4.2 所示。

Configuration blocks

Listed below are the configuration blocks available within android

Block	Description
defaultConfig { }	The default configuration, inherited by all product flavors (if any are defined).
aaptOptions { }	Configures aapt options.
adbOptions { }	Configures adb options.
buildTypes { }	Configures build types.
compileOptions { }	Configures compile options.
dataBinding { }	Configures data binding options
dexOptions { }	Configures dex options.
jacoco { }	Configures JaCoCo options.
lintOptions { }	Configures lint options.
packagingOptions { }	Configures packaging options.
productFlavors { }	Configures product flavors.
signingConfigs { }	Configures signing configs.
sourceSets { }	Configures source sets.
splits { }	Configures APK splits.
testOptions { }	Configures test options.

图 4.2　Gradle 文档

再比如，要查看 BuildType 的相关 API，如图 4.3 所示。

BuildType

DSL object to configure build types.

Properties

Property	Description
applicationIdSuffix	Application id suffix applied to this base config.
consumerProguardFiles	ProGuard rule files to be included in the published AAR.
debuggable	Whether this build type should generate a debuggable apk.
embedMicroApp	Whether a linked Android Wear app should be embedded in variant using this build type.
jniDebuggable	Whether this build type is configured to generate an APK with debuggable native code.
manifestPlaceholders	The manifest placeholders.
minifyEnabled	Whether Minify is enabled for this build type.
multiDexEnabled	Whether Multi-Dex is enabled for this variant.
name	Name of this build type.
proguardFiles	Returns ProGuard configuration files to be used.
pseudoLocalesEnabled	Whether to generate pseudo locale in the APK.
renderscriptDebuggable	Whether the build type is configured to generate an apk with debuggable RenderScript code.
renderscriptOptimLevel	Optimization level to use by the renderscript compiler.

图 4.3 Gradle API

这个才是开发者了解 Gradle 的最佳方式。不管是哪个领域、里面有哪些配置、有什么作用，全部可以找到，而且是官方的文档。

➥ local.properties

Android Studio 默认生成的 local.properties 如下所示。

```
## This file is automatically generated by Android Studio.
# Do not modify this file -- YOUR CHANGES WILL BE ERASED!
#
# This file should *NOT* be checked into Version Control Systems,
# as it contains information specific to your local configuration.
#
# Location of the SDK. This is only used by Gradle.
# For customization when using a Version Control System, please read the
# header note.
sdk.dir=/Users/xuyisheng/Library/Android/sdk
```

在 Android Studio 自动创建的工程中，IDE 自动配置了 local.properties，并设置了 sdk.dir 属性。从命名就可以看出，这里配置了 Android Gradle 插件所需要使用的 Android SDK 的路径。由于已经设置了 Android_Home 环境变量，所以 IDE 能够自动生成这个配置文件。通常情况下都不需要修改这个配置文件，除非你一定要重新指定一个 SDK 的路径。

↘ Gradle Task

Task 其实是 Gradle 中最重要的组成部分，但是本文尽量淡化 Task 的概念，让读者理解 Gradle 的编译思想。

当 IDE 创建好一个 Android 项目之后，Gradle 就默认创建了很多 Task，要了解一个默认的 Android 工程有哪些 Task，可以使用以下指令。

→ GradleTest　gradle task

运行结果如图 4.4 所示。

```
→ GradleTest  gradle task
:tasks

------------------------------------------------------------
All tasks runnable from root project
------------------------------------------------------------

Android tasks
-------------
androidDependencies - Displays the Android dependencies of the project.
signingReport - Displays the signing info for each variant.
sourceSets - Prints out all the source sets defined in this project.

Build tasks
-----------
assemble - Assembles all variants of all applications and secondary packages.
assembleAndroidTest - Assembles all the Test applications.
assembleDebug - Assembles all Debug builds.
assembleRelease - Assembles all Release builds.
build - Assembles and tests this project.
buildDependents - Assembles and tests this project and all projects that depend on it.
buildNeeded - Assembles and tests this project and all projects it depends on.
clean - Deletes the build directory.
compileDebugAndroidTestSources
compileDebugSources
compileDebugUnitTestSources
compileReleaseSources
compileReleaseUnitTestSources
mockableAndroidJar - Creates a version of android.jar that's suitable for unit tests.

Build Setup tasks
-----------------
init - Initializes a new Gradle build. [incubating]
wrapper - Generates Gradle wrapper files. [incubating]
```

图 4.4　gradle task

后面还有很多 Task 由于图片大小的关系没有全部显示。如果要查看各个 Task 的具体作用与各个 Task 之间的相互调用关系，可以使用以下指令。

→ GradleTest　gradle task --all

运行效果如图 4.5 所示。

```
→ GradleTest  gradle task --all
:tasks

------------------------------------------------------------
All tasks runnable from root project
------------------------------------------------------------

Android tasks
-------------
app:androidDependencies - Displays the Android dependencies of the project.
app:signingReport - Displays the signing info for each variant.
app:sourceSets - Prints out all the source sets defined in this project.

Build tasks
-----------
app:assemble - Assembles all variants of all applications and secondary packages. [app:assembleDebug, app:assembleRelease]
app:assembleAndroidTest - Assembles all the Test applications. [app:compileDebugAndroidTestSources]
    app:assembleDebugAndroidTest
    app:mergeDebugAndroidTestJniLibFolders
    app:packageDebugAndroidTest
    app:processDebugAndroidTestJavaRes
    app:transformClassesWithDexForDebugAndroidTest
    app:transformNative_libsWithMergeJniLibsForDebugAndroidTest
    app:transformResourcesWithMergeJavaResForDebugAndroidTest
    app:validateDebugSigning
app:assembleDebug - Assembles all Debug builds. [app:compileDebugSources]
    app:mergeDebugJniLibFolders
    app:packageDebug
    app:processDebugJavaRes
    app:transformClassesWithDexForDebug
    app:transformNative_libsWithMergeJniLibsForDebug
    app:transformResourcesWithMergeJavaResForDebug
    app:validateDebugSigning
    app:zipalignDebug
app:assembleRelease - Assembles all Release builds. [app:compileReleaseSources]
```

图 4.5　gradle task --all

同样，后面还有很多 Task 由于图片大小的关系没有全部显示。通过这个指令，可以帮助开发者快速了解各个 Task 的具体作用。

对于 Android 开发来说，开发者并不需要掌握太深的 Gradle 编译原理，但基本的、与 Android 开发相关的 Task，还是有必要好好了解一下的。

- assemble task

assemble task 用于组合项目的所有输出，它包含了 assembleDebug 和 assembleRelease 两个 Task。通过执行 gradle assamable 指令，Gradle 会编译出两个 Apk——debug 和 release，如果要执行单独的编译命令，可以使用以下指令。

gradle assembleRelease （简写 gradle aR，其他指令的简写基本类似）

- Check

check task 用于执行检查任务。

- Build

build task 类似一个组合指令，它执行了 check 和 assemble 的所有工作。

- Clean

161

clean task 用于清理所有的中间编译结果，这个指令使用的非常广泛。当遇到一些比较莫名其妙的 Gradle 编译问题时，通常会先执行 clean task 来清理中间数据，这也类似于 IDE 的 clean 工作。

要想执行某个 task，直接使用 gradle task_name 即可，例如 gradle clean。这些 Task 都是 Gradle 的基本 Task，了解好它们是掌握 Gradle 的必经之路。

4.3　Gradle 进阶

在大致了解了 Gradle 的基本概念之后，大家会发现其实 Gradle 并没有想象中的那么难，多亏了它的 DSL 语言。下面，本文将继续讲解 Gradle 的一些高级配置方法。

↘ 更改项目结构

很多开发者不愿意使用 Android Studio 的一个很大的原因，可能是由于老项目都是使用 Eclipse 进行开发的，而 Android Studio 的项目结构与 Eclipse 的项目结构又有所不同，两者在迁移时很难兼容，这就导致了很大的项目风险，使很多开发者望而生畏。但实际上，这种害怕心理还是由于对 Gradle 不熟悉造成的，Gradle 的灵活性完全可以非常方便地自定义项目结构。因此只要在 Gradle 脚本中配置一下，就可以做到在 Android Studio 中兼容 Eclipse 的项目结构。

当创建一个默认的 Android Studio 项目时，其项目结构如图 4.6 所示。

图 4.6　Android Studio 项目结构

项目的根目录下有一个 app module 的文件夹，src 文件夹下面有项目的源码 main 文件夹，main 文件夹下面是 java 文件夹（代码）、res 文件夹（资源）和 AndroidMainifest 文件。

而一个默认的 Eclipse 项目，其结构如图 4.7 所示。

图 4.7　Eclipse 项目结构

根目录下直接是 src 文件夹（代码）、res 文件夹（资源）和 AndroidManifest 文件，与
Android Studio 的项目结构差别很大。

其实，如果把 Android Studio 项目的目录结构做一下调整，Android Studio 同样是不能
编译的。这就说明，Android Studio 对默认的项目结构是有一定约束的，这个约束就是
Gradle 的默认项目结构设置。Gradle 的基本项目结构开始于 src/main 目录（忽略 test 目录），
也就是 Android Studio 创建的默认的结构。如果你的项目是基于这样一个结构放置 Android
的相关代码、资源，那么你就不用做任何调整了。但是旧的 Eclipse 项目可能已经非常复
杂了，这种调整可能非常烦琐。虽然 Eclipse 可以将项目导出为 Gradle 结构，但是在项目
比较大、比较复杂的时候，这种导出经常会出问题。因此，自己配置整个项目结构，才是
从 Eclipse 项目迁移到 Android Studio 项目的最好办法。Gradle 提供了自定义目录结构的方
法，在前面讲到的 android 领域中，可以配置 Android 项目相关的配置。那么，Android 项
目的项目结构，自然是要在 android 领域中进行配置，如下所示。

```
sourceSets {
    main {
        java.srcDirs = ['src']
        res.srcDirs = ['res']
        assets.srcDirs = ['assets']
        jni.srcDirs = ['jni']
        jniLibs.srcDirs = ['libs']
        manifest.srcFile 'AndroidManifest.xml'
    }
}
```

基本不用做太多的解释，相信大家都能看懂，只需要指定具体的 Android 所必需文件
夹的具体路径，就等于告诉 Gradle 需要使用自定义的项目结构，而不是默认的项目结构。
想要更加完整，你还可以做以下设置。

```
renderscript.srcDirs = ['src']
```

```
aidl.srcDirs = ['src']
```

通过以上设置，在保留原有 Eclipse 配置的基础上，既可以兼容 Eclipse 开发，又可以兼容 Android Studio 开发，在项目的迁移过程中是非常有用的。当然，最好的办法还是将代码分别进行 copy 转换。这是最简单暴力的做法，而且也是最不容易出错的方法。

通过 sourceSets 更改项目结构，除了可以兼容 Eclipse 项目之外，它最大的用处实际上在于可以完全自定义代码的目录结构便于代码的整理，例如下面这个脚本。

```
sourceSets {
    main {
        res.srcDirs =
                    ['src/main/res/',
                     'src/main/res/layout/activity',
                     'src/main/res/layout/fragment']
    }
}
```

在这个脚本中，笔者更改了默认的 sourceSets。在原有 src/main/res 资源目录的基础上，增加了两个新的目录，即 src/main/res/layout/activity 和 src/main/res/layout/fragment。在新建的 activity 和 fragment 目录中，笔者分别放置了 Activity 的布局文件和 Fragment 的布局文件，编译后新的目录，如图 4.8 所示。

图 4.8　自定义的项目结构

可以发现，新增的 activity 和 fragment 两个文件夹已经被识别为资源目录了。这样在代码中依然可以直接使用，但对于项目的管理上它们已经被分开了，整个结构一目了然。另外除了资源之外，其他的代码结构同样可以通过这种方式进行管理。

　　虽然本文讲解了如何兼容 Android Studio 和 Eclipse 项目的方法，但笔者坚决反对继续使用 Eclipse 进行 Android App 开发。读者可以看看 2015 Google IO 大会上的功能演示，Android Studio 已经拉开 Eclipse 几个天文单位了，不使用工具革新生产力，永远无法掌握核心竞争力。

　　关于更加详细的自定义项目结构的文档，可以查看 Gradle 官网的相关内容，地址为 https://docs.gradle.org/current/userguide/java_plugin.html。

　　笔者在文中反复提到 Gradle 的各种官方文档，可见其在学习 Gradle 中的重要性。毕竟对于大部分的 Android 开发者来说，Gradle 是一个全新的东西，要了解它的最佳途径就是多看文档。笔者建议开发者在阅读本章时，尽量对照官方文档进行配合阅读，加深印象。

↘ 构建全局配置

　　开发者在写一般的 Java 代码时，对于多处都要使用的常量，通常会提取出来作为一个全局常量。同样的，在 Gradle 中也可以使用全局配置，例如在多个 module 中，要配置 compileSdkVersion、buildToolsVersion 等参数。

```
android {
    compileSdkVersion 23
    buildToolsVersion "23.0.2"
}
```

　　类似于写 Java 代码，开发者可以使用全局变量统一这些配置。

全局参数

　　在项目根目录下的 build.gradle 中，通过 ext 领域可以指定全局的配置信息，代码如下所示。

```
ext {
    compileSdkVersion = 23
    buildToolsVersion = "23.0.2"
    minSdkVersion = 14
    targetSdkVersion = 23
    versionCode = 3
    versionName = "1.0.1"
}
```

这些配置基本上是整个项目的总体配置，下面的每个 module 都需要按照这个方式来进行配置，而不是在某个 module 中使用单独的配置。这样既不利于项目的管理，也不利用后期问题的分析。

引用配置

在配置好全局参数后，就可以在每个 module 中使用这些配置了，例如在一个 module 中，可以通过以下代码获取全局配置。

```
android {
    compileSdkVersion rootProject.ext.compileSdkVersion
}
```

方法非常简单，通过 rootProject.ext 可以引用所有的全局参数。

另外，开发者也可以把 ext 全局配置写在 allprojects 领域中，这样在每个 module 中就可以直接引用申明的变量了。

```
allprojects {
    repositories {
        jcenter()
    }
    ext {
        COMPILE_SDK_VERSION = 22
        ……
    }
}
```

这样写的好处是可以将配置进行统一管理。但坏外是如果这样写的话，Gradle 的版本更新通知检查机制就无效了。大部分时候，这种写法是利大于弊的。

↘ 构建 defaultConfig

前面提到了 Gradle 脚本 android 领域中的 defaultConfig 领域，但没有做详细分析。下面我们将对 defaultConfig 做进一步解释。

在默认的结构中，android 的 defaultConfig 领域提供了以下配置。

```
defaultConfig {
    applicationId "com.xys.gradletest"
    minSdkVersion 14
    targetSdkVersion 23
    versionCode 1
    versionName "1.0"
}
```

对于这些配置相信很多开发者已经非常熟悉了。在使用 Gradle 之前，它们都存在于 AndroidMainifest 文件中。而在使用 Gradle 之后，这些属性作为 android 领域的配置，迁移到了 Gradle 的 build 脚本中。

如果仅仅是将配置移动了位置，那么你就太小看 Gradle 了。要知道 Gradle 之所以称之为脚本，就是因为可以在脚本中写代码，以便动态控制编译过程。例如在脚本中，可以动态控制 VersionName 的生成，代码如下所示。

```
defaultConfig {
    applicationId "com.xys.gradletest"
    minSdkVersion 14
    targetSdkVersion 23
    versionCode 1
    versionName getCustomVersionName()
}
```

在 build.gradle 脚本中，定义一个方法来获取动态生成的 VersionName，代码如下所示。

```
def getCustomVersionName(){
……
}
```

这样就可以完全自定义，动态配置参数了。

➷ 构建 buildTypes

通过创建不同的构建类型，从而生成不同类型的 apk，可以帮助开发者完成很多事情。例如实现只有在 debug 类型下才开启的功能，如调试、Log 等功能，以及为不同构建类型实现不同的参数配置，等等。

构建类型基础

当创建好默认的 Android Studio 项目时，在 android 领域中系统默认配置了 buildTypes。

```
buildTypes {
    release {
        minifyEnabled false
        proguardFiles getDefaultProguardFile('proguard-android.txt'), 'proguard-rules.pro'
    }
}
```

如果直接在终端中执行 gradle build 命令，那么系统会在 module 的 output/apk 目录下创建生成 apk 文件，如图 4.9 所示。

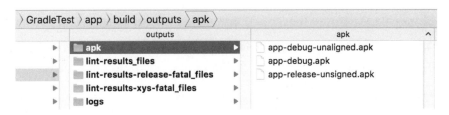

图 4.9　生成的 apk 文件

系统一共默认生成了 3 个 apk 文件、2 个 debug 类型、1 个 release 类型。而在 build.gradle 脚本中，虽然只有一个 release 类型，但实际上 release 和 debug 都是系统的默认类型，即使不写也会生成。当然，你也可以对默认的 debug 和 release 进行修改，给它配置更多的参数，这些参数。

那么除了系统默认的构建 type——debug 和 release 之外，gradle 同样支持自定义创建新的构建类型。例如，在脚本中增加一个 xys 类型，同时设置该类型的 applicationIdSuffix 参数为 ".xys"，代码如下所示。

```
buildTypes {
    release {
        minifyEnabled false
        proguardFiles getDefaultProguardFile('proguard-android.txt'), 'proguard-rules.pro'
    }
    xys {
        applicationIdSuffix ".xys"
    }
}
```

在终端中执行 gradle clean & gradle build 指令，再打开之前生成 apk 的目录，可以发现生成的 apk，如图 4.10 所示。

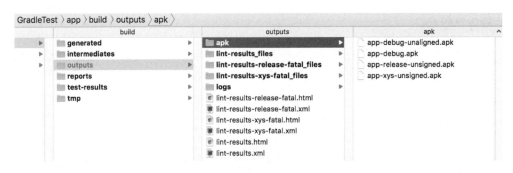

图 4.10　新的构建类型

生成的 apk 文件在之前的基础上多了一个 app-xys-unsigned.apk，这个就是自定义的新的 buildType——xys 类型。那么 applicationIdSuffix 参数的作用是什么呢？我们知道在 Android 系统中，系统是通过包名来区分应用的。如果应用的包名相同，那么就意味着这是一个应用。因此在构建类型的时候，可以指定 applicationIdSuffix 参数为默认的包名增加一个后缀。例如前面例子中的 ".xys"，以此区分不同的构建类型。类似的方式，还可以给 debug 版本增加 ".debug" 的后缀，给 release 版本增加 ".release" 的后缀。

使用 aapt 工具，检查不同的构建类型所配置的包名是否进行了修改，可以执行以下指令。

```
./aapt dump badging……/GradleTest/app/build/outputs/apk/app-debug-unaligned.apk
```

显示效果如下所示。

```
package: name='com.xys.gradletest' versionCode='1'
          versionName='1.0' platformBuildVersionName='6.0-2438415'
```

可以看见，debug 构建类型的 apk，由于没有设置 applicationIdSuffix，其包名为默认的 com.xys.gradletest。同样执行上面的指令，只是将 apk 换为 xys 的构建类型，显示效果如下所示。

```
package: name='com.xys.gradletest.xys' versionCode='1'
          versionName='1.0' platformBuildVersionName='6.0-2438415'
```

可以看见 xys 构建类型的 apk，由于指定了 applicationIdSuffix 参数为 ".xys"。因此在默认包名的后面，增加了 ".xys" 后缀。

除了使用 gradle build 指令完成整个 build 任务之外，当指定了自定义的构建类型时，你还可以指定完成其中任何一个构建类型的构建任务。实际上，前面我们已经提到了 gradle assembleDebug 和 gradle assembleRelease 两个默认的构建类型。同理，系统也帮助我们生产了 gradle assembleXys 构建任务，单独运行这个 Task 就可以直接生成 xys 类型的构建任务。

构建类型 buildTypes 的继承

当创建自定义的构建类型时，不仅仅可以完全创建一个新的类型，而且还可以通过继承一个已有的构建类型来创建新的构建类型。也就是类似继承的方式，代码如下所示。

```
buildTypes {
    release {
        minifyEnabled false
        proguardFiles getDefaultProguardFile('proguard-android.txt'), 'proguard-rules.pro'
    }
    xys.initWith(buildTypes.debug)
    xys {
        applicationIdSuffix ".xys"
    }
}
```

通过以上代码，xys 构建类型就继承了默认的 debug 构建类型的配置，同时还添加了自定义配置。

构建类型的参数

在前文中只提到了 applicationIdSuffix 参数，实际上在配置构建类型时，还可以配置很多参数来区分不同的构建类型。文档中给出了详细的参数列表，以及这些参数在 debug\release&other 类型下的默认值。

Property name	Default values for debug	Default values for release / other
debuggable	true	false
jniDebugBuild	false	false
renderscriptDebugBuild	false	false
renderscriptOptimLevel	3	3
packageNameSuffix	null	null
versionNameSuffix	null	null
signingConfig	android.signingConfigs.debug	null
zipAlign	false	true

通过这些配置参数，可以非常方便地对构建 Type 进行不同的自定义。

↘ 构建 signingConfigs

Android Apk 使用签名来保证 App 的合法性。在前面的操作中，笔者并没有配置签名参数。因此生成的 Apk 文件，只有 debug 构建类型有签名版，其他的构建类型都是 unsigned 版本。这是因为系统有一个默认的 debug 签名，debug 包会默认使用这个 debug 签名进行签名。那么当你需要给其他版本设置签名时，就需要自己来配置 signingConfigs 领域。

↘ 生成签名

通过 Android Studio，开发者可以非常方便地生成应用的签名。当然，你也可以使用命令行的方式。这里不进行介绍，读者可以去 Google 一下。

在 Android Studio 的菜单栏中，选择 Build 标签，再选择 Generate Signed APK 选项，如图 4.11 所示。

图 4.11 生成签名

选择默认的 module，点击 Next，在界面中选择 "Create new…"，如图 4.12 所示。

图 4.12 签名设置界面

在弹出的界面中，输入签名所需要的相关信息，如图 4.13 所示。

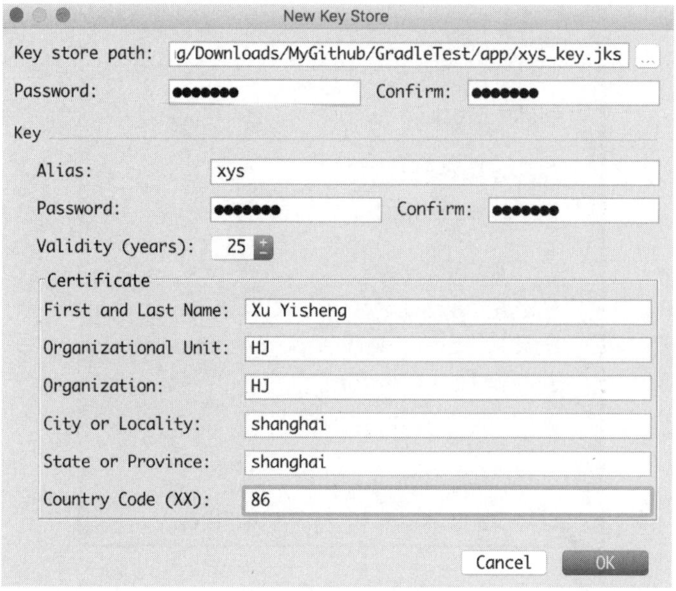

图 4.13　签名信息

　　需要注意的是，通常会把签名文件的保存路径选择到主 module 的根目录下，这样引用起来比较方便。另外在 Android Studio 中，签名文件不再是.keystore 文件，而是.jks 文件。点击 OK，系统会自动生成相应的签名文件，如图 4.14 所示。

图 4.14　生成的签名文件

对于企业项目来说，这个 key 通常是存放在打包服务器上的，那么在 gradle 脚本中，就需要通过具体的路径来访问。这一点与访问各种配置文件的方式是一样的。

配置签名

生成了签名文件后，就可以在 build.gradle 脚本的 android 领域中配置签名的相关参数。

```
signingConfigs {
    xys {
        storeFile file("xys_key.jks")
        storePassword "1234567"
        keyAlias "xys"
        keyPassword "1234567"
    }
}
```

配置的信息就是前面在创建签名时填写的信息。需要注意的是，签名信息一定要包含在一个领域中，你可以给这个领域起一个名字，例如这里的"xys"（通常情况下，会使用debug、release 这样的签名）。

使用签名

配置好相关的签名信息后，就可以在构建类型的时候加入签名的设置。这样生成的 apk就会包含签名版和未签名版两种，完整的配置如下所示。

```
signingConfigs {
    xys {
        storeFile file("xys_key.jks")
        storePassword "1234567"
        keyAlias "xys"
        keyPassword "1234567"
    }
}
buildTypes {
    release {
        minifyEnabled false
        proguardFiles getDefaultProguardFile('proguard-android.txt'), 'proguard-rules.pro'
    }
    xys {
        signingConfig signingConfigs.xys
        applicationIdSuffix ".xys"
    }
}
```

在配置中，脚本设置了 xys 构建类型的签名，而没有给 release 构建类型设置签名。因此，在执行 gradle build 指令后，生成的 apk 如图 4.15 所示。

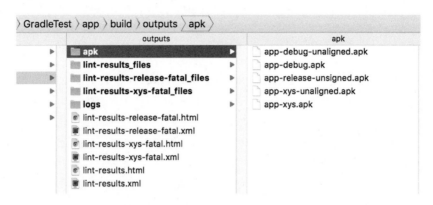

图 4.15　签名后的 apk

其中包含了 debug 构建类型（默认）和 xys 构建类型（自定义）的签名版和未签名版，再加上没有配置签名版的 release 构建类型。

❯ Android 领域中的可选配置

在 Android 领域中，还有一些可选的配置。在具体的开发场景中，开发者可以根据自己的需要进行配置。

compileOptions

顾名思义，compileOptions 就是配置编译的选项，类似于在最前面声明的 compileSdkVersion。但这里肯定不是设置 Android SDK 的选项，而是设置 Java 的编译选项，通常可以在这里指定 Java 的编译版本，示例代码如下所示。

```
compileOptions {
    sourceCompatibility JavaVersion.VERSION_1_8
    targetCompatibility JavaVersion.VERSION_1_8
}
```

指定编译版本，通常是为了使用某些版本中的一些语言新特性。

lintOptions

同样从名字就可以知道，这个选项用于控制 Lint 代码检查。因为在 Lint Check 的时候，编译会因为 Lint 的 error 而终止，通过设置这个选项，可以在 Lint Check 发生 error 的时候继续编译，代码如下所示。

```
lintOptions {
    abortOnError false
```

}

Lint 的编译检查是 Gradle 编译中的一个耗时大户。后面笔者会讲解如何在编译时去掉 Lint 以便提高编译速度。但是只有尽可能地修复 Lint 提示，才是最佳的开发策略。

↘ 构建 Proguard

Proguard 配置是 Android 的 apk 混淆文件配置，但它的作用绝对不仅仅是混淆代码。它同样可以精简代码、资源，优化代码结构。也正是因为这个原因，在新版的 Android Studio 中，Google 将 runProguard 的参数名改为了 minifyEnabled，更加直白地显示它的作用。它的配置也非常简单，在构建类型中直接配置参数启用即可，代码如下所示。

```
buildTypes {
    release {
        minifyEnabled true
        proguardFiles getDefaultProguardFile('proguard-android.txt'), 'proguard-rules.pro'
    }
    xys {
        signingConfig signingConfigs.xys
        applicationIdSuffix ".xys"
    }
}
```

这样在构建 release 版本时，系统就会自动进行混淆，而混淆配置文件的地址，则通过 getDefaultProguardFile 方法来获取。SDK 默认的混淆文件配置模板，在 SDK 的 tools/proguard 目录下可以找到，如图 4.16 所示。

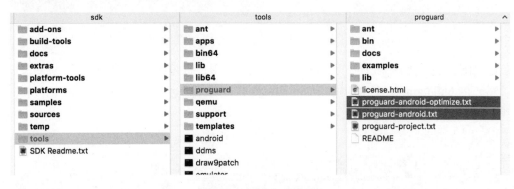

图 4.16 proguard 文件

混淆对于一个 apk 来说是非常关键的，而且混淆也经常会导致一些 Debug 版本所没有的问题。对于这种情况，通常需要对混淆脚本进行仔细分析，一步步排除问题。

↘ Gradle 动态参数配置

Gradle 既然是一种脚本配置语言，那么它就一定可以通过配置文件动态配置其编译脚本。例如前面在配置签名脚本时，使用的代码如下所示。

```
signingConfigs {
    xys {
        storeFile file("xys_key.jks")
        storePassword "1234567"
        keyAlias "xys"
        keyPassword "1234567"
    }
}
```

如果这段代码写在 Java 中，那么一定会有很多开发者吐槽：配置怎么能直接写死 hardcode！的确，脚本程序与普通的 Java 程序一样，应该具有一定的通用性。如果随便修改有一个参数的配置就要修改脚本文件，这样是非常不好的，相信很多开发者都能理解其中的原因。那么，如何进行脚本的动态配置呢？在 Java 程序中，通常会使用.properties 文件来配置动态的设置参数，在 Gradle 中也一样，Gradle 给开发者提供了 gradle.properties 文件来配置脚本中的动态参数。下面，笔者就使用这种方式修改这段脚本。

↘ System.properties 方式

首先，打开 gradle.properties 文件，添加以下配置。

```
systemProp.keyAliasPassword=1234567
systemProp.keyAlias=xys
systemProp.keyStorePassword=1234567
systemProp.keyStore=xys_key.jks
```

这些配置实际上就是之前写死的配置参数，只不过这里把它们配置到了 systemProp 中。那么在 build.gradle 脚本中进行引用的时候，就可以通过 System.properties[KEY]获取这些参数，代码如下所示。

```
signingConfigs {
    xys {
        storeFile file(System.properties['keyStore'])
        storePassword System.properties['keyStorePassword']
        keyAlias System.properties['keyAlias']
        keyPassword System.properties['keyAliasPassword']
    }
}
```

Key\Value 方式

除了使用 System.properties 方式获取自定义的配置参数之外，还可以使用 Key\Value 的方式来定义。在 gradle.properties 文件，添加以下配置。

```
xys.keyAlias=xys
xys.keyAliasPassword=1234567
```

然后在 build.gradle 中进行引用时，代码如下所示。

```
signingConfigs {
    xys {
        storeFile file(System.properties['keyStore'])
        storePassword System.properties['keyStorePassword']

        keyAlias project.property('xys.keyAlias')
        keyPassword project.property('xys.keyAliasPassword')
    }
}
```

通过 project.property(Key) 方法，就可以取出对应的 Value。这种方式与使用 System.properties 的方式基本一样，所以读者可以根据不同情况使用一种即可。

属性方式

前面两种方式，均可以在命令行中设置参数，从而设置给编译指令。如果不需要在命令行中设置参数，那么直接写属性名，同样可以进行引用，代码如下所示。

```
pKeyAlias=xys
pKeyAliasPassword=1234567
```

这样在 build.gradle 脚本中就可以直接引用了，代码如下所示。

```
signingConfigs {
    xys {
        storeFile file(System.properties['keyStore'])
        storePassword System.properties['keyStorePassword']
//          keyAlias project.property('xys.keyAlias')
//          keyPassword project.property('xys.keyAliasPassword')
        keyAlias pKeyAlias
        keyPassword pKeyAliasPassword
    }
}
```

这样设置的效果与前面两种的效果是一样的，区别在于是否支持命令行配置参数。

系统参数

Gradle 内置了很多系统级别的参数，这些参数在使用中可以直接获取值。例如在 build.gradle 脚本中，增加一个 Task，代码如下所示。

```
task printProperties << {
    println project
    println project.name
    println project.buildDir
    println project.buildFile
    println project.version
    println name
    println buildDir
    println path
}
```

打印出有一些 Gradle 内置的系统变量，显示结果如下所示。

```
→  GradleTest git:(master) ✗ gradle printProperties
:app:printProperties
project ':app'
app
/Users/xuyisheng/Downloads/MyGithub/GradleTest/app/build
/Users/xuyisheng/Downloads/MyGithub/GradleTest/app/build.gradle
unspecified
printProperties
/Users/xuyisheng/Downloads/MyGithub/GradleTest/app/build
:app:printProperties

BUILD SUCCESSFUL
```

从打印的结果，读者应该就可以看出这些参数的具体含义了，结果如下所示。

- Project：Project 标识。

- project.name：Project 名字。

- project.buildDir：Project 构建目录。

- project.buildFile：Project 构建文件。

- project.version：Project 版本信息。

- name：Task 的名字。

- buildDir：Project 构建文件存放目录。

- path：Task 的全限定路径名。

这些系统参数类似于代码中的全局变量，很多编译项目相关的参数、配置在这里都能找到。

↳ 多渠道打包

所谓多渠道打包，实际上就是在代码层面上标记不同的渠道名，从而便于统计不同的应用市场该 apk 的下载量，例如 91 市场、应用宝、豌豆荚等。而且有些时候有些包还可以从网页的外链或者一些非市场的渠道进行下载。这些都需要进行统计，因此多渠道打包，便成了打包任务的重中之重。

利用 Gradle 进行多渠道打包，将开发者从之前繁杂的 ant 打包中解放出来。Gradle 的强大功能，将多渠道打包变得异常简单，只需要在 Gradle 脚本中进行简单配置，即可完成多渠道打包。

创建渠道占位符

首先在 AndroidMainifest 文件的 Application 节点下，创建如下所示的 meta-data 节点。

```
<meta-data
    android:name="PRODUCT"
    android:value="${CHANNEL_VALUE}"/>
```

其中"${CHANNEL_VALUE}"就是要进行替换的渠道占位符。

配置 Gradle 脚本

在项目的 Gradle 脚本的 android 领域中，添加 productFlavors 领域，并增加定义的渠道名。同时，使用 manifestPlaceholders 指定要替换渠道占位符的值，代码如下所示。

```
productFlavors {
    product1 {
        manifestPlaceholders = [CHANNEL_VALUE: "PRODUCT1"]
    }
    product2 {
        manifestPlaceholders = [CHANNEL_VALUE: "PRODUCT2"]
    }
    product3 {
        manifestPlaceholders = [CHANNEL_VALUE: "PRODUCT3"]
    }
}
```

笔者一共定义了三个不同的渠道—— product1、product2、product3。每个渠道都将指定值赋给渠道占位符 CHANNEL_VALUE。这样配置后，就完成了整个多渠道的打包工作。在终端中执行 gradle build 即可开始构建，在构建完毕后系统会在项目的

/app/build/outputs/apk 文件夹下看到所有生成的渠道包，如图 4.17 所示。

名称

app-product1-debug-unaligned.apk
app-product1-debug.apk
app-product1-release-unsigned.apk
app-product1-xys-unaligned.apk
app-product1-xys.apk
app-product2-debug-unaligned.apk
app-product2-debug.apk
app-product2-release-unsigned.apk
app-product2-xys-unaligned.apk
app-product2-xys.apk
app-product3-debug-unaligned.apk
app-product3-debug.apk
app-product3-release-unsigned.apk
app-product3-xys-unaligned.apk
app-product3-xys.apk

图 4.17　渠道包

每个渠道包都有三种，debug、release（系统默认的两种 buildType）和 xys（自定义的 buildType）。

实际上除了渠道名，AndroidMainifest 文件中的其他设置，同样可以使用占位符进行配置。只要利用 manifestPlaceholders 进行替换即可，原理与多渠道类似。这一个技巧可以让项目能够直接在编译脚本——build.gradle 中进行动态参数控制，便于统一管理。更进一步，在 Module 中同样可以进行这些动态参数的控制。例如某些 Module 的封装，需要配置一些验证 Key 作为参数，如果这些 Key 写在 Module 中，Module 就失去了通用性。因此借助 manifestPlaceholders，开发者可以将动态参数配置到 Module 中，通过主项目的 manifestPlaceholders 进行传递，相关内容开发者可以参考笔者的博客，地址如下所示。

http://blog.csdn.net/eclipsexys/article/details/51283232

↘ 脚本优化

对于上面的多渠道打包脚本，由于每个渠道的替换工作基本类似，因此在熟悉 groovy 语言之后，可以对脚本进行以下优化。

```
productFlavors {
    product1 {
//          manifestPlaceholders = [CHANNEL_VALUE: "PRODUCT1"]
    }
    product2 {
//          manifestPlaceholders = [CHANNEL_VALUE: "PRODUCT2"]
```

```
        }
        product3 {
//                  manifestPlaceholders = [CHANNEL_VALUE: "PRODUCT3"]
        }
}
productFlavors.all { flavor ->
    flavor.manifestPlaceholders = [CHANNEL_VALUE: name]
}
```

增加的 productFlavors.all 领域对所有的 productFlavors 进行了遍历，并使用其 name 作为渠道名。这些 name 实际上就是 product1、product2、product3。

➲ 生成重命名包

在生成渠道包后，包的命名通常是默认命名，即 app-渠道名-buildType.apk。但是通常情况下，项目经理都会要求对包进行重命名，以满足市场部的需求。那么这时候就可以通过 Gradle 脚本进行快速重命名，而不需要再使用 rename 指令或者 Python 脚本进行修改，代码如下所示。

```
applicationVariants.all { variant ->
    variant.outputs.each { output ->
        if (output.outputFile != null &&
                output.outputFile.name.endsWith('.apk') &&
                'release'.equals(variant.buildType.name)) {
            def apkFile = new File(output.outputFile.getParent(),
                    "XYSApp_${variant.flavorName}_ver${variant.versionName}.apk")
            output.outputFile = apkFile
        }
    }
}
```

将这段脚本放到 android 领域中即可，当执行 gradle build 指令时该 task 也会执行，那么这段脚本是何含义呢？其实与多渠道优化的那段代码非常类似，它取出了所有的生成的 apk 包，并判断其文件是否是 apk、是否是 release 版本。如果是，则重新将其命名为"XYSApp_渠道名_ver 版本号.apk"。代码其实非常简单，但难就难在对 groovy 语言的理解和 gradle android 插件的熟悉程度上。很多系统变量和内置变量，对于初学者都比较陌生，但当看得多了，自然就会记住了。

利用上面的脚本，可以将所有的 release 版本的 apk 文件进行重命名，效果如图 4.18 所示。

图 4.18　渠道包的重命名

多渠道打包是项目开发中一个非常重要的部分，通常会在一个专门的打包服务器上进行。对于一些比较成熟的团队来说，甚至会开发一些界面进行打包的配置工作。

➥ 为不同版本添加不同代码

在开发中，不同的版本通常有不同的代码功能。例如最常用的 Log 开关，在 debug 版本中会打印开发日志，而在 release 版本中是需要关闭的。因此，一般会有一个全局的变量开关，根据不同的版本设置不同的值。这一切在 Gradle 脚本的支持下，仅仅变成了一句配置。笔者以 buildType 为例，为不同的 buildType 添加不同的参数配置，代码如下所示。

```
buildTypes {
    release {
        buildConfigField "boolean", "testFlag", "true"
        minifyEnabled true
        shrinkResources true
        proguardFiles getDefaultProguardFile('proguard-android.txt'), 'proguard-rules.pro'
    }
    xys {
        buildConfigField "boolean", "testFlag", "false"
        signingConfig signingConfigs.xys
        applicationIdSuffix ".xys"
    }
}
```

通过指定 buildConfigField 的三个参数——类型、名称、值，就可以将一个变量设置到不同的 buildType 中去。打开系统的 BuildConfig 类，可以看到不同 buildType 下对应的 testFlag 的值。该文件对应的路径为/项目/app/build/generated/source/buildConfig/（你也可以通过双击 Shift 进行快速查找），内容如图 4.19 所示。

```
package com.xys.gradletest;

public final class BuildConfig {
  public static final boolean DEBUG = false;
  public static final String APPLICATION_ID = "com.xys.gradletest";
  public static final String BUILD_TYPE = "release";
  public static final String FLAVOR = "product1";
  public static final int VERSION_CODE = 1;
  public static final String VERSION_NAME = "1.0";
  // Fields from build type: release
  public static final boolean testFlag = true;
}
```

图 4.19　Release 的 BuildConfig

BuildType 为 xys 的 BuildConfig 类，如图 4.20 所示。

```
package com.xys.gradletest;

public final class BuildConfig {
  public static final boolean DEBUG = false;
  public static final String APPLICATION_ID = "com.xys.gradletest.xys";
  public static final String BUILD_TYPE = "xys";
  public static final String FLAVOR = "product1";
  public static final int VERSION_CODE = 1;
  public static final String VERSION_NAME = "1.0";
  // Fields from build type: xys
  public static final boolean testFlag = false;
}
```

图 4.20　xys 的 BuildConfig

直接通过 BuildConfig 类，就可以获取到不同 buildType 所对应的值了。这里笔者演示的是 boolean 类型的变量，如果是 String 类型的变量，在写入字符串的时候，需要加入转义字符。

```
buildConfigField "String", "myname", "\"abs\""
```

同时在设置变量的时候，甚至可以继续使用变量，例如以下代码。

```
def param = ......
buildConfigField "String", "param", "\"String.${param}.String\""
```

除了 Java 代码可以使用这种方式进行添加之外，资源文件同样可以进行分版本设置属性值。例如要给不同的版本设置不同的 AppName，通过 Gradle 同样是仅仅一行配置即可实现。

在 buildType 的 release 和 xys 这两个 Type 中进行设置 resValue，添加如下所示的代码。

```
buildTypes {
    release {
        resValue("string", "app_name", "XYSAppRelease")
        buildConfigField "String", "myname", "\"abx\""
        minifyEnabled true
        shrinkResources true
        proguardFiles getDefaultProguardFile('proguard-android.txt'), 'proguard-rules.pro'
    }
    xys {
        resValue("string", "app_name", "XYS")
        buildConfigField "String", "myname", "\"abs\""
        signingConfig signingConfigs.xys
        applicationIdSuffix ".xys"
    }
}
```

同时在 defaultConfig 领域中添加默认的配置，代码如下所示。

```
defaultConfig {
    applicationId "com.xys.gradletest"
    minSdkVersion 14
    targetSdkVersion 23
    versionCode 1
    versionName "1.0"
    resValue("string", "app_name", "XYSApp")
}
```

在 AndroidMainifest 文件中，同样使用 android:label="@string/app_name" 来获取 app_name，但是要注意的是，一定要把 string.xml 文件中的 <string name="app_name">GradleTest</string>删掉，这样才能编译过。因为 Gradle 在编译过程中会将脚本中的配置和 string.xml 文件中的配置进行 merge 操作，如果同时存在两份相同的属性值，就会发生冲突。

经过上面的配置，就可以非常方便地给不同 buildType 的包设置不同的 AppName 了。

另外 resValue 配置的参数，不一定非要替换代码中的占位，还可以直接增加变量到 R 文件中。

```
def buildTime() {
    return new Date().format("yyyy-MM-dd HH:mm:ss")
```

```
}
defaultConfig {
    resValue "string", "build_time", buildTime()
}
```

在上面的代码中，笔者定义了一个 buildTime 方法，并赋值给自定义的 build_time 变量。这时候不需要在 Java 代码中增加变量，即可直接引用已经编译到 R 文件中的变量 build_time，代码如下所示。

```
Log.d("test", getString(R.string.build_time));
```

```
01-11 11:33:41.161 27829-27829/com.xys.gradletest D/test: 2016-01-11 11:33:27
```

4.4　Gradle 多项目依赖

一般情况下，一个 Android 项目不会只有一个主项目，通常会添加一些 jar 包或者 Android 库项目。在 Eclipse 时代，项目的依赖管理是非常麻烦的一件事，如果使用 jar 包，则无法带有资源；如果使用 Android 库项目，则必须要以源码的方式进行依赖，这样非常不利于版本控制和迭代开发。到了 Android Studio 时代，Android Studio 提供了一个新的依赖方式——aar。通过 aar 方式进行项目依赖，主项目可以像使用 jar 包一样使用这个库项目。最重要的是这个 aar 项目中可以带有资源，相当于封装了一个可以使用完整源码的 jar 包。这种管理方式是非常方便的，同时 Android Studio 也同样支持 jar 包和 Android 库项目的依赖。这三种方式可以同时使用，极大地方便了对库项目的管理。

➥ jar 包依赖

在每一个 module 的根目录下都有一个 libs 文件夹，开发者可以把 jar 包拷贝到该目录下，并单击鼠标右键在菜单中选择 "add as library" 进行引用（或者直接 Sync 项目也可以实现引用），如图 4.21 所示。

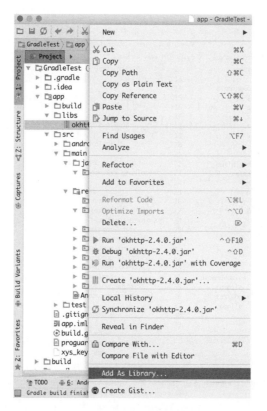

图 4.21　添加 jar 包依赖

当项目依赖成功后，jar 包将显示出 meta-info 信息，如图 4.22 所示。

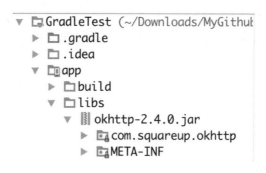

图 4.22　jar 包依赖

这时候打开 module 的 build.gradle 文件，找到 dependencies 领域，其中"compile files('libs/okhttp-2.4.0.jar')"这一行，就是添加 jar 包后生成的，前面的几行配置都是 Android Studio 自动生成的。

```
dependencies {
    compile fileTree(include: ['*.jar'], dir: 'libs')
    testCompile 'junit:junit:4.12'
    compile 'com.android.support:appcompat-v7:23.1.1'
```

```
    compile files('libs/okhttp-2.4.0.jar')
}
```

在 Android Studio 自动生成的代码中，"compile fileTree(include: ['*.jar'], dir: 'libs')"其实已经实现了 libs 文件夹下的所有 jar 包的引用依赖。后面生成的 "compile files('libs/okhttp-2.4.0.jar')"实际上可写可不写（不过通常情况下，项目会删除 fileTree 的依赖，而直接使用具体的指定 jar 包的依赖）。

使用 Gradle 编译成 jar 包

在 aar 时代，jar 包的使用已经比较少了。但由于一些 Java 的项目生成的 jar 包依然在 Android 中使用非常广泛，因此 jar 包依旧是一个非常重要的依赖工具。默认情况下，Android Studio 已经不支持导出 jar 包了，但通过 Gradle 开发者可以利用其强大的功能，生成 jar 包，代码如下所示。

```
task makeJar(type: Jar) {
    // 清空已经存在的 jar 包
    delete 'libs/sdk.jar'
    // 指定生成的 jar 包名
    baseName 'sdk'
    // 从 class 文件生成 jar 包
    from('build/intermediates/classes/debug/com/xys/')
    // 打包进 jar 包后的文件目录结构
    into('com/xys/')
    // 去掉不需要打包的目录和文件
    exclude('test/', 'BuildConfig.class', 'R.class')
    // 去掉 R 文件
    exclude { it.name.startsWith('R$'); }
}
```

原理非常简单，将 class 文件通过 jar 指令进行打包，并生成到指定的目录下。如图 4.23 所示。

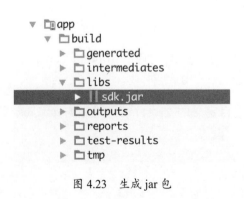

图 4.23　生成 jar 包

不过有一点需要注意的是, 在执行该指令前, 需要通过 build 指令生成这些 class 文件, 否则是无法找到这些 class 文件的。因此开发者可以通过 makeJar.dependsOn(build)指令, 让 makeJar 指令依赖于 build 指令, 这样就可以在 Build 后产生新的 jar 包。

jar 包依赖的重复管理

使用 jar 包有一个非常严重的问题, 那就是 jar 包的版本非常容易错乱。如果两个 module 同时引用了 a.jar, 而两个 a.jar 的版本是不同的、代码有差异, 那么 Android Studio 在编译的时候就会发生问题。因为它不知道该使用哪一个 jar 包, 因此使用 jar 包依赖, 最好把所有重复使用到的 jar 都放到主项目中, 避免重复依赖导致的编译问题。

↘ SO 库依赖

自从 Android Studio1.1 版本之后, 它就支持了在 Android 项目中依赖 so 库。所以现在引用 so 文件, 只需要在 module/src/main 目录下创建一个 jniLibs 目录即可 (注意, 整个文件夹名必须一致)。如图 4.24 所示。

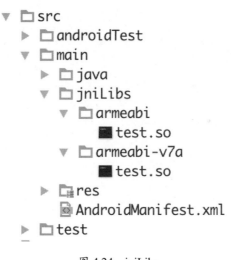

图 4.24　jniLibs

在 jniLibs 目录下, 开发者可以把对应的 armeabi、armeabi-v7a 等 CPU 文件夹拷贝过来, 并添加相应的 so 文件。

另外, 你也可以指定自定义的文件目录作为你的 jniLibs 目录。这一点, 前面在讲 sourceSets 的时候已经提到了。

```
sourceSets {
    main {
        jniLibs.srcDirs = ['xysJni']
```

```
    }
}
```

这样就可以指定 xysJni 目录为 jniLibs 目录，但不建议这样使用。当 jniLibs 目录加载成功后，可以切换到 android 工作标签查看，如图 4.25 所示。

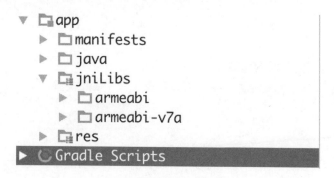

图 4.25　so 依赖

配置正确的话，jniLibs 目录的图标会被识别为系统资源目录。

↘ 本地库项目依赖

除了依赖编译好的文件如 jar、so 等，Android Studio 也提供了库项目的依赖方法。

创建 module

Android Studio 与 Eclipse 一样，支持本地以源码方式依赖一个 Android 库项目。在 Android Studio 菜单栏依次选择 File→New→New Module，创建一个新的 Android 库项目，如图 4.26 所示。

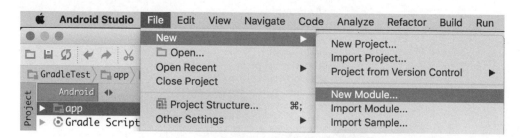

图 4.26　New Module

在弹出的界面中选择 Android Library，完成新 module 的创建（你也可以 import 一个本地已存在的 module）如图 4.27 所示。

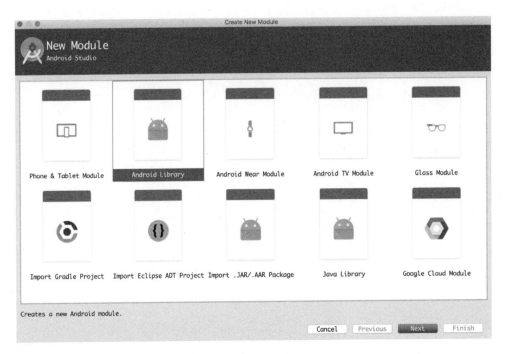

图 4.27　创建 Android Library

创建好的整个项目工程，如图 4.28 所示。

图 4.28　新建库项目

　　这样就创建好了一个 Android 库项目，在这个库项目里面，你可以做任何类似 Android
主项目一样的操作。如果主项目需要引用这个本地 Android 库项目，那么还需要在 Project
Structure 中配置主项目对库项目的依赖，使用快捷键 "cmd+;" 或者选择菜单栏中的 Project
Structure 可以打开项目设置界面，如图 4.29 所示。

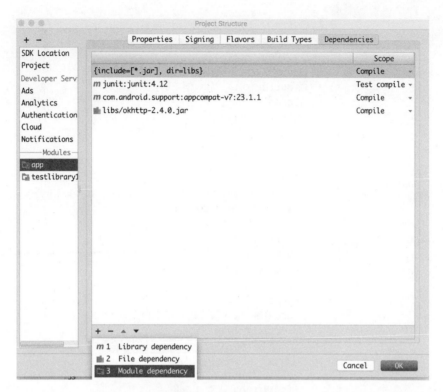

图 4.29　添加库项目依赖

选择 app module，再选择 Dependencies 标签，点击 "+"，选择 Module dependency，选择创建的 testLibrary1 库项目作为自己的依赖库。点击 OK 后，等待项目 Sync 成功。

依赖创建完毕后，打开 app module 的 build.gradle 文件，找到 dependencies 领域。

```
dependencies {
    compile fileTree(include: ['*.jar'], dir: 'libs')
    testCompile 'junit:junit:4.12'
    compile 'com.android.support:appcompat-v7:23.1.1'
    compile files('libs/okhttp-2.4.0.jar')
    compile project(':testlibrary1')
}
```

可以发现，这里添加了一行新的配置 "compile project(':testlibrary1')"，这个就是本地依赖库的依赖方式。如果你熟练的话，直接配置这行代码也可以实现同样的效果。

配置依赖库完毕后，在主项目中就可以完成对库项目的代码调用。

解析 Gradle 依赖库

Android 库项目与主项目 module 在项目中的结构，如图 4.30 所示。

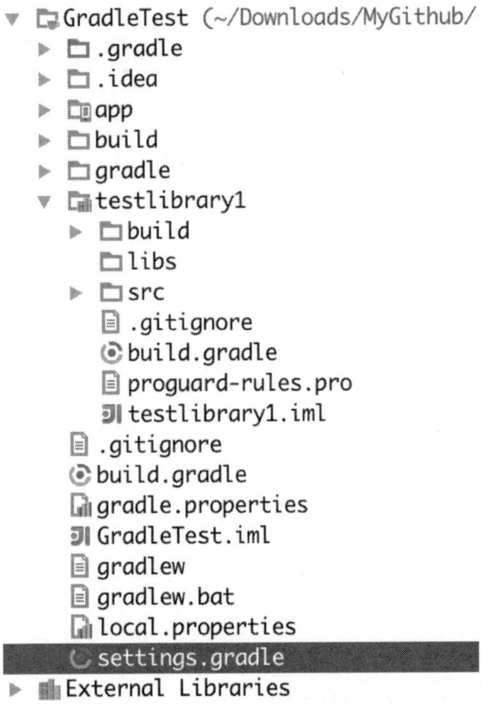

图 4.30　库项目结构

可以发现 app module 和 library testLibrary1 处于同一级目录，在 testLibrary1 目录下同样有一个 build.gradle 文件来管理库的编译。打开 testLibrary1 的 build.gradle 文件，如下所示。

```
apply plugin: 'com.android.library'

android {
    compileSdkVersion 23
    buildToolsVersion "23.0.2"

    defaultConfig {
        minSdkVersion 14
        targetSdkVersion 23
        versionCode 1
        versionName "1.0"
    }
    buildTypes {
        release {
            minifyEnabled false
            proguardFiles getDefaultProguardFile('proguard-android.txt'), 'proguard-rules.pro'
        }
    }
```

```
}

dependencies {
    compile fileTree(dir: 'libs', include: ['*.jar'])
    testCompile 'junit:junit:4.12'
    compile 'com.android.support:appcompat-v7:23.1.1'
}
```

testLibrary1 项目的 build.gradle 文件与主项目的 build.gradle 文件几乎一模一样，只不过在第一行有所不同，库项目是"apply plugin: 'com.android.library'"，而主项目是"apply plugin: 'com.android.application'"，从命名就可以看出它们的区别。Gradle 正是通过这种插件式的配置方式来判断谁是主项目，谁是库项目。那么 Gradle 又是如何组织这些项目的呢？这就需要使用到项目根目录下的 settings.gradle 文件了，在引用库项目之前，它的内容如下所示。

```
include ':app'
```

通过 include 方法来引用 app module，而当配置了库项目之后，它的内容如下所示。

```
include ':app', ':testlibrary1'
```

Gradle 正是通过这种方式来实现多项目的管理的。到此为止，在文章最前面提到的 5 个 Gradle 相关的编译文件就全部介绍了，总结如下。

- build.gradle：控制每个 module 的编译过程。

- gradle.properties：设置 Gradle 脚本中的参数。

- local.properties：Gradle 的 SDK 相关环境变量配置。

- settings.gradle：配置 Gradle 的多项目管理。

↘ 远程仓库依赖

除了引用本地的依赖库，Gradle 同样支持以 aar 的形式依赖远程服务器上的库项目。

远程仓库的配置

当利用 Android Studio 创建好一个默认的 Android 工程后，就会默认帮助开发者配置好远程仓库的引用方式，代码如下所示。

```
// Top-level build file where you can add configuration options common to all sub-projects/modules.

buildscript {
    repositories {
        jcenter()
```

```
        }
    dependencies {
        classpath 'com.android.tools.build:gradle:2.0.0-alpha2'

        // NOTE: Do not place your application dependencies here; they belong
        // in the individual module build.gradle files
    }
}

allprojects {
    repositories {
        jcenter()
    }
}
```

这都是默认生成的配置，笔者未做任何修改。在 buildscript 领域和 allprojects 领域中，通过 repositories 指定要引用的远程仓库。其中默认的 jcenter()仓库是默认的远程仓库。你也可以继续指定其他远程仓库，例如 mavenCentral()。当 jcenter()仓库中找不到相应的库时，系统就会从 mavenCentral()仓库中继续寻找，Gradle 会根据依赖定义的顺序在各个库里寻找它们。

引用 Maven 中央库

当开发者将一个库项目上传到中央 Maven 库之后，可以通过 compile 的方式来引用这个远程库。引用方式与引用本地库基本类似，代码如下所示。

```
compile 'com.jakewharton.scalpel:scalpel:1.1.2'
```

一般在 Github 上开源得比较好的库都会上传到中央库，同时作者也会给出相应的引用地址，开发者在 Gradle 脚本中指定一下路径即可。

中央库的地址为 http://mvnrepository.com/。要使用中央库的依赖库，首先要知道如何找到想要的依赖库。在上面所示的地址中输入 Gson，找到对应的版本并打开详细界面，如图 4.31 所示。

图 4.31　Maven 库

在最下面就可以找到具体的使用方式，切换到 Gradle 标签，即可找到引用方式。
Maven 和 Gradle 的引用方式如下所示。

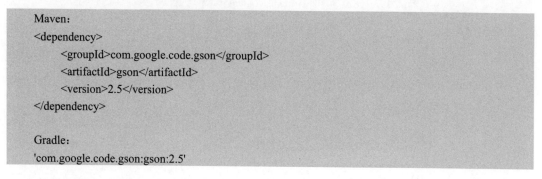

可以发现，实际上 Gradle 的引用方式与 Maven 是一样的。Gradle 的引用规则为
groupId: artifactId: version。

引用本地服务器中央库

中央库是开放开源的，但很多公司自己内部使用的库是不会放到中央库上的，因此很
多公司采用搭建内部 Maven 库的方式来保存自己的库，即本地的 Maven 库。Gradle 同样
支持从本地的 Maven 库中拉取依赖库。

要引用自己搭建的 Maven 库，就需要对自动生成的脚本进行略微修改，代码如下所示。

```
// Top-level build file where you can add configuration options common to all sub-projects/modules.
```

```
buildscript {
    repositories {
        // 优先使用本地库
        mavenLocal()
        // 远程私库
        maven {
            url nexusPublic
        }
    }
    dependencies {
        classpath 'com.android.tools.build:gradle:1.5.0'

        // NOTE: Do not place your application dependencies here; they belong
        // in the individual module build.gradle files
    }
}

allprojects {
    repositories {
        mavenLocal()
        maven {
            url "http://192.168.xx.xx:8081/nexus/content/groups/public/"
        }
    }
}
```

将 mavenCentral()、jcenter()修改为 mavenLocal()，同时指定本地 Maven 库的地址，地址可以直接指定字符串，也可以通过变量的方式进行指定。

经过上面的设置后，就和使用中央库的方式一样了。

↘ 本地 aar 依赖

对于本地的项目来说，既可以使用 module 的方式进行依赖，也可以和从远程仓库中拉取下来的 aar 一样，使用本地的 aar 进行依赖。相对于 module 的方式，本地 aar 效率更高，避免了在执行 gradle build 指令的时候对 module 的编译打包。

当开发者对一个 module 进行编译后，在它的 module/build/outputs/aar/目录下，会生成相应的 aar 文件，如图 4.32 所示。

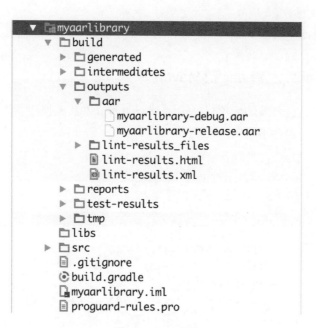

图 4.32　aar 文件

　　这个就是编译生成的本地 aar 文件，如果需要在另一个项目中使用这个本地的 aar 文件，只需要在主项目工程中单击鼠标右键选择 new-new module，并选择 import .aar packages 即可，如图 4.33 所示。

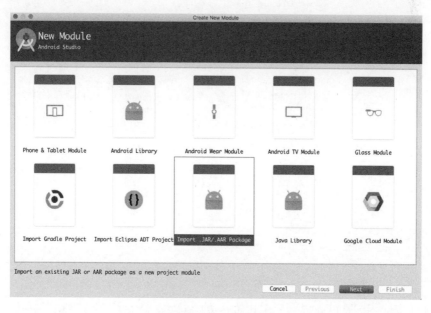

图 4.33　导入本地 aar

　　选择好相应的 aar 文件后，在导入成功后，就可以像使用 module 那样使用本地 aar 库了。在 Gradle 脚本中配置如下所示的代码即可。

```
compile project(':myaarlibrary')
```

↘ 使用 Gradle 上传 aar 到 Maven 库

开发者可以将自己开发的库项目上传到 Maven 库，供其他程序调用。上传的方式为通过脚本进行提交，代码如下所示。

```
uploadArchives {
    repositories {
        mavenDeployer {
            pom.groupId = GROUPID
            pom.artifactId = ARTIFACTID
            if (System.properties['isRelease'].toBoolean()) {
                pom.version = VERSION
                repository(url: nexusReleases) {
                    authentication(userName: nexusUsername, password: nexusPassword)
                }
            } else {
                pom.version = "${ VERSION }-SNAPSHOT"
                repository(url: nexusSnapshots) {
                    authentication(userName: nexusUsername, password: nexusPassword)
                }
            }

            pom.project {
                description 'XXXXXXXXXXX'
            }
        }
    }
}
```

同时，还需要在 gradle.properties 文件中进行参数的配置，代码如下所示。

```
GROUP_ID=com.xxxxx.ccccc
ARTIFACT_ID=aaaaaa
VERSION=1.x.xxx
RELEASE_REPOSITORY_URL=maven url
nexusUsername=username
nexusPassword=password
systemProp.isRelease=true
```

通过上面的设置就配置好了上传库的参数。最后只要在终端中执行 gradle uploadArchives 指令，就可以完成依赖库的上传了。

4.5　Gradle 依赖管理

一个项目在做到一定规模后，通常会进行模块拆分。例如前文讲到的利用 Gradle 做多项目依赖。但是一个主项目依赖的库多了也会存在新的问题，那就是依赖库的管理工作问题，特别是一个依赖的库项目同时还依赖了另一个库项目。这时候如果其中某个库项目发生了改变，而且与以前版本不兼容，那么就会导致依赖库发生问题。

其实，无论是使用哪种构建工具都会存在这个依赖传递的问题。如何利用 Gradle 尽可能地解决这个问题呢？笔者在这里总结了几个方法。

↘ Gradle 依赖库缓存

Gradle 拉取的 aar 库保存在本地的~/.gradle 文件夹和~/.m2 文件夹中。由于早期版本的 Gradle 在缓存的处理上有些问题，有时候会出现一些 aar 更新版本后却无法生效的问题，此时可以通过删除缓存的方式进行修复。

↘ 利用 Gradle 的通知机制

虽然当项目依赖的库项目有更新之后，Gradle 并不会立即通知主项目，但 Gradle 会给出一种通知机制，即利用 Gradle 的检查周期进行 check。

```
configurations.all {
    // check for updates every build
    resolutionStrategy.cacheChangingModulesFor 0, 'seconds'
}
```

这样就可以设置 Gradle 依赖的缓存时间，详细的官方文档可以参考以下这个网址。

https://docs.gradle.org/current/dsl/org.gradle.api.artifacts.ResolutionStrategy.html

同时 Gradle 还提供了在依赖传递中的强制刷新配置。例如，在一个简单的 compile 语句中，代码如下所示。

```
compile('com.hujiang.ads:hjads:3.0.1-SNAPSHOT@aar') {
    transitive = true
}
```

如果增加一个属性 transitive 并让其值为 true，则代表会强制刷新远程库，避免远程库更新后本地未刷新的问题。

↘ 利用 Gradle 的依赖检查

上面一种方式利用了 Gradle 的被动通知机制，但是这种方式始终需要开发者进行 check，只能算是一种被动的通知机制。

实际上，利用 Gradle 提供的 task 可以很方便地解决依赖问题，用到的 Gradle 指令就是 gradle androidDependencies，使用效果如下所示。

```
→   GradleTest git:(master) ✗ gradle androidDependencies
:app:androidDependencies
debug
+--- LOCAL: okhttp-2.4.0.jar
+--- com.android.support:appcompat-v7:23.1.1
|    \--- com.android.support:support-v4:23.1.1
|         \--- LOCAL: internal_impl-23.1.1.jar
\--- GradleTest:testlibrary1:unspecified
     \--- com.android.support:appcompat-v7:23.1.1
          \--- com.android.support:support-v4:23.1.1
               \--- LOCAL: internal_impl-23.1.1.jar
```

通过这个指令，可以很方便地找到每种 buildType 下的依赖关系图。这样当某个依赖库发生变更的时候，就可以通过这个 task 检查每个项目下是否包含该依赖库的引用。如果有，则需要提示开发者进行依赖库的更新，而且更关键的是这一切都可以使用 Python 脚本实现自动化。

↘ Gradle 依赖传递

在使用 Gradle aar 文件时，经常会发生这样的情况，主项目 A 依赖库项目 B，库项目 B 依赖库项目 C 和 jar 包 D。这时候主项目在引用库项目 B 时，写成如下所示的方式。

```
compile 'com.xxx.xxxxx:xxxxxx:1.0.0-SNAPSHOT'
```

这样的写法也是一般引用库项目的标准写法，其表示 B 项目及其依赖的所有项目，即 C 和 D。那么如果 C 或者 D 出现重复依赖的问题，或者主项目只想依赖库项目 B 而不想依赖库项目 B 所依赖的项目，则可以使用@aar 关键字关闭依赖传递，使用方法如下所示。

```
compile 'com.xxx.xxxxx:xxxxxx:1.0.0-SNAPSHOT@aar'
```

如果这样引用库项目 B，则不会进行依赖传递。但要注意的是，libs 目录下的 jar 文件是不受影响的，开发者在使用过程中需要非常注意。

另外，还可以使用 exclude module 排除一个库中引用的其他库，例如 aar 库 A 依赖了 B 和 C，此时可以通过以下方式进行依赖，代码如下所示。

```
compile ('com.xxx.yyy:aaa:1.1.1') {
    exclude module: 'com.xxx.yyy.bbb:1.1.2'
    exclude module: 'com.xxx.yyy.ccc:1.1.3'
}
compile 'com.xxx.yyy.bbb:1.1.2'
compile 'com.xxx.yyy.ccc:1.1.3'
```

这样也可以在 A 库中去除 B 库和 C 库的依赖。

传递依赖问题是使用 Gradle 时一定会遇到的问题，不仅仅是依赖传递的库会冲突，而且也会发生资源冲突的问题。因此遇到 Gradle 编译错误的时候，一定要仔细分析错误的原因，找到冲突的根本原因从而去解决问题。

↘ Gradle 依赖统一管理

Gradle 引用依赖非常简单，但一旦涉及多 module，每个 module 的依赖管理就变得非常麻烦。这就和编程中使用的变量一样，每个 module 中都引用自己的依赖——局部变量，这样就造成多个 module 有多个局部变量，不利于项目管理。因此，最好是使用类似全局变量的方式来进行统一的管理。

利用前文中介绍的 Gradle 全局变量就可以非常方便地实现这一管理，在根目录的 build.gradle 脚本中配置如下所示的代码。

```
ext {
    android = [compileSdkVersion: 23,
            buildToolsVersion: '23.0.2']

    dependencies = [supportv7: 'com.android.support:appcompat-v7:23.2.0']
}
```

在全局 Gradle 脚本中，笔者指定了 android 和 dependencies 两个列表，并在其中配置了统一的参数和对应的值。这样在每个 module 中，可以通过代码使用全局的依赖配置，代码如下所示。

```
android {
    compileSdkVersion rootProject.ext.android.compileSdkVersion
    buildToolsVersion rootProject.ext.android.buildToolsVersion
}

dependencies {
    compile rootProject.ext.dependencies.supportv7
}
```

通过这种方式，可以使用全局参数统一管理这些依赖配置。

更进一步，开发者还可以把这些全局参数抽取出来，写到一个单独的配置文件中。例如，笔者在项目根目录下创建一个 config.gradle 文件，并写入如下所示的代码。

```
ext {
    android = [compileSdkVersion: 23,
            buildToolsVersion: '23.0.2']

    dependencies = [supportv7: 'com.android.support:appcompat-v7:23.2.0']
}
```

这里就要把 ext 全局参数抽取出来了。下一步，在根目录下的 build.gradle 文件中，使用代码加载这个配置文件，代码如下所示。

```
apply from: 'config.gradle'
```

这样就可以在所有的子 module 中使用这些参数了，使用方法与前面一种方式相同，这里不再赘述。

通过这种统一的依赖管理方式，可以统一所有 module 的依赖配置，避免使用不同版本的依赖库而导致的冲突，而且也利于项目的管理。

4.6 Gradle 使用技巧

在这一节中，笔者将介绍在实际开发中 Gradle 的一些使用技巧。

↘ 生成 Gradle 编译脚本

当开发者从 Eclipse 迁移到 Android Studio，或者想生成 Gradle 项目时，往往需要生成 Gradle 脚本。在创建 Android Studio 项目时，这些脚本是由 IDE 自动生成的，那么如果要手动生成这些脚本，可以使用如下所示的脚本。其中 TestDir 是一个普通的文件目录。

```
➜  TestDir   gradle init wrapper
:wrapper
:init

BUILD SUCCESSFUL

Total time: 2.789 secs

This build could be faster, please consider using the
Gradle Daemon: https://docs.gradle.org/2.8/userguide/gradle_daemon.html
```

```
→  TestDir   ll
total 40
-rw-r--r--   1 xuyisheng   staff    1.2K 12 23 22:29 build.gradle
drwxr-xr-x   3 xuyisheng   staff    102B 12 23 22:29 gradle
-rwxr-xr-x   1 xuyisheng   staff    4.9K 12 23 22:29 gradlew
-rw-r--r--   1 xuyisheng   staff    2.3K 12 23 22:29 gradlew.bat
-rw-r--r--   1 xuyisheng   staff    647B 12 23 22:29 settings.gradle
```

只要在目录下执行 gradle init wrapper 指令就可以生成这些必须的脚本文件，再在这些默认的脚本上进行修改就容易多了。

Gradle peer not authenticated

在更新 Gradle 的依赖包时，经常会发生 peer not authenticated 的异常，导致 Gralde 无法编译。这个问题的原因相信大家已经知道。解决的方法也很简单，使用 VPN 进行网络访问即可。另外，通过修改 jcenter 库的地址也能修复这个问题。

```
jcenter {
    url "http://jcenter.bintray.com/"
}
```

将 jcenter 的仓库地址指定为 http 而不是默认的 https。由于国内经常会发生一些由于网络造成的问题，对于这种问题通常的解决办法就是使用 VPN，或者手动下载缺失的 Gradle 文件到指定的目录。

Gradle 性能检测

很多开发者从 Eclipse 迁移到 Android Studio 的一个最大的不习惯，就是 Gradle 的超慢编译速度。其实 Gradle 的编译速度很大程度上与项目的设置有关，要优化 Gradle 的编译速度，首先需要知道如何去检测 Gradle 的性能。

其实，Gradle 编译工具本身就已经内置了一个性能分析工具——profile。通过 Gradle 编译的使用，只需要增加-profile 参数即可打开该功能。执行以下脚本。

```
gradle build –profile。
```

通过上面的脚本执行编译后，在根目录的 Build 目录下就会生成一个 profile 文件，如图 4.34 所示。

图 4.34　profile 文件

打开该文件，如图 4.35 所示。

Profile report

Profiled build: build

Started on: 2016/03/16 - 14:40:08

| Summary | Configuration | Dependency Resolution | Task Execution |

Description	Duration
Total Build Time	11.253s
Startup	1.115s
Settings and BuildSrc	0.227s
Loading Projects	0.219s
Configuring Projects	2.443s
Task Execution	5.177s

Generated by Gradle 2.10 at 2016-3-16 14:40:19

图 4.35　Gradle 性能数据

这里显示了完整的 Gradle 编译过程的耗时，一般来说开发者最关心的是 Task Execution 的数据，如图 4.36 所示。

Profile report

Profiled build: build

Started on: 2016/03/16 - 14:40:08

| Summary | Configuration | Dependency Resolution | Task Execution |

Task	Duration	Result
:app	5.177s	(total)
:app:lint	4.332s	
:app:mergeDebugResources	0.100s	UP-TO-DATE
:app:prepareComAndroidSupportAppcompatV72320Library	0.100s	UP-TO-DATE
:app:mergeReleaseResources	0.058s	UP-TO-DATE
:app:generateDebugBuildConfig	0.054s	UP-TO-DATE
:app:prepareComAndroidSupportAnimatedVectorDrawable2320Library	0.054s	UP-TO-DATE
:app:processDebugResources	0.040s	UP-TO-DATE
:app:compileDebugRenderscript	0.038s	UP-TO-DATE
:app:processReleaseResources	0.035s	UP-TO-DATE
:app:prePackageMarkerForDebug	0.029s	
:app:zipalignDebug	0.027s	UP-TO-DATE
:app:packageRelease	0.020s	UP-TO-DATE
:app:compileDebugJavaWithJavac	0.018s	UP-TO-DATE
:app:compileDebugUnitTestJavaWithJavac	0.016s	UP-TO-DATE
:app:compileReleaseJavaWithJavac	0.015s	UP-TO-DATE

图 4.36　gradle task 编译耗时

这里排列了所有执行的 Task 的耗时数据。根据这些数据开发者可以进一步优化 Gradle 脚本。

举例来说，最耗时的 Task 就是 Lint，而这个 Task 在一般 Debug 的时候是不需要的。因此可以先禁用这个 Task 来完成 Lint 的禁用。笔者在进行这一步骤的优化时，发现网上有很多类似的解决方案，其中被最多采用的是按以下代码进行 Lint 的禁用。

```
tasks.whenTaskAdded { task ->
    if (task.name.contains("lint")) {
        task.enabled = false
    }
}
```

这段代码看上去好像确实能够禁用掉 Lint 这一类的 Task。但实际上，只要开发者尝试一下就会发现，无论是在根目录的 build.gradle 脚本中，还是在子 module 的 build.gradle 脚本中，这段脚本对于 Lint 都是无效的。原因在于 Lint 这个 Task 是 Android Gradle Plugin 中的 Task，在执行工程的编译脚本时是无法获取到 Lint。也就无法执行到 whenTaskAdded 函数，这也是这段脚本为何无效的原因。既然这样，那么怎么才能真正地禁用掉 Lint 呢？方法有两个，一个是通过 Gradle 的编译参数-x，执行以下指令。

```
-x, --exclude-task        Specify a task to be excluded from execution.

gradle build -x lint
```

其中-x 参数表示排除掉一个 Task，即 Lint。通过这种方式可以实现禁止 Lint 的执行。另一种方式是在 Gradle 脚本中动态增加编译参数，脚本如下所示。

```
project.gradle.startParameter.excludedTaskNames.add('lint')
```

这种方式与执行-x 参数的含义是一样的。只不过一个是通过命令参数执行，另一个是通过动态脚本执行，它们的效果是一样的。

通过 profile 工具，再结合下面列举的禁用任一 Task 的方法，就可以通过编译耗时来有针对性地提高编译速度。

除了 Task 的耗时以外，AAPT 检查也是一个耗时大户。在 Debug 版本中，笔者建议可以使用以下代码提高 AAPT 的速度。

```
aaptOptions {
    cruncherEnabled = false
}
```

这种方式虽然提高了编译速度，但由于资源没有经过 AAPT 优化，可能会导致一些运行问题。所以最好只在 Debug 时采用这种方式，而在 Release 时一定不要使用。

相关的代码在 Gradle DSL 官方文档上也有详细介绍，通过这个方式可以极大地提高 Gradle 中 AAPT 的速度（仅在 Debug 版本中使用），官方文档地址如下所示。

http://google.github.io/android-gradle-dsl/current/com.android.build.gradle.internal.dsl.AaptOptions.html

❯ Gradle 加速

前面笔者介绍了如何对 Gradle 的 Task 进行加速优化。下面笔者从 Gradle 本身讲解如何使 Gradle 编译提速。

Gradle 在编译时会执行大量的 Task，同时生成很多中间文件。因此磁盘 IO 会造成编译速度缓慢。解决该问题的最好办法是为电脑更换固态硬盘，增加磁盘的 IO 速度。同时尽量减少本地库项目的依赖，多使用 aar 进行依赖。

其次，读者可以在 gradle.properties 文件中增加如下所示的代码。

```
org.gradle.daemon=true
org.gradle.parallel=true
org.gradle.configureondemand=true
```

同时，在 build.gradle 中增加如下所示的代码。

```
dexOptions {
incremental true
    javaMaxHeapSize "4g"
}
```

gradle.properties 文件中的代码，表示开启 Gradle 的多线程和多核心支持。而 build.gradle 中的代码，表示开启 Gradle 的增量编译，增加编译的内存资源到 4G。这两个操作或多或少可以增加一些编译的速度，但也会更加消耗系统资源。以笔者的使用经验，加快编译速度的最好方法还是在具有固态硬盘的 Mac 系统下进行编译，同时每个新版的 Gradle 都会修改其编译性能。在保证稳定的情况下，尽量使用新的 Gradle，也是提高编译速度的一个方法。

↘ 增加编译内存

对于编译时的内存溢出问题，笔者曾经在两个非常大的项目上遇到过。一般情况下，使用 Android Studio 默认的设置即可。但如果真的遇到编译时内存溢出的问题，就需要对默认的内存设置进行调整了。开发者可以在 gradle.properties 文件中增加一下内存配置，让 Gradle 可以使用更多内存。打开 gradle.properties 文件，开发者可以找到如图 4.37 所示的配置。

```
# Specifies the JVM arguments used for the daemon process.
# The setting is particularly useful for tweaking memory settings.
# Default value: -Xmx1024m -XX:MaxPermSize=256m
# org.gradle.jvmargs=-Xmx2048m -XX:MaxPermSize=512m -XX:+HeapDumpOnOutOfMemoryError -Dfile.encoding=UTF-8
```

图 4.37　增加编译内存

这里就是 Gradle 配置的默认内存，如果开发者要增大内存使用，只需要反注释这两行代码，并修改内存大小即可。

↘ Gradle 调用终端指令

在 Java 中可以通过 Runtime.exec()方法来获取终端指令的数据。在 Gradle 中同样可以获取终端数据，例如笔者新建一个 task，代码如下所示。

```
task testcmd {
    println 'git log --pretty=oneline -1'.execute([], project.rootDir).text
}
```

在上面的代码中，笔者想调用 git log --pretty=oneline -1 指令，即打印最近的一行 git log 信息，通过调用 'command'. execute([], project.rootDir).text 即可返回其数据，类似于 Runtime.exec()方法，显示结果如下所示。

```
→   GradleTest git:(master) ✗ gradle testcmd
d983317524f95337274bd0fedfb517206e50a5e9 update gradle script
```

在 Gradle 脚本中调用终端指令会降低编译速度。开发者需要权衡利弊，决定是否使用。

↘ 使用 Gradle 精简资源

在前面，笔者提到了 minifyEnabled 指令，该指令用于对 Android App 进行混淆。其实，minifyEnabled 指令不仅可以对代码进行混淆，而且该指令还可以对代码进行优化、精简。同时配合 shrinkResources 指令，还可以清除项目工程中无效的资源文件，从而进一步精简 APK 文件。但有一点需要注意的是，shrinkResources 指令是依赖于 minifyEnabled 指令的，只有当 minifyEnabled 指令启用时，shrinkResources 指令才能生效，示例代码如下所示。

```
android {
    ......
    buildTypes {
        release {
            minifyEnabled true
            shrinkResources true
            proguardFiles getDefaultProguardFile('proguard-android.txt'), 'proguard-rules.pro'
        }
    }
}
```

另外，在 Android Studio 中，IDE 也提供了一个快捷指令来直接进行资源精简。使用快捷键"Command+Shift+A"就可以调出快捷指令输入框，输入"remove unused resources"即可执行该指令，其效果与 shrinkResources 类似，如图 4.38 所示。

图 4.38　Remove Unused Resources

使用这两种方式来进行资源清理，可以很大程度地减少垃圾资源的占用。但要注意的是这两种检测资源的方式属于静态检测，一些动态加载的资源是无法检测的，注意不要误删。

↘ 清除 Gradle 缓存

Gradle 作为新的构建工具，存在各种 bug 也是在所难免的。笔者从一开始就使用 Gradle 进行项目构建，也遇到过不少 Gradle 的 bug，其中比较让人困惑的就是上传同一版本的 aar 到 Maven 库，在主项目中是无法获取到最新的 aar 库的。要解决这个问题，就需要将本地的 Gradle 缓存删除，让项目从 Maven 服务器重新拉取最新的 aar 库。同时在某些低版本的 Gradle 中，即使删除了 Gradle 的本地缓存，有时候还是会有 bug 发生，拉取不到最新的 aar 库。这时最好的解决方法就是将 aar 库升级一个版本，这样基本上能解决大部分更新 aar 库失败的问题。

除了多使用 gradle clean 指令清理 Gradle 缓存以外，Gradle 还提供了一个指令来重新刷新全部的依赖库——gradle --refresh-dependencies。通过这个指令，可以强制刷新所依赖的库项目，从而获取新的版本库。

↘ 使用 Gradle 本地缓存

在有些时候开发者还是需要利用到 Gradle 缓存的。例如当公司的 Nexus 服务器挂掉的时候，就可以使用本地缓存先编译，否则 Gradle 会因为无法连接服务器而导致编译失败。要使用本地缓存也非常方便，只需要在 Setting-Build-Build Tools-Gradle 标签中，选择 Offline work 并指定默认的.gradle 文件夹即可，如图 4.39 所示。

图 4.39　使用本地 Gradle

这种方式可以让 Gradle 在离线的情况下进行编译，优先使用本地库而不是检测是否有新版本的库。

↘ Gradle 版本问题导致的编译错误

开发者在更新 Android Studio 之后，可能会遇到 Gradle 的编译问题，例如 Gradle Version 导致的问题，如图 4.40 所示。

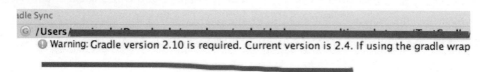

图 4.40　Gradle 版本问题

通常情况下，这个问题是由于 gradle wrapper 导致的。要解决这个问题，只需要按以下步骤进行检查即可。

1. 打开 Setting 界面，在 Build-Build Tools-Gradle 标签中，选择 Project-Level setting，并勾选 Use default gradle wrapper（recommended），如图 4.41 所示。

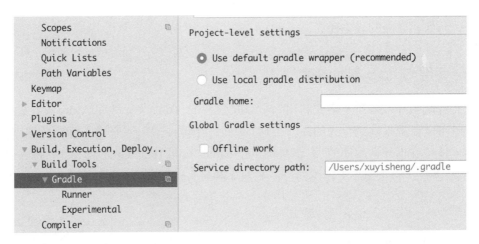

图 4.41　选择使用默认的 Gradle 配置

2．使用当前版本的 Android Studio 创建一个空的 Android 工程并进行编译运行，目的是让 Android Studio 拉取可能新增的依赖包。

3．复制刚刚创建的 Android 工程的 Gradle 目录（其中有 wrapper 目录），并粘贴到发生错误的工程中，替换原有的 Gradle 目录。

4．检查根目录下的 build.gradle 文件，检查 Gradle 的 plugin 版本，最好与空 Android 工程中的 plugin 版本相同。

在执行完上面的步骤后，再编译工程，一般都会解决由 Gradle 版本问题导致的编译错误。

不过需要注意的是，以上步骤适用于对 Gradle 还不是很熟悉的开发者。一般来说，笔者推荐在本地配置稳定的 Gradle 版本，并在 Setting 界面的 Build-Build Tools-Gradle 标签中，选择 Project-Level setting，勾选 Use local gradle distribution 选项。填写本地的 Gradle 路径（需要配置好 Gradle Shell 的环境变量）。在新版本的 Android Studio 中，Android Studio 已经自带 Gradle 了，开发者可以直接链接到 Android Studio 中的 Gradle。这样做的好处是可以使用稳定的 Gradle 而且不太依赖 IDE，不会出现一些由于 IDE 所引起的编译问题。

➥　Gradle 资源冲突

Gradle 资源冲突也是经常遇到的一个问题，甚至很多开发者问笔者，为什么之前 ant 的工程就可以编译过，而使用 Gradle 后就不能编译呢？最常见的错误 Log 就是——Multiple dex files define XXXXX。

这个问题的结果是由于两者编译时采用的方法不同而导致的。ant 使用的是包含的方式进行编译，不同的模块有相同的资源也可以编译通过。而 Gradle 则要更加严格，它采用的是合并的方式进行编译，所有的文件、代码都会被 Merge 到一起，相同的资源名就会发生冲突。文件名、jar 包、aar 库版本都会存在这种问题。因此在使用时，建议开发者对代码规范进行调整，对于资源、文件名来说，尽量使用 module 前缀来进行区分，jar 包、aar 库的版本一定要进行统一管理，避免重复依赖、重复冲突的问题发生。

另外，笔者在使用过程中也发现，有些资源冲突的问题是由于不同版本的 Gradle Android Plugin 导致的。如果开发者检查下来始终没有发现有冲突的资源，那么就需要检查一下是否是因为插件版本导致的 Bug。

4.7　Gradle 自定义插件

Gradle 提供了强大的插件自定义功能，可以在某些情况下通过自定义插件实现自己的一些功能。官方文档的地址为 https://docs.gradle.org/current/userguide/custom_plugins.html。

在 Gradle 中创建自定义插件，Gradle 提供了以下三种方式。

- 在 build.gradle 脚本中直接使用。
- 在 buildSrc 中使用。
- 在独立 Module 中使用。

Gradle 插件可以在 IDEA 中进行开发，也可以在 Android Studio 中进行开发。它们唯一的不同就是 IDEA 提供了 Gradle 开发的插件，比较方便创建文件和目录。而在 Android Studio 中，开发者需要手动创建（但实际上这些目录并不多，也不复杂，完全可以手动创建）。

↘ 构建默认插件

在 Android Studio 中创建一个标准的 Android 项目，整个目录结构如下所示。

```
├──    app
│   ├──    build.gradle
│   ├──    libs
│   └──    src
│       ├──    androidTest
│       │   └──    java
│       ├──    main
```

```
|           |        ├──── AndroidManifest.xml
|           |        ├──── java
|           |        └──── res
|           └──── test
├──── build.gradle
├──── buildSrc
|     ├──── build.gradle              ---1
|     └──── src
|           └──── main
|                 ├──── groovy        ---2
|                 └──── resources     ---3
├──── gradle
|     └──── wrapper
|           ├──── gradle-wrapper.jar
|           └──── gradle-wrapper.properties
├──── gradle.properties
├──── gradlew
├──── gradlew.bat
├──── local.properties
└──── settings.gradle
```

其中，除了 buildSrc 目录以外都是标准的 Android 目录。而 buildSrc 就是 Gradle 提供的在项目中配置自定义插件的默认目录。开发 Gradle 要创建的目录，也就是 RootProject/src/main/groovy 和 RootProject/src/main/resources 两个目录。

在配置完成后，如果配置正确，则对应的文件夹将被 IDE 识别成为对应类别的文件夹。

创建 buildSrc/build.gradle---1

首先，配置 buildSrc 目录下的 build.gradle 文件。这个配置比较固定，脚本如下所示。

```
apply plugin: 'groovy'

dependencies {
    compile gradleApi()
    compile localGroovy()
}
```

创建 Groovy 脚本---2

接下来，在 groovy 目录下创建一个 Groovy 类（与 Java 类似可以带包名，但 Groovy 类以.grovvy 结尾），如图 4.42 所示。

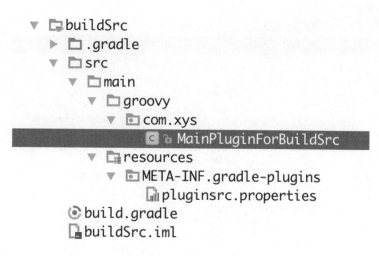

图 4.42　设置主 Groovy 类

在脚本中通过实现 Gradle 的 Plugin 接口，实现 apply 方法即可，脚本如下所示。

```
package com.xys

import org.gradle.api.Plugin
import org.gradle.api.Project

public class MainPluginForBuildSrc implements Plugin<Project> {

    @Override
    void apply(Project project) {
        project.task('testPlugin') << {
            println "Hello gradle plugin in src"
        }
    }
}
```

在脚本的 apply 方法中，笔者简单实现了一个 Task 命名为 testPlugin，执行该 Task 会输出一行日志。

创建 Groovy 脚本的 Extension

所谓 Groovy 脚本的 Extension，实际上就是类似于 Gradle 的配置信息。在主项目使用自定义的 Gradle 插件时，可以在主项目的 build.gradle 脚本中通过 Extension 传递一些配置、参数。

创建一个 Extension，只需要创建一个 Groovy 类即可，如图 4.43 所示。

图 4.43　创建 Extension

笔者命名了一个叫 MyExtension 的 Groovy 类，其脚本如下所示。

```
package com.xys;

class MyExtension {
    String message
}
```

MyExtension 代码非常简单，就是定义了要配置的参数变量。后面笔者将具体演示如何使用。

在 Groovy 脚本中使用 Extension

在创建了 Extension 之后，需要修改之前创建的 Groovy 类来加载 Extension，修改后的脚本如下所示。

```
package com.xys

import org.gradle.api.Plugin
import org.gradle.api.Project

public class MainPluginForBuildSrc implements Plugin<Project> {

    @Override
    void apply(Project project) {

        project.extensions.create('pluginsrc', MyExtension)

        project.task('testPlugin') << {
            println project.pluginsrc.message
        }
```

```
        }
    }
```

通过 project.extensions.create 方法，将一个 Extension 配置给 Gradle 即可。

创建 resources---3

resources 目录是标识整个插件的目录，其目录下的结构如下所示。

```
└──── resources
      └──── META-INF
            └──── gradle-plugins
```

该目录结构与 buildSrc 一样，是 Gradle 插件的默认目录，不能有任何修改。创建好这些目录后，在 gradle-plugins 目录下创建——插件名.properties 文件，如图 4.44 所示。

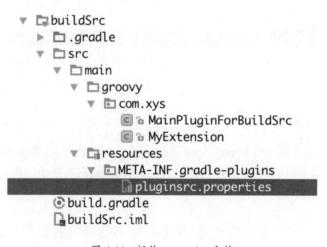

图 4.44 插件 properties 文件

这里笔者命名为 pluginsrc.properties，在该文件中代码如下所示。

```
implementation-class=com.xys.MainPluginForBuildSrc
```

通过上面的代码指定最开始创建的 Groovy 类即可。

在主项目中使用插件

在主项目的 build.gradle 文件中，通过 apply 指令加载自定义的插件，脚本如下所示。

```
apply plugin: 'pluginsrc'
```

其中 plugin 的名字就是前面创建 pluginsrc.properties 中的名字——pluginsrc，通过这种方式加载了自定义的插件。

配置 Extension

在主项目的 build.gradle 文件中，通过如下所示的代码加载 Extension。

```
pluginsrc{
    message = 'hello gradle plugin'
}
```

同样领域名为插件名，配置的参数就是在 Extension 中定义的参数名。

配置完毕后，就可以在主项目中使用自定义的插件了。在终端执行 gradle testPlugin 指令，结果如下所示。

```
:app:testPlugin
hello gradle plugin
```

↘ 构建自定义插件

在 buildSrc 中创建自定义 Gradle 插件只能在当前项目中使用。因此对于具有普遍性的插件来说，通常是建立一个独立的 Module 来创建自定义 Gradle 插件。

创建 Android Library Module

首先在主项目的工程中，创建一个普通的 Android Library Module，并删除其默认创建的目录，修改为 Gradle 插件所需要的目录，即在 buildSrc 目录中的所有目录，如图 4.45 所示。

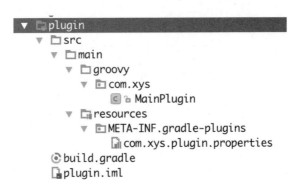

图 4.45　独立插件

创建的文件与在 buildSrc 目录中创建的文件是一模一样的，只是这里在一个自定义的 Module 中创建插件而不是在默认的 buildSrc 目录中创建。

部署到本地 Repo

因为是通过自定义 Module 来创建插件的，所以不能让 Gradle 自动完成插件的加载，

需要手动进行部署，所以需要在插件的 build.gradle 脚本中增加 Maven 的配置，脚本如下
所示。

```
apply plugin: 'groovy'
apply plugin: 'maven'

dependencies {
    compile gradleApi()
    compile localGroovy()
}

repositories {
    mavenCentral()
}

group='com.xys.plugin'
version='2.0.0'
uploadArchives {
    repositories {
        mavenDeployer {
            repository(url: uri('../repo'))
        }
    }
}
```

相比 buildSrc 中的 build.gradle 脚本，这里增加了 Maven 的支持和 uploadArchives，这
个 Task 的作用就是将该 Module 部署到本地的 repo 目录下。在终端中执行 gradle
uploadArchives 指令，将插件部署到 repo 目录下，如图 4.46 所示。

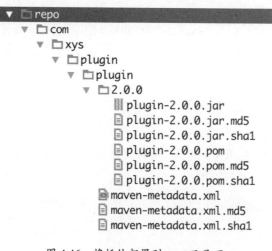

图 4.46　将插件部署到 repo 目录下

当插件部署到本地后，就可以在主项目中引用插件了。

当插件正式发布后，可以把插件像其他 module 一样发布到中央库。这样就可以像使用中央库的库项目一样来使用插件了。

这里需要讲一下 Maven 仓库中的.pom 文件，这个文件是记录该 aar 库的依赖文件，如果引用的 aar 还依赖其他库，那么这里就会有记载。gradle 也会根据这个文件来自动拉取这些依赖，而不用开发者担心库所依赖的库。

引用插件

在 buildSrc 中，系统自动帮开发者自定义的插件提供了引用支持，但在自定义 Module 的插件中，开发者就需要自己添加自定义插件的引用支持了。在主项目的 build.gradle 文件中，添加如下所示的脚本。

```
apply plugin: 'com.xys.plugin'

buildscript {
    repositories {
        maven {
            url uri('../repo')
        }
    }
    dependencies {
        classpath 'com.xys.plugin:plugin:2.0.0'
    }
}
```

其中，classpath 指定的路径就是类似 compile 引用的方式，即插件名为 group:version。

配置完毕后，就可以在主项目中使用自定义的插件了。在终端执行 gradle testPlugin 指令，结果如下所示。

```
:app:testPlugin
Hello gradle plugin
```

如果不使用本地 Maven Repo 部署，也可以拿到生成的插件 jar 文件，复制到 libs 目录下，通过如下所示的代码进行引用。

```
classpath fileTree(dir: 'libs', include: '\*.jar') // 使用 jar
```

4.8　Gradle 思考

笔者认为，学习 Gradle 最好的方法就是在实践中学习，这也是笔者为什么要先按照项目中的使用方法来讲解 Gradle 的原因。大部分的语言，其设计思想都是相通的，Gradle 的设计参考了很多脚本语言的优势，开发者在实践中运用 Gradle 的时候，一定会在它身上看见其他语言的影子。但是，开发者需要的不仅仅是会使用 Gradle，更需要知道 Gradle 的设计思想和架构，这样才能更好地运用它。这也是古人所说的，学而不思则罔，思而不学则殆。下面笔者将结合 Grovvy 语言继续分析 Gradle 脚本。

↘　Grovvy 初探

Grovvy 对于 Gradle，就好比 Java 对于 Android。了解一些基本的 Grovvy 知识，对于掌握 Gradle 是非常有必要的。

Grovvy 特点

Grovvy 是一种基于 JVM 的动态语言，说简单点，就是可以在 Java 虚拟机上运行的脚本语言。Grovvy 的历史已经很悠久了，随着 Android Studio 使用 Gradle 作为编译工具而逐渐被广大开发者熟知。

大部分 Android 开发者使用的是 Java 语言。如果你会另一种脚本语言例如 Python，那么你学习 Grovvy 的成本几乎可以忽略不计。因为 Grovvy 的设计参考了很多脚本语言的特性，同时又与 Java 有着很多的联系，因此 Android 程序员可以快速上手 Grovvy。这里笔者列举一些简单的 Grovvy 特点，开发者看完一定可以在其中找到很多语言的影子。

- 与 Java 使用一套注释系统，语句末尾不用分号表示结束。

- 不用指定变量、函数类型，使用动态类型。

- 不用指定返回值，以最后一行代码作为返回值。

- 自动为属性添加 get\set 方法。

- 大量使用闭包。

……

由此可见，Groovy 与很多脚本语言一样，在设计时参考了很多其他语言的优秀特性，这也为开发者上手 Groovy 提供了便利。另外，学习一门语言，一定要多多查看它的 SDK。虽然语言是类似的，但是 SDK 提供的 API 还是要从文档中获取。Grovvy 的 SDK 文档地址为 http://www.groovy-lang.org/api.html。

当开发者有些功能不知道如何实现时，通过 API 文档查找关键字，就可以快速找到解决方法。

Grovvy Task

Task 是 Groovy 的核心所在，可以说 Task 是完成 Grovvy 任务的最小执行单元。在 Grovvy 中添加一个 Task 非常简单，直接指定 task [task name]即可。

```
task helloworld {
    println('hello world')
}
```

Task 中还包含具体的执行 Action。doFirst 和 doLast 是最常用的两个 Action，分别表示在执行之前和执行之后的动作。笔者修改上面的代码，为 Task 添加这两个 Action。

```
task testAction {

    println('hello world')

    doFirst {
        println('do First')
    }

    doLast {
        println('do Last')
    }
}
```

增加 Action 之后，执行 gradle testAction 指令，结果如下所示。

```
➜  MyGradleTest gradle testAction
hello world
Incremental java compilation is an incubating feature.
:app:testAction
do First
do Last
```

可以发现，默认的输出（hello world）、指定 First 的输出（doFirst）和指定 Last 的输出（doLast）的输出顺序与 Action 的含义是一致的（但为什么默认的输出与 Action 的输出不在一起，这里先卖个关子，后面会分析原因）。

对于 doFirst 和 doLast 这两个 Action 来说，它们可以很方便地在编译的生命周期中完成自己的指定操作。同时这些 Action 还可以通过 task.doFirst 和 task.doLast 的方式进行设置，这样的好处是可以不修改原始的 Task，而让它获得新的功能。

对于 doLast 这个 Action，还有一种简写方式，代码如下所示。

```
task testDoLast << {
    println('do Last')
}
```

即通过 "<<" 符号代表 doLast 操作，上面的代码等价于下面的代码。

```
task testDoLast {
    doLast {
        println('do Last')
    }
}
```

另外对于已经编译过的 Task 来说，Gradle 是具有缓存功能的，开发者可以在日志中看见以下信息。

```
:app:compileReleaseUnitTestJavaWithJavac UP-TO-DATE
```

如果一个 Task 已经编译过了且没有任何修改，那么 Gradle 就会将这个 Task 标记为 UP-TO-DATE。跳过该 Task 的执行，从而加快编译速度，这就是 Gradle 的增量编译功能。

Groovy Task 依赖

Grovvy 在执行时，默认会按顺序执行，但 Grovvy 也给 Task 增加了一个依赖的方法，类似于通过依赖关系连接若干个 Task，让原本不在一起的 Task 能够有一个先后执行关系，这就是 Task 依赖。

在 Grovvy 中，开发者可以通过 dependsOn 方法实现 Task 依赖。笔者以一个简单的示例演示如何使用 Task 依赖，代码如下所示。

```
task testTask0 << {
    println('I am Task0')
}

task testTask1 << {
    println('I am Task1')
}

testTask0.dependsOn testTask1
```

使用 dependsOn 的语法有很多，大家可以参考 DSL 语法手册，这里以最常用的 Task.dependsOn 为例。同时这里只列举了依赖一个 Task 的情况，实际上可以依赖多个 Task。

在上面的代码中，笔者指定了 testTask0 依赖于 testTask1，那么在执行 gradle testTask0 指令时，Gradle 就不仅仅只会执行 testTask0 了。因为 Gradle 在解析时发现 testTask0 还依赖于 testTask1，因此就会一并执行 testTask1，如下所示。

```
:app:testTask1
I am Task1
:app:testTask0
I am Task0
```

可以发现，即使不指定执行 testTask1，但由于 testTask0 依赖了 testTask1，它也会被执行，那么这样的功能到底有什么作用呢？其实它的作用非常明显，就是可以在不影响主线 Task 流程的基础上，通过 dependsOn 依赖插入自己的 Task，从而实现自己的功能。例如将 Build Task 依赖于自己定义的 Task，让系统执行 Build 前先执行自己的逻辑。

除了使用 dependsOn 进行 Task 的依赖，Gradle 还提供了 finalizedBy 实现 Task 之间的关联，还是类似上面的例子，代码如下所示。

```
task testTask0 << {
    println('I am Task0')
}

task testTask1 << {
    println('I am Task1')
}

testTask0.finalizedBy testTask1
```

执行 gradle testTask0 指令后，结果如下所示。

```
:app:testTask0
I am Task0
:app:testTask1
I am Task1
```

finalizedBy 的作用是当一个任务结束后，执行其所依赖的行为（Task），在上面的例子中，即 testTask0 执行结束后，执行 testTask1。因此笔者只执行了 gradle testTask0，testTask1 也会被执行。

与 dependsOn 一样，finalizedBy 也是用来进行依赖关系管理的。通过 finalizedBy，可以在一个 Task 结束后，执行一些清理、回收任务，很好地拓展了原有 Task。

Groovy Task 的禁用与启用

对于 Grovvy 来说，一个 Project 中可以存在非常多的 Task。而开发者掌握着这些 Task 的生杀大权，开发者可以根据自己的需要限制 Task 的执行，例如如下所示的代码。

```
task testEnabled << {
    println('am I enabled')
}

testEnabled.enabled = false
```

通过 enabled 属性，笔者禁用了 testEnable Task。这时候再执行 gradle testEnabled 指令，结果如下所示。

```
:app:testEnabled SKIPPED
```

可以发现，testEnable 指令被 Skipped 了，testEnable Task 并没有被执行。

这里要注意的是，虽然指定的 Task 被禁用。但其依赖的 Task 如果没有显式指定禁用，那么依赖的 Task 是不会被禁用的。

那么这个属性的作用是什么呢？笔者举一个非常简单的例子，在 Android Studio 中执行 gradle build 指令时会执行所有的 Task，包括测试的 Task。这些 Task 实际上是比较耗时的，因此开发者可以根据自己的需要禁用掉这些 Task，提高编译速度。再比如，开发者可以根据开发情况选择执行一个 Task 而禁用掉另一个 Task，这些都是非常方便的。例如在开发过程中，开发者需要将测试相关的 Task 全部禁用以提高编译的速度，那么可以使用如下所示的代码。

```
tasks.whenTaskAdded { task ->
    if (task.name.contains('test')) {
        task.enabled = false
    }
}
```

其中 tasks 是 Gradle 的默认对象，包含了所有的 Task。当执行到 whenTaskAdded 领域时，Gradle 会对增加进来的每一个 Task 进行判断，根据其 TaskName 进行判断是否启用，这就是 enabled 属性的一个具体例子。

Grovvy Task 类型

实际上，笔者在前面的 Task 讲解中一直没有提到 Task 的类型。因为不指定 Task 的类型，就会默认为 Default 类型。同时开发者可以指定 Task 的其他类型，比较常用的有 Jar 和 Copy 两种。其中 Jar，笔者已经在"使用 Gradle 编译成 jar 包"一节中介绍过了，下面笔者着重介绍 Copy 类型，代码如下所示。

```
task testCopy(type: Copy) {
    from 'src/main/res/layout'
    into 'src/main/new'
}
```

执行 gradle testCopy 指令后，生成新的文件夹，如图 4.47 所示。

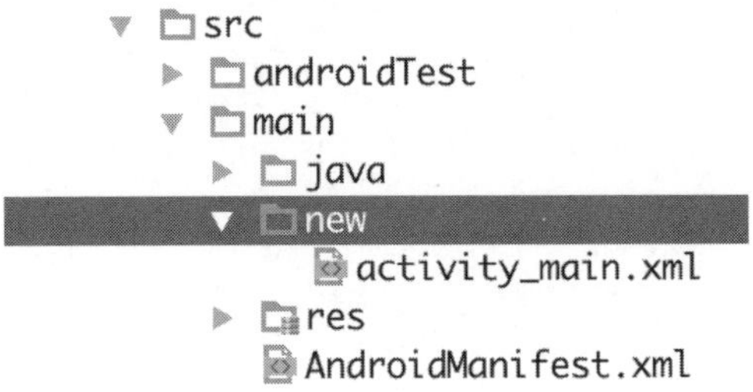

图 4.47　Copy 类型

Copy 类型的 Task 与 Jar 类型的 Task 使用非常类似，只需指定 type 为 Copy 即可。通过 from 和 into 参数设置 Copy 的文件和最终生成的文件。当 into 指定的文件夹不存在时，Gradle 也会自动生成相应的文件夹。另外在 Copy 类型的 Task 中，与 Jar 类型的 Task 类似，也可以使用 exclude\include '**/*.xml'参数来设置过滤。

除了系统默认给出的这些 Task 类型之外，Gradle 同样支持自定义 Task 类型，感兴趣的开发者可以去官方文档上查找相关信息，这里笔者不再赘述。

➘ Gradle 项目架构

在 Gradle 中，有两个非常重要的概念——Project 和 Task。对于 Android 项目来说，一个工程下可能有多个 module，即主项目和库项目。Gradle 的 Project 针对的是 module，每个独立的 module 都是一个 Project。在终端中执行以下指令可以查看该工程中的所有 Project。

```
➜  GradleTest git:(master) ✗  gradle projects
......

------------------------------------------------------------
Root project
------------------------------------------------------------

Root project 'GradleTest'
+--- Project ':app'
\--- Project ':testlibrary1'
```

对每个 Project 来说，一个 Project 可以包含多个 Task，在 Android Studio 的 Gradle 标签中，开发者可以找到这些具体的 Task，如图 4.48 所示。

图 4.48　gradle task

当然，你也可以通过 gradle task 指令查看所有 Task，笔者在前文中已经讲解过了。

对于每个 Project 而言，其根目录下都会有一个 build.gradle 文件。这个脚本类似于笔者在《Android 群英传》中介绍的 Android 源代码编译系统的 Makefile，通过这个脚本，开发者可以控制该 Project 的编译选项。

这样一看，整个 Gradle 的项目结构就很清楚了。Gradle 就像一个班主任，管理着不同 module 中的内容，现在再回过头去看 Gradle 初探这一小节中的脚本文件，大家应该能有一个整体的认识了。

- 目录下的 build.gradle 控制 Project 的编译。

- setting.gradle 控制多 Project 的管理。

- local.properties、gradle.properties 用于配置信息参数。

↘　Gradle 生命周期

Gradle 在编译项目时有着它自己的生命周期，从编译开始到编译完毕 Gralde 一共要经历三个阶段。

- Initiliazation

Initiliazation 初始化阶段，顾名思义就是执行 Gradle 的初始化配置选项，即执行项目中的 settings.gradle 脚本。

- Configration

Configration 阶段是解析每个 Project 中的 build.gradle 脚本，即解析所有 Project 中的编译选项。解析完毕后，Gradle 就生成了一张有向关系图——taskgraph，这里面包含了整个 Task 的依赖关系。

- Build

Build 阶段是最后的编译运行阶段，即按照 taskgraph 执行编译。

这三个阶段是宏观把握 Gradle 的核心所在，你运行任何 Gradle 指令都会经过这样三个阶段。这也是为什么笔者在前面卖了个关子，没有讲解为什么默认的输出会在 doFirst、doLast 这些 Action 前面的原因。

默认的输出是在配置阶段，这时候 Gradle 会执行所有 Task 的配置脚本，即使你执行一个指定的 Task，也只有到 Build 阶段，才能够开始执行。

Gradle 生命周期的监听

Gradle 的整个编译过程都是可控的，它给开发者提供了监听整个生命周期的方法——gradle.addListener。通过实现 TaskExecutionListener 和 BuildListener，就可以完成对整个编译过程的监听，代码如下所示。

```
gradle.addListener new LifecycleListener()

class LifecycleListener implements TaskExecutionListener, BuildListener {

    private Clock clock
    private execution = []

    @Override
    void beforeExecute(Task task) {
        clock = new Clock()
    }

    @Override
    void afterExecute(Task task, TaskState taskState) {
        def ms = clock.timeInMs
        execution.add([ms, task.path])
        println "Task: ${task.path} took ${ms}ms"
    }

    @Override
    void buildFinished(BuildResult result) {
        println "Task Execute Time:"
        for (time in execution) {
```

```
            printf "%7sms    %s\n", time
        }
    }

    @Override
    void buildStarted(Gradle gradle) {
    }

    @Override
    void projectsEvaluated(Gradle gradle) {
    }

    @Override
    void projectsLoaded(Gradle gradle) {
    }

    @Override
    void settingsEvaluated(Settings settings) {
    }
}
```

在上面的代码中，笔者监听了 buildFinished 和 afterExecute 两个事件，打印出 Task 的耗时，结果如图 4.49 所示。

```
Terminal
Task: :app:testDebugUnitTest took 49ms
:app:preReleaseUnitTestBuild UP-TO-DATE
Task: :app:preReleaseUnitTestBuild took 0ms
:app:prepareReleaseUnitTestDependencies
Task: :app:prepareReleaseUnitTestDependencies took 1ms
:app:compileReleaseUnitTestJavaWithJavac UP-TO-DATE
Task: :app:compileReleaseUnitTestJavaWithJavac took 15ms
:app:processReleaseUnitTestJavaRes UP-TO-DATE
Task: :app:processReleaseUnitTestJavaRes took 0ms
:app:compileReleaseUnitTestSources UP-TO-DATE
Task: :app:compileReleaseUnitTestSources took 0ms
:app:assembleReleaseUnitTest UP-TO-DATE
Task: :app:assembleReleaseUnitTest took 0ms
:app:testReleaseUnitTest UP-TO-DATE
Task: :app:testReleaseUnitTest took 19ms
:app:test UP-TO-DATE
Task: :app:test took 0ms
:app:check
Task: :app:check took 0ms
:app:build
Task: :app:build took 1ms

BUILD SUCCESSFUL

Total time: 13.088 secs
Task Execute Time:
    10ms  :app:preBuild
     1ms  :app:preDebugBuild
     3ms  :app:checkDebugManifest
     3ms  :app:preReleaseBuild
    48ms  :app:prepareComAndroidSupportAnimatedVectorDrawable2320Library
   103ms  :app:prepareComAndroidSupportAppcompatV72320Library
    12ms  :app:prepareComAndroidSupportSupportV42320Library
     3ms  :app:prepareComAndroidSupportSupportVectorDrawable2320Library
     2ms  :app:prepareDebugDependencies
    13ms  :app:compileDebugAidl
    29ms  :app:compileDebugRenderscript
```

图 4.49　Task 耗时

这就是 Gradle 生命周期监听的一个应用，可以用来分析编译的时间，找出耗时的 Task 进行优化。

4.9　使用 Android Studio 的图形化界面

Gradle 虽然是一个命令行编译工具，但是在 Android Studio 中整合进 IDE 的 Gradle 可以拥有非常多的图形化界面工具。

例如 Gradle 对项目的一些设置，基本都可以在 Project Structure 中找到，如图 4.50 所示。

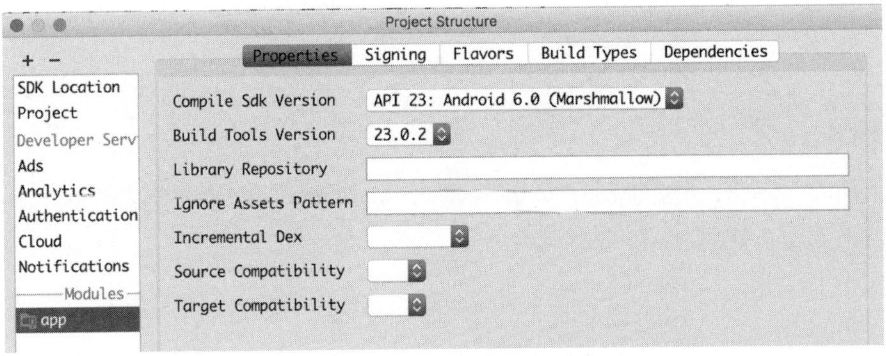

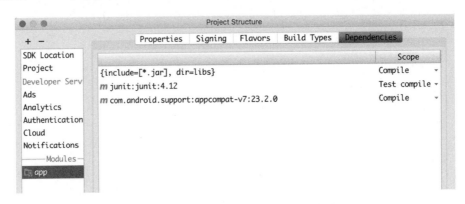

图 4.50　Project Structure

配置 Gradle 依赖，如图 4.51 所示。

图 4.51　Project Structure 的 Gradle 依赖

配置多渠道、Build Type 等，如图 4.52 所示。

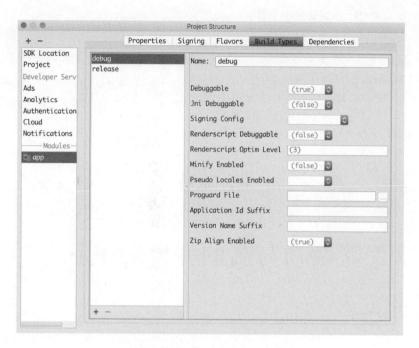

图 4.52　Project Structure 的构建版本

而对于 Gradle 的 Task，IDE 也有专门的窗口进行管理，如图 4.53 所示。

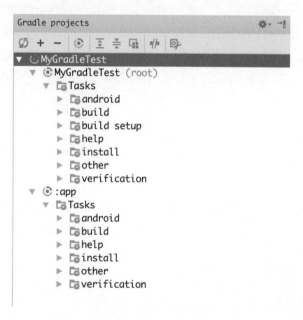

图 4.53　gradle task 管理

除了笔者列举的这些地方之外，在 Android Studio 中还有很多地方对 Gradle 都进行了图形化界面的封装，但笔者依然习惯在终端中使用 Gradle。开发者可以根据自己的喜好、习惯，选择合适的方式使用 Gradle。

第 5 章

深藏功与名的开发者工具

SDK，即 Software Development Kit 的简称，它提供了一整套的开发工具。Android 也不例外，Google 提供的 Android SDK 不仅包含了 Android 编译、运行的基本环境，而且还给开发者提供了大量有用的工具。通过使用这些工具，可以让开发变得更加高效。本章笔者将给开发者介绍一下有些被遗忘的 SDK，了解这些 Google 官方提供的开发工具。

5.1 AAPT

无论是在编译 Android 源代码时，还是在使用 Gradle 编译 Android App 时，在 Log 中通常可以看见很多以 AAPT 开头的 Log。这些 Log 在编译的后期会大量出现。那么这个工具到底扮演着怎样的角色呢？

↘ AAPT 初探

AAPT 全称，Android Asset Packaging Tool。开发者可以在 Android SDK 的 build-tools 目录下找到这个工具，如图 5.1 所示。

图 5.1　AAPT

AAPT 这个工具可以说是 Android 编译、打包必不可少的工具。它可以查看、创建、修改压缩文件（ZIP 包、jar 包、APK 文件），也可以将资源编译成二进制文件。这就是为什么在编译、打包的过程中会出现那么多 AAPT 开头的 Log 的原因。实际上各种各样的 IDE，不论是 Eclipse，还是 Android Studio，在编译时都调用了 AAPT 工具进行资源打包工作。IDE 会调用 AAPT，将所有文件打包成一个可以运行的 APK 文件。

↘ AAPT 基本使用方法

AAPT 是终端中的可执行代码，所有的参数也是通过终端命令进行设定的，与一般的脚本程序类似。下面笔者将针对 AAPT 的常用功能，做进一步讲解（在使用 AAPT 工具时，需要将 AAPT 所在 build-tool 的目录加入环境变量或者在该目录下进行操作）。

列举 APK 内容文件

该命令的使用格式，如下所示。

➜　23.0.2　./aapt l[ist] <APK Path>

其中，list 参数也可以简写为 l。

利用上面的指令，可以列出该 APK 中的所有内容。例如，对一个测试的 APK 包执行以上指令，显示效果如下所示。

➜　23.0.2　./aapt list ……GradleTest/app/build/outputs/apk/app-xys.apk
AndroidManifest.xml
res/anim/abc_fade_in.xml
……

```
res/anim/abc_slide_out_top.xml
res/color-v11/abc_background_cache_hint_selector_material_dark.xml
......
res/color/switch_thumb_material_light.xml
res/drawable-hdpi-v4/abc_ab_share_pack_mtrl_alpha.9.png
res/drawable-hdpi-v4/abc_btn_check_to_on_mtrl_000.png
res/drawable-hdpi-v4/abc_btn_check_to_on_mtrl_015.png
......
res/drawable/abc_textfield_search_material.xml
res/layout-v17/abc_alert_dialog_button_bar_material.xml
......
res/layout/support_simple_spinner_dropdown_item.xml
res/mipmap-hdpi-v4/ic_launcher.png
res/mipmap-mdpi-v4/ic_launcher.png
res/mipmap-xhdpi-v4/ic_launcher.png
res/mipmap-xxhdpi-v4/ic_launcher.png
res/mipmap-xxxhdpi-v4/ic_launcher.png
resources.arsc
classes.dex
lib/armeabi/test.so
lib/armeabi-v7a/test.so
META-INF/MANIFEST.MF
META-INF/CERT.SF
META-INF/CERT.RSA
```

由于一个 APK 文件包含的内容文件非常多，所以笔者在这里删掉了很多文件。你也可以使用 Linux 的重定向符"＞"，将内容保存到文件中，代码如下所示。

➡ 23.0.2 ./aapt list …… /app-xys.apk ＞ ……/apk.txt

这个技巧在很多地方都有使用到，比如最常用的是抓取 Log 到文件。除了 grep 命令（筛选）之外，head 命令（显示头）、重定向符（定向输出）这些指令也使用得很多。

另外，还有一些更高级的操作指令，例如 list 命令后面还可以增加一些参数，代码如下所示。

➡ 23.0.2 ./aapt l[ist] [-v] [-a] <APK Path>

其中-v 参数可以以表格的方式展示查询出来的内容，而-a 参数可以输入所有目录下的内容。

查看指定文件信息

该命令的使用格式，如下所示。

➡ 23.0.2　./aapt d[ump] [--values] <APK Path>

其中，dump 参数可以简写为 d，后面还可以跟上一个 values 参数。

这个指令使用得非常广泛，通过这个指令可以很方便地查看一个 APK 内容的详细信息，values 参数的取值可以是以下几类。

- badging：Print the label and icon for the app declared in APK。

- permissions：Print the permissions from the APK。

- resources：Print the resource table from the APK。

- configurations：Print the configurations in the APK。

- xmltree：Print the compiled xmls in the given assets。

- xmlstrings：Print the strings of the given compiled xml assets。

其中，xmltree 和 xmlstrings 两个参数在 APK 后面需要写出具体的 XML 文件的路径。

➡ 23.0.2　./aapt dump xmltree ……/app-xys.apk AndroidManifest.xml

可以发现，这个指令的功能非常强大，而且对于开发者来说很常用。事实上，很多 PC 端的 Android 助手工具，例如 91 助手、豌豆荚等也会使用 AAPT 的这些指令分析 APK。

下面笔者就简单演示一下 dump 指令的使用，代码如下所示。

➡ 23.0.2　./aapt d badging ……/app-xys.apk

```
package: name='com.xys.gradletest.xys' versionCode='1'
        versionName='1.0' platformBuildVersionName='6.0-2438415'
sdkVersion:'14'
targetSdkVersion:'23'
application-label:'GradleTest'
……
application-label-kk-KZ:'GradleTest'
application-label-uz-UZ:'GradleTest'
application-icon-160:'res/mipmap-mdpi-v4/ic_launcher.png'
……
application-icon-640:'res/mipmap-xxxhdpi-v4/ic_launcher.png'
application: label='GradleTest' icon='res/mipmap-mdpi-v4/ic_launcher.png'
launchable-activity: name='com.xys.gradletest.MainActivity'    label=" icon="
feature-group: label="
  uses-feature: name='android.hardware.touchscreen'
  uses-implied-feature: name='android.hardware.touchscreen' reason='default feature for all apps'
main
supports-screens: 'small' 'normal' 'large' 'xlarge'
supports-any-density: 'true'
```

```
    locales: '--_--' 'ca' 'da' 'fa' 'ja' 'nb' 'de' 'af' 'bg' 'th' 'fi' 'hi' 'vi' 'sk' 'uk' 'el' 'nl' 'pl' 'sl' 'tl' 'am' 'in' 'ko' 'ro' 'ar' 'fr' 'hr'
'sr' 'tr' 'cs' 'es' 'it' 'lt' 'pt' 'hu' 'ru' 'zu' 'lv' 'sv' 'iw' 'sw' 'fr-CA' 'lo-LA' 'en-GB' 'bn-BD' 'et-EE' 'ka-GE' 'ky-KG'
'km-KH' 'zh-HK' 'si-LK' 'mk-MK' 'ur-PK' 'sq-AL' 'hy-AM' 'my-MM' 'zh-CN' 'pa-IN' 'ta-IN' 'te-IN' 'ml-IN' 'en-IN'
'kn-IN' 'mr-IN' 'gu-IN' 'mn-MN' 'ne-NP' 'pt-BR' 'gl-ES' 'eu-ES' 'is-IS' 'es-US' 'pt-PT' 'en-AU' 'zh-TW' 'ms-MY'
'az-AZ' 'kk-KZ' 'uz-UZ'
    densities: '160' '240' '320' '480' '640'
    native-code: 'armeabi' 'armeabi-v7a'
```

与之前一样，这个指令也会输出很多信息。这里笔者删减了一些信息。

由于 dump 指令可以显示很多信息，在实际开发中经常配合 Linux 的 grep 指令进行筛选，代码如下所示。

```
→ 23.0.2  ./aapt d badging ……/app-xys.apk | grep package
package: name='com.xys.gradletest.xys' versionCode='1'
        versionName='1.0' platformBuildVersionName='6.0-2438415'
```

通过这个方法，就过滤出了保护 package 的信息。

修改 APK 包

AAPT 指令还提供了修改 APK 包的指令，如下所示。

- aapt p[ackage]：打包生成资源压缩包。
- aapt r[emove]：从压缩包中删除指定文件。
- aapt a[dd]：向压缩包中添加指定文件。

这些指令对于一般的上层开发者来说并不是很常用，只是在做一些软件汉化、破解的时候会使用得比较多。

显示 AAPT 版本信息

该指令的使用格式，如下所示。

```
→ 23.0.2  ./aapt v[ersion] <APK Path>
```

其中 version 指令可以简写成 v。这个指令用于打印 AAPT 工具的版本信息，使用示例如下所示。

```
→ 23.0.2  ./aapt v ……/app-xys.apk
(ignoring extra arguments)
Android Asset Packaging Tool, v0.2-2355899
```

↘ 查看 AAPT 命令格式

看到这里，有很多开发者可能会问：笔者是如何记得这么多的指令和它们的参数的？答案就是——其实笔者也不记得。

那么笔者是如何获取这些指令的使用方法的呢？相信经常使用 Linux 系统的开发者应该很清楚，通常终端程序都会有帮助，AAPT 工具同样是这样。在终端下直接执行./aapt 指令就可以获取所有的使用方法，显示结果如下所示。

→　23.0.2　./aapt
Android Asset Packaging Tool

```
Usage:
 aapt l[ist] [-v] [-a] file.{zip,jar,apk}
   List contents of Zip-compatible archive.

 aapt d[ump] [--values] [--include-meta-data] WHAT file.{apk} [asset [asset ...]]
   strings            Print the contents of the resource table string pool in the APK.
   badging            Print the label and icon for the app declared in APK.
   permissions        Print the permissions from the APK.
   resources          Print the resource table from the APK.
   configurations     Print the configurations in the APK.
   xmltree            Print the compiled xmls in the given assets.
   xmlstrings         Print the strings of the given compiled xml assets.

 aapt p[ackage] [-d][-f][-m][-u][-v][-x][-z][-M AndroidManifest.xml] \
        [-0 extension [-0 extension ...]] [-g tolerance] [-j jarfile] \
        [--debug-mode] [--min-sdk-version VAL] [--target-sdk-version VAL] \
        [--app-version VAL] [--app-version-name TEXT] [--custom-package VAL] \
        [--rename-manifest-package PACKAGE] \
        [--rename-instrumentation-target-package PACKAGE] \
        [--utf16] [--auto-add-overlay] \
        [--max-res-version VAL] \
        [-I base-package [-I base-package ...]] \
        [-A asset-source-dir]   [-G class-list-file] [-P public-definitions-file] \
        [-S resource-sources [-S resource-sources ...]] \
        [-F apk-file] [-J R-file-dir] \
        [--product product1,product2,...] \
        [-c CONFIGS] [--preferred-density DENSITY] \
        [--split CONFIGS [--split CONFIGS]] \
        [--feature-of package [--feature-after package]] \
        [raw-files-dir [raw-files-dir] ...] \
        [--output-text-symbols DIR]

   Package the android resources.   It will read assets and resources that are
```

supplied with the -M -A -S or raw-files-dir arguments.　The -J -P -F and -R
options control which files are output.

aapt r[emove] [-v] file.{zip,jar,apk} file1 [file2 ...]
Delete specified files from Zip-compatible archive.

aapt a[dd] [-v] file.{zip,jar,apk} file1 [file2 ...]
Add specified files to Zip-compatible archive.

aapt c[runch] [-v] -S resource-sources ... -C output-folder ...
Do PNG preprocessing on one or several resource folders
and store the results in the output folder.

aapt s[ingleCrunch] [-v] -i input-file -o outputfile
Do PNG preprocessing on a single file.

aapt v[ersion]
Print program version.

Modifiers:
　　-a　print Android-specific data (resources, manifest) when listing
　　-c　specify which configurations to include.　The default is all
　　　　configurations.　The value of the parameter should be a comma
　　　　separated list of configuration values.　Locales should be specified
　　　　as either a language or language-region pair.　Some examples:
　　　　　　en
　　　　　　port,en
　　　　　　port,land,en_US
　　-d　one or more device assets to include, separated by commas
　　-f　force overwrite of existing files
　　-g　specify a pixel tolerance to force images to grayscale, default 0
　　-j　specify a jar or zip file containing classes to include
　　-k　junk path of file(s) added
　　-m　make package directories under location specified by -J
　　-u　update existing packages (add new, replace older, remove deleted files)
　　-v　verbose output
　　-x　create extending (non-application) resource IDs
　　-z　require localization of resource attributes marked with
　　　　localization="suggested"
　　-A　additional directory in which to find raw asset files
　　-G　A file to output proguard options into.
　　-F　specify the apk file to output
　　-I　add an existing package to base include set
　　-J　specify where to output R.java resource constant definitions
　　-M　specify full path to AndroidManifest.xml to include in zip

-P   specify where to output public resource definitions
-S   directory in which to find resources.   Multiple directories will be scanned
       and the first match found (left to right) will take precedence.
-0   specifies an additional extension for which such files will not
       be stored compressed in the .apk.   An empty string means to not
       compress any files at all.
--debug-mode
       inserts android:debuggable="true" in to the application node of the
       manifest, making the application debuggable even on production devices.
--include-meta-data
       when used with "dump badging" also includes meta-data tags.
--pseudo-localize
       generate resources for pseudo-locales (en-XA and ar-XB).
--min-sdk-version
       inserts android:minSdkVersion in to manifest.   If the version is 7 or
       higher, the default encoding for resources will be in UTF-8.
--target-sdk-version
       inserts android:targetSdkVersion in to manifest.
--max-res-version
       ignores versioned resource directories above the given value.
--values
       when used with "dump resources" also includes resource values.
--version-code
       inserts android:versionCode in to manifest.
--version-name
       inserts android:versionName in to manifest.
--replace-version
       If --version-code and/or --version-name are specified, these
       values will replace any value already in the manifest. By
       default, nothing is changed if the manifest already defines
       these attributes.
--custom-package
       generates R.java into a different package.
--extra-packages
       generate R.java for libraries. Separate libraries with ':'.
--generate-dependencies
       generate dependency files in the same directories for R.java and resource package
--auto-add-overlay
       Automatically add resources that are only in overlays.
--preferred-density
       Specifies a preference for a particular density. Resources that do not
       match this density and have variants that are a closer match are removed.
--split
       Builds a separate split APK for the configurations listed. This can
       be loaded alongside the base APK at runtime.

--feature-of

    Builds a split APK that is a feature of the apk specified here. Resources
    in the base APK can be referenced from the the feature APK.

--feature-after

    An app can have multiple Feature Split APKs which must be totally ordered.
    If --feature-of is specified, this flag specifies which Feature Split APK
    comes before this one. The first Feature Split APK should not define
    anything here.

--rename-manifest-package

    Rewrite the manifest so that its package name is the package name
    given here.   Relative class names (for example .Foo) will be
    changed to absolute names with the old package so that the code
    does not need to change.

--rename-instrumentation-target-package

    Rewrite the manifest so that all of its instrumentation
    components target the given package.   Useful when used in
    conjunction with --rename-manifest-package to fix tests against
    a package that has been renamed.

--product

    Specifies which variant to choose for strings that have
    product variants

--utf16

    changes default encoding for resources to UTF-16.   Only useful when API
    level is set to 7 or higher where the default encoding is UTF-8.

--non-constant-id

    Make the resources ID non constant. This is required to make an R java class
    that does not contain the final value but is used to make reusable compiled
    libraries that need to access resources.

--shared-lib

    Make a shared library resource package that can be loaded by an application
    at runtime to access the libraries resources. Implies --non-constant-id.

--error-on-failed-insert

    Forces aapt to return an error if it fails to insert values into the manifest
    with --debug-mode, --min-sdk-version, --target-sdk-version --version-code
    and --version-name.
    Insertion typically fails if the manifest already defines the attribute.

--error-on-missing-config-entry

    Forces aapt to return an error if it fails to find an entry for a configuration.

--output-text-symbols

    Generates a text file containing the resource symbols of the R class in the
    specified folder.

--ignore-assets

    Assets to be ignored. Default pattern is:
    !.svn:!.git:!.ds_store:!*.scc:.*:<dir>_*:!CVS:!thumbs.db:!picasa.ini:!*~

--skip-symbols-without-default-localization

```
       Prevents symbols from being generated for strings that do not have a default
       localization
   --no-version-vectors
       Do not automatically generate versioned copies of vector XML resources.
```

这份文档解释了 AAPT 所能够使用的各种指令。如果开发者在使用过程中不记得某些指令的参数或者使用方法，那么直接使用这个指令就可以获取到你想要的内容了。

➘ AAPT 源代码

AAPT 的源代码位于 Android 源代码的/frameworks/base/tools/aapt/目录下，如图 5.2 所示。

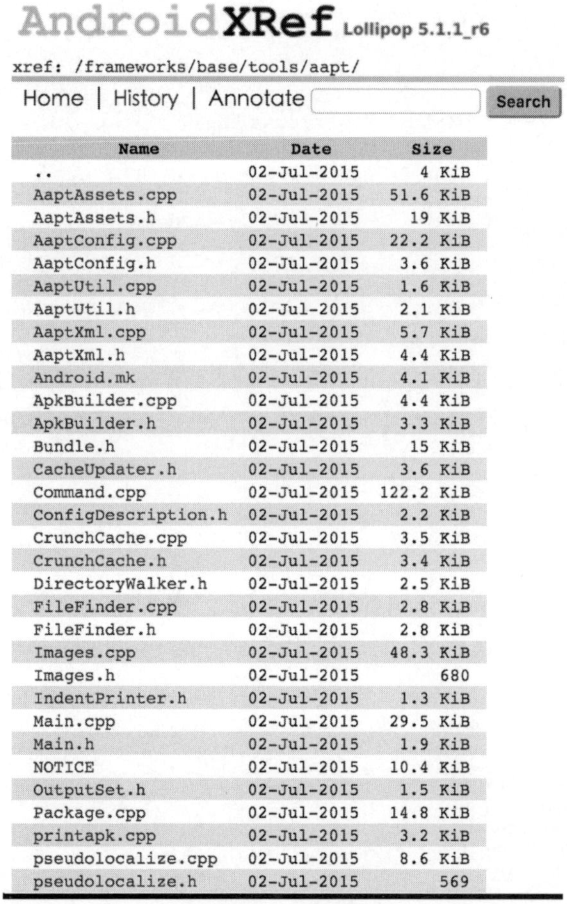

Name	Date	Size
..	02-Jul-2015	4 KiB
AaptAssets.cpp	02-Jul-2015	51.6 KiB
AaptAssets.h	02-Jul-2015	19 KiB
AaptConfig.cpp	02-Jul-2015	22.2 KiB
AaptConfig.h	02-Jul-2015	3.6 KiB
AaptUtil.cpp	02-Jul-2015	1.6 KiB
AaptUtil.h	02-Jul-2015	2.1 KiB
AaptXml.cpp	02-Jul-2015	5.7 KiB
AaptXml.h	02-Jul-2015	4.4 KiB
Android.mk	02-Jul-2015	4.1 KiB
ApkBuilder.cpp	02-Jul-2015	4.4 KiB
ApkBuilder.h	02-Jul-2015	3.3 KiB
Bundle.h	02-Jul-2015	15 KiB
CacheUpdater.h	02-Jul-2015	3.6 KiB
Command.cpp	02-Jul-2015	122.2 KiB
ConfigDescription.h	02-Jul-2015	2.2 KiB
CrunchCache.cpp	02-Jul-2015	3.5 KiB
CrunchCache.h	02-Jul-2015	3.4 KiB
DirectoryWalker.h	02-Jul-2015	2.5 KiB
FileFinder.cpp	02-Jul-2015	2.8 KiB
FileFinder.h	02-Jul-2015	2.8 KiB
Images.cpp	02-Jul-2015	48.3 KiB
Images.h	02-Jul-2015	680
IndentPrinter.h	02-Jul-2015	1.3 KiB
Main.cpp	02-Jul-2015	29.5 KiB
Main.h	02-Jul-2015	1.9 KiB
NOTICE	02-Jul-2015	10.4 KiB
OutputSet.h	02-Jul-2015	1.5 KiB
Package.cpp	02-Jul-2015	14.8 KiB
printapk.cpp	02-Jul-2015	3.2 KiB
pseudolocalize.cpp	02-Jul-2015	8.6 KiB
pseudolocalize.h	02-Jul-2015	569

图 5.2　AAPT 源代码

有兴趣的朋友可以修改这部分代码，重新编译后生成自己的 AAPT 工具，从而添加自己的功能。

5.2　Lint

Lint 工具相信大部分的开发者都非常熟悉了，在 Android Studio 中已经集成了很好的 Lint 检测，开发者在 IDE 右边看见的黄色提示就是 IDE 调用 Lint 代码检测工具所做出的检测结果，如图 5.3 所示。

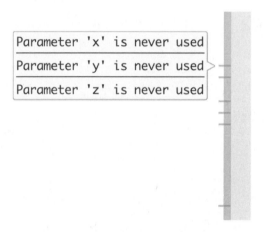

图 5.3　Lint 提示

Lint 虽然只是警告，但 Lint 提示的内容对于提高程序质量是非常有帮助的。很多开发者都在寻找代码质量分析、检测工具，但实际上先把 Lint 的警告修改好才是最基本、最有效的方式。

Android Studio Lint Task

利用 Gradle 工具，Android Studio 融合了 Lint 的强大功能。在 Android Studio 终端中，输入 gradle lint 指令，即可执行 Lint Task。执行后，Android Studio 会自动生成检测报告，如图 5.4 和图 5.5 所示。

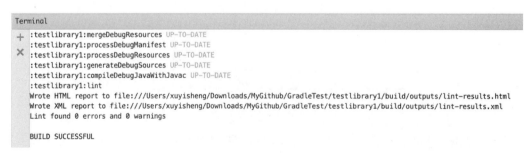

图 5.4　Lint 检测报告 1

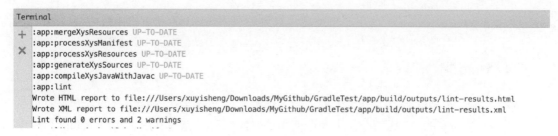

图 5.5　Lint 检测报告 2

可以看见，在每个 Module 中不论是主项目还是库项目都会生成 Lint 的检测报告。在 Module 的/build/outputs/目录下，可以找到 Xml 格式和 Html 格式的检测报告，如图 5.6 所示。

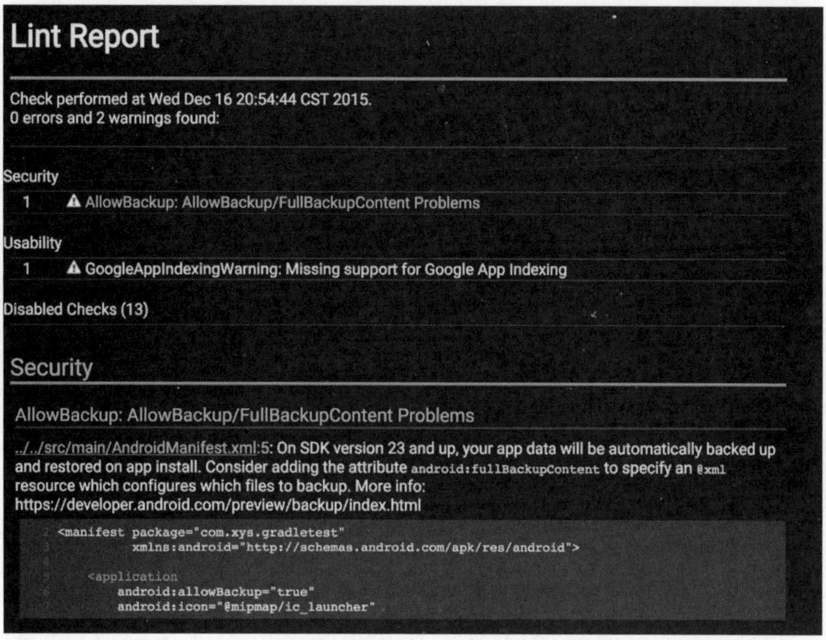

图 5.6　Lint 检测结果

当一个项目很大、Lint 提示又很多的时候，项目管理者就应该抽出一些时间来解决这些 Lint 了，毕竟代码质量是维持项目健康发展的前提。

5.3　ADB 指令

ADB 工具位于 SDK 目录的 platform-tools 目录下，它是开发者在开发时使用非常多的工具，用于电脑和手机间的通信。关于 ADB 指令的使用，在《Android 群英传》的第一部中已经讲解得非常详细了，这里不再赘述。只讲解一下 ADB 的高级使用技巧。

➘ Help 指令

ADB 指令繁多复杂，要如何才能完全掌握呢？其实完全掌握是很难的，开发者也没有必要去熟悉所有的 ADB 指令。因为在使用的时候，可以充分利用 ADB 的 Help 指令学习一个新指令的功能。

例如，在开发中需要查看手机中某个包的安装目录。可能很多开发者都知道，可以使用 adb shell pm 指令获取手机中的安装包，但是如何查找其安装位置呢？

这时候就需要输入 Help 指令来学习了，指令如下所示。

```
➔  ~   adb shell pm help

……
pm list packages: prints all packages, optionally only
    those whose package name contains the text in FILTER.    Options:
       -f: see their associated file.
       -d: filter to only show disbled packages.
       -e: filter to only show enabled packages.
       -s: filter to only show system packages.
       -3: filter to only show third party packages.
       -i: see the installer for the packages.
   -u: also include uninstalled packages.
……
```

在 Help 指令中，开发者可以找到详细的使用方法。从上面就可以看出，pm list packages –f 结合 grep 指令可以实现前面提出的功能。同时还可以使用-3 显示第三方的安装包、-s 显示系统的安装包。你想要的功能几乎都可以在 Help 中找到。

不光是 pm 指令，其他指令也是这样。在不懂的时候，通过 Help 指令进行快速学习，可以迅速找到解决方案。

➘ 无线调试

通常在使用 ADB 进行调试的时候，需要使用 USB 线进行连接。但线一多，会让人觉得非常碍事。类似于现在很火的无线充电，这次笔者让大家来一次无线调试。Google 官方文档中也有关于无线 ADB 调试的相关资料，地址如下所示。

http://developer.android.com/tools/help/adb.html#wireless

获取设备 IP

要使用 ADB 的无线调试功能，首先需要手机与 PC 在同一局域网中。接下来，选择设置→关于手机→状态选项中，即可找到设备的 IP 地址。

通过 TCP 端口连接

假设获取到的设备 IP 为 192.168.199.176，在终端中输入以下指令。

```
adb connect 192.168.199.176:5555
```

执行成功后，系统提示：connected to 192.168.199.176:5555。这时再在终端中执行 adb shell 指令，你就会发现不需要连接 USB 线就可以进行调试了。

断开连接

要断开无线调试的设备，只需要执行 disconnect 操作即可，指令如下所示。

```
adb disconnect 192.168.199.176:5555
```

系统提示：disconnected 192.168.199.176:5555。此时即可断开无线调试设备。

除了终端 ADB 的指令，Android Studio 的一些插件也可以让开发者很方便地使用无线 ADB，例如以下插件。

https://github.com/pedrovgs/AndroidWiFiADB

甚至，在 Google Play 上也有专门的 Wi-Fi ADB 的 APK，手机 root 后即可进行无线调试。这些工具都是基于 ADB 的 TCP\IP 模式，开发者可以根据自己的需要进行选择。

❧ 截图与录屏

通过 ADB 命令可以帮助开发者进行录屏和截图。一般情况下使用 IDE 进行这些操作，但实际上 IDE 也是调用的 ADB 指令来进行操作的。其中，截图指令如下所示。

```
adb shell screencap -p /sdcard/screenshot.png
```

通过-p 参数将截图保存为 png 图片并保存到 SDCard 下，再通过 adb pull 指令即可导出到电脑。你也可以直接使用脚本指令完成这些操作，指令如下所示。

```
➜  ~  adb shell screencap -p | perl -pe 's/\x0D\x0A/\x0A/g' >
                    /Users/xuyisheng/Downloads/temp/screenshot.png
```

通过这样一个指令，我们就可以非常方便地截图并将图片保存到指定的目录下了。关于录屏指令，笔者在"一个人的寂寞与一群人的狂欢"一章中会有详细讲解，这里不再赘述。

↘ 帧率分析

在开发者选项中，有一个 Profile GPU Rending 选项可以在当前界面上显示界面刷新帧率。但其实有一个 ADB 命令，就可以 dump 出实时的帧率信息。

首先，在开发者选型中打开 Profile GPU Rending 的"显示与 adb shell dumpsys gfxinfo"选项。接下来，打开要调试的 App。调试结束后，在终端中输入以下指令。

```
adb shell dumpsys gfxinfo  包名
例如：
➜  ~   adb shell dumpsys gfxinfo com.tencent.mobileqq >
                              /Users/xuyisheng/Downloads/fps.txt
```

打开重定向保存的文件，找到其中 Profile data in ms 中的数据，如下所示。

```
Profile data in ms:

   com.tencent.mobileqq/com.tencent.mobileqq.activity.SplashActivity/android.view.ViewRootImpl@42e
7ade8

   Draw Process    Execute
   1.36  2.20  0.49
   2.08  2.21  0.49
   1.49  2.24  0.48
   1.71  2.86  0.61
   1.84  2.63  0.62
   2.72  2.72  0.61
   2.09  3.12  0.69
   0.85  3.15  0.63
   1.89  2.99  0.68
   2.44  4.88  1.02
   1.40  4.93  1.03
......
```

将这三列数据导入 Excel，再利用 Excel 的插入图表功能就可以生成一张比较直观的帧率图表，如图 5.7 所示。

你也可以生成其他类型的图，如条形图等。其中三列数据分别是以下三个。

- Draw：代表绘制的时间。

- Process：代表布局渲染、计算的时间。

- Execute：CPU 等待 GPU 处理的时间。

这三个数据加起来要小余 16ms，才代表是完整、流畅的一帧（在最新的 Android 系统上，系统增加了一些新的色条来展示更详细的数据）。

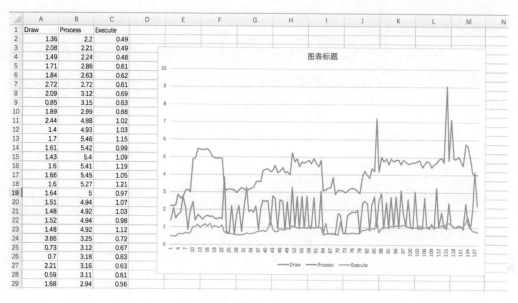

<table>
<tr><th></th><th>A</th><th>B</th><th>C</th></tr>
<tr><td>1</td><td>Draw</td><td>Process</td><td>Execute</td></tr>
<tr><td>2</td><td>1.36</td><td>2.2</td><td>0.49</td></tr>
<tr><td>3</td><td>2.08</td><td>2.21</td><td>0.49</td></tr>
<tr><td>4</td><td>1.49</td><td>2.24</td><td>0.48</td></tr>
<tr><td>5</td><td>1.71</td><td>2.86</td><td>0.61</td></tr>
<tr><td>6</td><td>1.84</td><td>2.63</td><td>0.62</td></tr>
<tr><td>7</td><td>2.72</td><td>2.72</td><td>0.61</td></tr>
<tr><td>8</td><td>2.09</td><td>3.12</td><td>0.69</td></tr>
<tr><td>9</td><td>0.85</td><td>3.15</td><td>0.63</td></tr>
<tr><td>10</td><td>1.89</td><td>2.99</td><td>0.68</td></tr>
<tr><td>11</td><td>2.44</td><td>4.88</td><td>1.02</td></tr>
<tr><td>12</td><td>1.4</td><td>4.93</td><td>1.03</td></tr>
<tr><td>13</td><td>1.7</td><td>5.46</td><td>1.15</td></tr>
<tr><td>14</td><td>1.61</td><td>5.42</td><td>0.99</td></tr>
<tr><td>15</td><td>1.43</td><td>5.4</td><td>1.09</td></tr>
<tr><td>16</td><td>1.6</td><td>5.41</td><td>1.19</td></tr>
<tr><td>17</td><td>1.66</td><td>5.45</td><td>1.05</td></tr>
<tr><td>18</td><td>1.6</td><td>5.27</td><td>1.21</td></tr>
<tr><td>19</td><td>1.64</td><td>5</td><td>0.97</td></tr>
<tr><td>20</td><td>1.51</td><td>4.94</td><td>1.07</td></tr>
<tr><td>21</td><td>1.48</td><td>4.92</td><td>1.03</td></tr>
<tr><td>22</td><td>1.52</td><td>4.94</td><td>0.98</td></tr>
<tr><td>23</td><td>1.48</td><td>4.92</td><td>1.12</td></tr>
<tr><td>24</td><td>3.86</td><td>3.25</td><td>0.72</td></tr>
<tr><td>25</td><td>0.73</td><td>3.12</td><td>0.67</td></tr>
<tr><td>26</td><td>0.7</td><td>3.18</td><td>0.63</td></tr>
<tr><td>27</td><td>2.21</td><td>3.16</td><td>0.63</td></tr>
<tr><td>28</td><td>0.59</td><td>3.11</td><td>0.61</td></tr>
<tr><td>29</td><td>1.68</td><td>2.94</td><td>0.56</td></tr>
</table>

图 5.7　帧率数据图表

⬎ dumpsys

dumpsys 指令是 ADB 中的一个非常重要的指令。通过这个指令可以查看很多设备的状态信息。在《Android 群英传》中，笔者已经简要介绍了这个指令。下面笔者将继续介绍一些 dumpsys 的相关指令。

一般来说，常用的几个 dumpsys 参数有以下几个。

- Activity：显示运行 Activity 信息。

- cpuinfo：显示 CPU 信息。

- meminfo：显示内存信息。

- package：显示 package 信息。

- window：显示窗口信息。

- statusbar：显示状态栏信息。

- battery / batteryinfo：显示电池 / 使用信息。

- alarm：显示 alarm 信息。

这些都是平时开发、解 Bug 时经常会使用到的一些指令。

如何学习 dumpsys 指令

dumpsys 指令的参数众多而且信息量巨大，要想完全掌握 dumpsys 指令的使用，绝非一日之功。但是与大部分的 Linux 终端指令一样，利用指令的帮助文件才是学习指令的最好方式。笔者以 dumpsys meminfo 指令为例讲解如何学习这个指令的使用。

首先，在 ADB 终端中输入以下指令，以获取帮助信息。

```
130|shell@mako:/ $ dumpsys meminfo -h
meminfo dump options: [-a] [-d] [-c] [--oom] [process]
    -a: include all available information for each process.
    -d: include dalvik details when dumping process details.
    -c: dump in a compact machine-parseable representation.
    --oom: only show processes organized by oom adj.
    --local: only collect details locally, don't call process.
    --package: interpret process arg as package, dumping all processes that have loaded that package.
If [process] is specified it can be the name or
pid of a specific process to dump.
```

以上列举了 meminfo 参数所支持的命令和格式。参照帮助信息可以迅速找到自己想要实现的功能，这样比起去百度、Google 搜索更快捷、准确。

例如，可以通过指令查看当前显示的窗口，指令如下所示。

```
→  ~ adb shell dumpsys window windows | grep -E mCurrentFocus
mCurrentFocus=Window{ 33b2bb7d u0 com.android.launcher/com.android.launcher2.Launcher}
```

除了这个简单的示例，本书的很多地方实际上已经用到了 dumpsys 指令。特别是在性能优化章节里，笔者将使用 dumpsys 指令完成很多性能检测工作。

↘ Logcat

Logcat 是一个强大的日志系统，不过在 IDE 中它的功能被限制住了。只有在终端中，Logcat 才能发挥它最强大的功能。通过 adb logcat --help 指令，可以查看 Logcat 的全部功能，这里笔者选择几个比较常用的功能进行讲解。

Logcat 选项

开发者通常都在 IDE 中查看 Log，但 IDE 中的 Logcat 工具功能并不如在终端中使用强大。在终端下开发者可以通过指定各种参数，控制 Logcat 的输出。你也可以通过 Help 指令获取 Logcat 完整的功能介绍，这里笔者只介绍几个常用的选型。

- -s

开发者可以通过-s 指令，指定输出 Log 的 Tag，即只显示指定 Tag 的 Log 内容。

```
➜  ~   adb logcat -s xys
```

这样就只会显示 Tag 为"xys"的 Log 信息了。

- -f

开发者可以通过-f 指令，将 Log 信息保存到手机的指定目录下。

```
➜  ~   adb logcat -f /sdcard/log.txt
```

这样就将 Log 日志保存到了手机的 SDCard 中，这个技巧对于在测试中抓取复现概率较低的问题 Log 非常有帮助。

- -v time

开发者通过-v time 指令，可以输出详细的 Log 时间。

```
➜  ~   adb logcat -v time
01-12 10:42:02.702 D/xys         (28325): test log
```

- grep

grep 指令在各种终端指令中都非常有用，在过滤 Log 时也非常方便。例如开发者在代码中增加了一个调试 Log，那么直接 grep 该 Log 关键字就可以准确获取该 Log 信息。

- 重定向符>

重定向符>是使用非常广泛的一个指令。特别是在调试程序的时候，可以直接把 Logcat 的输出 Log 保存到 PC 中，然后进行日志分析。这个笔者在前面的文章中已经进行了介绍，这里不再赘述。

第三方 Log 工具

针对 Logcat，开发者还可以定制自己的 Log 系统。例如开发大神 Jake Wharton 所提供的 pidcat 工具，地址如下所示。

https://github.com/JakeWharton/pidcat

该工具的显示效果如图 5.8 所示。

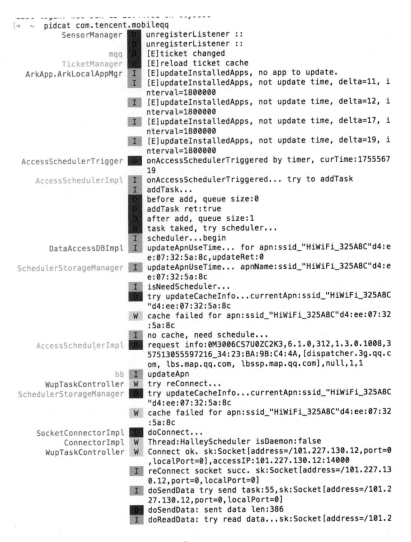

图 5.8　pidcat

其主要功能是整合不同类型的 Log，这在分析 App 的整体问题时是非常有帮助的。

该工具的安装非常简单，在 Mac 系统下通过 brew 即可安装。在该工具的主页上，有详细的安装介绍。

除了类 Logcat 的工具，还有一些在程序中封装的 Log 工具，无非是通过封装系统的 Log 类、StackTrace 类和 Exception 类等 API 完成一些简化的 Log 记录。类似的封装，在 Github 上已经有很多了，这里笔者不再赘述。

↘ Bugreport

Bugreport 是 Android 系统自带的日志分析系统，它包含系统的启动 Log，以及系统的状态 Log 和详细的进程、虚拟机、缓存、内存等信息。这个 Log 对于分析系统问题非常有帮助。对于上层 App 来说作用比较局限，应用开发者了解即可。

该工具的使用方法如下所示。

```
➜  ~  adb bugreport > bugreport.log
```

通过 ADB 指令，可以非常方便地使用 Bugreport 分析工具并保存到 PC 上。你也可以指定具体的保存路径。等待一段时间的处理后，ADB 便会在指定路径下生成 bugreport.log 文件。打开 bugreport.log 文件，可以看见详细的系统日志。虽然这里面基本都是 kernel log 和一些系统 Log，但是也有一些跟 App 关系紧密的 Log，如图 5.9 所示。

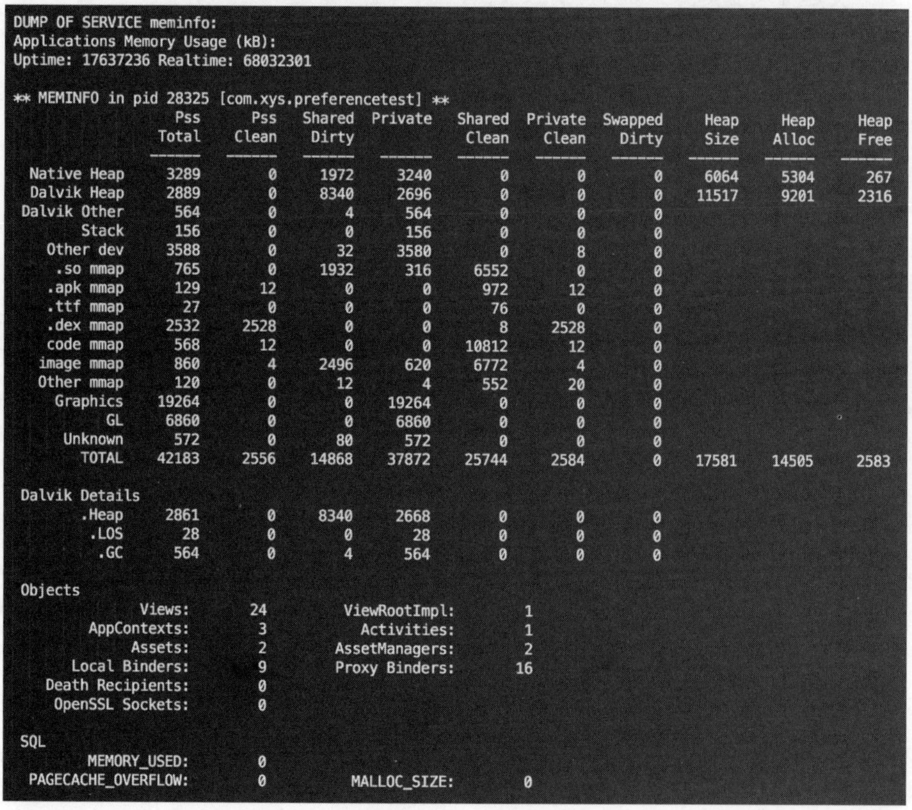

```
DUMP OF SERVICE meminfo:
Applications Memory Usage (kB):
Uptime: 17637236 Realtime: 68032301

** MEMINFO in pid 28325 [com.xys.preferencetest] **
                   Pss      Pss   Shared  Private   Shared  Private  Swapped     Heap     Heap     Heap
                 Total    Clean    Dirty              Clean    Clean    Dirty     Size    Alloc     Free
                ------   ------   ------   ------   ------   ------   ------   ------   ------   ------
  Native Heap     3289        0     1972     3240        0        0        0     6064     5304      267
  Dalvik Heap     2889        0     8340     2696        0        0        0    11517     9201     2316
 Dalvik Other      564        0        4      564        0        0        0
        Stack      156        0        0      156        0        0        0
    Other dev     3588        0       32     3580        0        8        0
     .so mmap      765        0     1932      316     6552        0        0
    .apk mmap      129       12        0        0      972       12        0
    .ttf mmap       27        0        0        0       76        0        0
    .dex mmap     2532     2528        0        0        8     2528        0
    code mmap      568       12        0        0    10812       12        0
   image mmap      860        4     2496      620     6772        4        0
   Other mmap      120        0       12        4      552       20        0
     Graphics    19264        0        0    19264        0        0        0
           GL     6860        0        0     6860        0        0        0
      Unknown      572        0       80      572        0        0        0
        TOTAL    42183     2556    14868    37872    25744     2584        0    17581    14505     2583

 Dalvik Details
        .Heap     2861        0     8340     2668        0        0        0
         .LOS       28        0        0       28        0        0        0
          .GC      564        0        4      564        0        0        0

 Objects
               Views:       24         ViewRootImpl:        1
         AppContexts:        3           Activities:        1
              Assets:        2        AssetManagers:        2
       Local Binders:        9        Proxy Binders:       16
    Death Recipients:        0
     OpenSSL Sockets:        0

 SQL
         MEMORY_USED:        0
  PAGECACHE_OVERFLOW:        0          MALLOC_SIZE:        0
```

图 5.9　Bugreport

应用的 CPU 使用情况如图 5.10 所示。

```
DUMP OF SERVICE cpuinfo:
Load: 2.29 / 2.0 / 1.7
CPU usage from 15490ms to 6494ms ago:
  22% 206/adbd: 1.5% user + 21% kernel / faults: 756 minor
  16% 15922/bugreport: 0.6% user + 15% kernel
  6.2% 600/system_server: 2.6% user + 3.5% kernel / faults: 27 minor
  5.8% 166/logd: 4% user + 1.8% kernel / faults: 9 minor
  5.5% 198/sensors.qcom: 2% user + 3.5% kernel
  5.5% 21535/kworker/0:1: 0% user + 5.5% kernel
  3.1% 15936/dumpstate: 0.5% user + 2.5% kernel / faults: 597 minor
  2.6% 2166/com.hujiang.hjclass: 1.8% user + 0.7% kernel / faults: 1 minor
  2.3% 140/ueventd: 0.5% user + 1.7% kernel
  2% 195/mpdecision: 0% user + 2% kernel
  0.9% 7711/kworker/0:2: 0% user + 0.9% kernel
  0.5% 28325/com.xys.preferencetest: 0.5% user + 0% kernel / faults: 2 minor
  0.4% 346/kuInotify: 0.1% user + 0.3% kernel
  0.2% 6/migration/0: 0% user + 0.2% kernel
  0.2% 28789/kworker/u:2: 0% user + 0.2% kernel
  0.1% 1//init: 0% user + 0.1% kernel / faults: 22 minor
  0% 2/kthreadd: 0% user + 0% kernel
  0% 3/ksoftirqd/0: 0% user + 0% kernel
  0% 128/mmcqd/0: 0% user + 0% kernel
  0.1% 171/surfaceflinger: 0% user + 0.1% kernel
  0.1% 194/thermald: 0.1% user + 0% kernel / faults: 10 minor
  0% 842/TX_Thread: 0% user + 0% kernel
  0.1% 843/RX_Thread: 0% user + 0.1% kernel
  0% 949/wpa_supplicant: 0% user + 0% kernel
  0.1% 2088/com.hujiang.dict: 0% user + 0.1% kernel
  0.1% 2311/logcat: 0% user + 0.1% kernel
  0% 3484/com.hujiang.normandy: 0% user + 0% kernel
  0% 29591/kworker/u:36: 0% user + 0% kernel
  +0% 17110/migration/1: 0% user + 0% kernel
  +0% 17111/kworker/1:0: 0% user + 0% kernel
  +0% 17112/ksoftirqd/1: 0% user + 0% kernel
  +0% 17113/migration/2: 0% user + 0% kernel
  +0% 17114/kworker/1:1: 0% user + 0% kernel
  +0% 17115/kworker/2:0: 0% user + 0% kernel
  +0% 17116/ksoftirqd/2: 0% user + 0% kernel
  +0% 17117/migration/3: 0% user + 0% kernel
  +0% 17118/kworker/3:0: 0% user + 0% kernel
  +0% 17120/ksoftirqd/3: 0% user + 0% kernel
  +0% 17124/kworker/2:1: 0% user + 0% kernel
  +0% 17125/kworker/3:1: 0% user + 0% kernel
  +0% 17127/su: 0% user + 0% kernel
  51% TOTAL: 12% user + 39% kernel + 0.3% iowait
```

图 5.10　bugreport CPU 信息

5.4　Android Device Monitor

顾名思义，Android Device Monitor 是一个监视 Android 设备的工具，该工具位于 SDK 目录的 tools 目录下，如图 5.11 所示。

在命令行中执行 monitor 指令，或者直接双击这个工具。在 Android Studio 中也可以启动这个工具，打开后，界面如图 5.12 所示。

图 5.11　Monitor

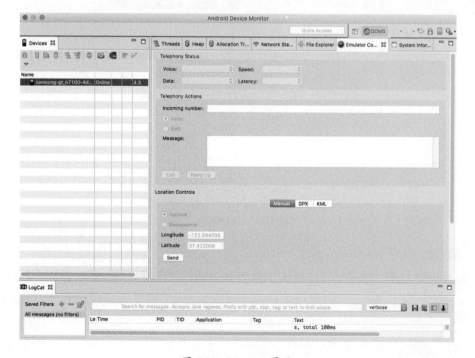

图 5.12　Monitor 界面

通过该工具，可以监视当前设备中的进程、CPU 等状态信息。同时，还可以检索文件目录、使用模拟器的调试功能，等等。相信这个工具很多开发者都非常熟悉了。

在该目录下还有一个类似的工具——DDMS,这个工具是 Android Device Monitor 的前身，现在已经不使用了，因为 Android Device Monitor 的功能更加强大。如果读者在一些博客中看见使用 DDMS 工具，那么直接打开 Android Device Monitor 即可。

5.5 9Patch 工具

点 9 图是 Android 中为处理图像拉伸而产生的一种图片格式，相信大部分的开发者都使用过 9Patch 图，该工具在 SDK 目录的 tools 目录下，如图 5.13 所示。

图 5.13 draw9patch

直接执行 draw9patch 指令或者双击该工具，可以打开 9patch 工具。打开后，将一张 png 图片拖入工具中，或者选择 file-open 9patch 选项打开要处理的图片，如图 5.14 所示。

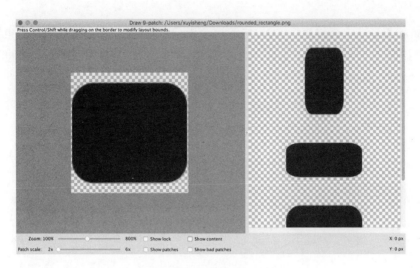

图 5.14　打开 draw9patch

如图 5.14 所示，这里要处理的是一张圆角矩形图片，在工具的左边是待处理的图片。右边从上到下，依次是纵向拉伸效果、横向拉伸效果、整体拉伸效果的预览图。如果开发者不使用 9patch 图，则可以发现图像在拉伸的时候已经变形了。圆角矩形的圆角部分也被进行了拉伸，而我们想要的效果是不被拉伸，保持圆角。

要达到这个效果，只需要在左边待处理的图片上拖动边缘的边界线，选择可以被拉伸的区域即可，如图 5.15 所示。

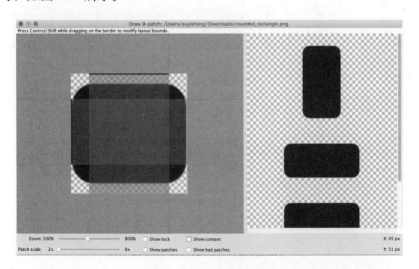

图 5.15　制作 9patch 图

如图 5.15 所示，通过拉伸图像的边界线，将可拉伸区域设置为圆角矩形中间的那块小矩形，这样四个圆角就不会被拉伸。通过右边的预览图可以发现，在图像被拉伸时没有发生圆角被拉伸的情况。处理完毕后，点击 file-save 9 patch 即可保存为 9patch 图片。

那么除了在终端中直接使用 SDK 中的这个工具，Android Studio 在 IDE 中也同样集成了这个功能。选中一张图片，单击鼠标右键在菜单中选择"create 9-patch file"即可，如图 5.16 所示。

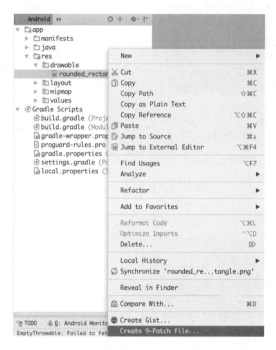

图 5.16　使用 Android Studio 制作 9patch 图

这样 Android Studio 会自动生成一张 9patch 图片，开发者可以直接在 IDE 中对这个图片进行处理。处理方式与在命令行下的处理方式相同，如图 5.17 所示。

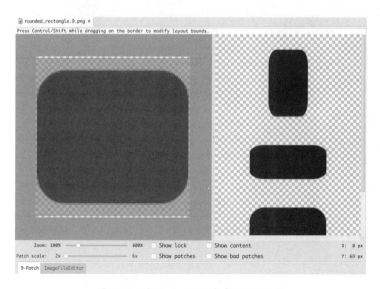

图 5.17　使用 Android 生成 9patch 图

在 Android Studio 中创建 9patch 图与使用 SDK 工具中的 draw9patch 工具几乎一样，唯一的好处是比较方便，可以在 IDE 中直接使用。

5.6　Hierarchy Viewer

Hierarchy Viewer 是检测 UI 性能的重要工具，该命令位于 SDK 目录的 tools 目录下，如图 5.18 所示。

图 5.18　HierarchyViewer

在终端下，直接运行这个程序即可打开 Hierarchy Viewer。

↘ 在真机上使用 Hierarchy Viewer

Hierarchy Viewer 工具默认只允许在模拟器或者工程机上使用。在 User 版本的 ROM 上是不能使用这个功能的，这就导致了在使用真机开发的时候无法使用这个功能。为了解决这个问题，Google 的开发工程师提供了 ViewServer 工具来帮助开发者在真机环境下使用 Hierarchy Viewer，该项目地址如下所示。

https://github.com/romainguy/ViewServer

要使用这个工具，首先要将该项目添加到主项目的依赖中。你可以直接使用库依赖，或者直接在 Maven 中央库中进行依赖，远程库引用配置如下所示。

compile 'com.hanhuy.android:viewserver:1.0.3'

添加好依赖后，只需要仿照提供的 Sample，在主项目的启动 Activity 中添加对应的代码即可，代码如下所示。

```
public class MainActivity extends AppCompatActivity {

    @Override
    protected void onCreate(Bundle savedInstanceState) {
        super.onCreate(savedInstanceState);
        setContentView(R.layout.activity_main);
        ViewServer.get(this).addWindow(this);
    }

    @Override
    public void onDestroy() {
        super.onDestroy();
        ViewServer.get(this).removeWindow(this);
    }

    @Override
    public void onResume() {
        super.onResume();
        ViewServer.get(this).setFocusedWindow(this);
    }
}
```

实际上就是在 onCreate、onResume、onDestroy 三个生命周期中添加相应的代码。同时，还需要在 Mainifest 文件中声明 Internet 权限，代码如下所示。

```
<uses-permission android:name="android.permission.INTERNET"/>
```

经过上面的处理，即可在连接真机时使用 Hierarchy Viewer 查看代码布局性能了。不过要注意的是，最好在 Debug 版本中引用该库，而在 Release 版本时解除依赖。因此，可以使用 testCompile 的方式进行依赖。

➘ 使用 Hierarchy Viewer 分析页面

通过 Hierarchy Viewer 可以查看当前 View 树的层次结构，通过 dump 按钮还可以 dump 出整个 View 树的视图。导入 Photoshop 等软件后，可以通过控制图层的显示与否，分析 View 树的结构。

对于视图树来说，需要让整个结构趋于扁平，提供绘制效率。这些内容在《Android 群英传》中已经有了比较详细的介绍，而且笔者在后面的 "App 背后的故事——性能检测与分析工具" 一章中也会进行进一步的分析，这里就不再赘述。

5.7　UI Automator Viewer

UI Automator Viewer 工具是一个类似于 Hierarchy Viewer 的工具。但它的功能与 Hierarchy Viewer 还是略有不同的。在终端中输入 iautomatorviewer 即可启动该工具，该工具位于 sdk 的 tools 目录下，如图 5.19 所示。

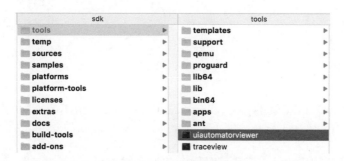

图 5.19　UI Automator Viewer

运行该工具后，点击界面左上角的 Device ScreenShot（uiautomator dump）按钮，工具就会自动生成当前页面的 UI 分析文件，如图 5.20 所示。

图 5.20　UI Automator Viewer 界面

点击 UI 界面中的任一元素，在右边的列表中就会显示出该 View 的布局层级关系图。同时在下面的列表中，还可以展示出该 View 的各种属性。通过这个工具可以非常方便地了解一个 UI 布局的布局方式，同时对一些比较好的 UI 效果可以通过这种方式进行学习、模仿。通过查看界面，可以大致了解该 Apk 使用的组件大致的布局方式。可以说这个工具是查看布局、学习布局的最佳利器。

另外，UI Automator Viewer 这个工具的作用不仅仅是查看一个 UI 的布局层级，它还是 Android 自动化测试框架 UI Automator 的重要组成部分。使用 UI Automator Viewer 可以非常方便地获取 UI Automator 脚本所需要的各种属性、参数。在笔者的 CSDN 博客中，有一篇博客详细地介绍了如何使用 UI Automator 框架来进行 Android 自动化测试，有兴趣的开发者可以参考。

5.8　DDMLib

DDMLib 是 DDMS 工具的核心，堪称 Android SDK 中最不为人知的隐藏 Boss，它包含了一系列对 ADB 的功能封装。

DDMS 工具已经非常强大了，可以展示非常多的 Android 性能监测数据。但是它有一个很大的缺点，就是很多数据不能导出，而且很多功能也不能达到自定义的需求。因此基于这些问题，利用 DDMLib 完成自定义的功能定制就是非常有用的了。在 Android 中，SDK 提供了三个 Lib 库，分别是 ddmlib.jar、ddms.jar 和 ddmuilib.jar，利用它们来进行自定义 DDMLib 的功能，读者可以参考笔者的这篇博客，地址如下所示。

http://blog.csdn.net/eclipsexys/article/details/51316423

↘　其他 SDK 工具

在 SDK 目录中，其实还有很多笔者没有介绍到的工具。这些工具开发者平时可能一直在接触使用，但是却从来没有注意过。例如以下几种工具。

- aidl 工具：用于生成进程间调用代码。

- dx 工具：用于编译成虚拟机的执行文件。

- keytool 与 jarsigner 工具：用于设置签名。

- zipalign 工具：用于在打包时进行资源对齐。

像这样的工具还有很多，笔者就不一一列举了。它们虽然在平时的使用中出场概率不高，但却是很重要的。开发者平时使用的 IDE，实际上也是调用的这些工具进行操作的，了解这些工具还是非常有必要的。

5.9　开发者选项

相信大部分用户都接触过开发者选项，毕竟连接 ADB 就需要启用里面的 USB 调试功能。那么除了打开 USB 调试功能之外，开发者选项中还有哪些值得开发者研究的东西呢？

↘　Process Stats

开发者选项中的 Process Stats 是笔者要介绍的第一个工具，打开该工具后如图 5.21 所示。

如图 5.21 所示，这里可以找到当前前台、后台所运行的所有进程。点击其中一个进程，便可以看见该进程的详细信息，如图 5.22 所示。

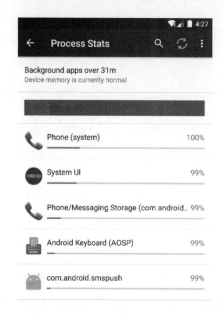

图 5.21　Process Stats

图 5.22　查看进程信息

Process Stats 是一个系统服务，它可以监视你的 App 在后台的内存使用情况。同时，它还会告诉你当前手机系统内存健康状况，如图 5.21 中所示的 "Device memory is currently normal"。如果内存变得紧张或者出现分配问题，图 5.21 中的绿条将变成红色或者黄色。

➴ Show Touches && Pointer Location

当开发者打开这两个选项后，屏幕上就可以显示手指点击的地方和运动轨迹，如图 5.23 所示。

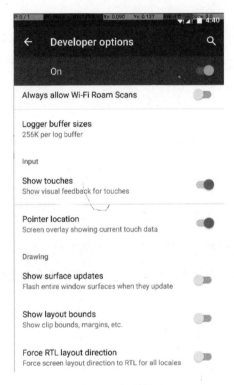

图 5.23　触摸轨迹

同时在屏幕最上方，还会给出具体的点击坐标等信息。这个工具在做自动化测试的时候，可以很方便地看见系统自动操作的全过程。

➴ Show Layout Bounds

打开这个选项，可以在界面上画出每个 View 的布局边界，如图 5.24 所示。

这个工具可以在程序运行时查看当前界面的布局绘制，对于检查布局的相关问题是很有帮助的。

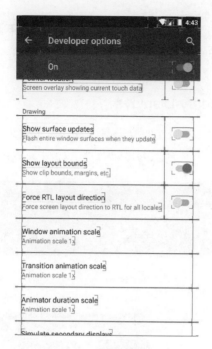

图 5.24　查看布局边界

↘ Animation Scale

通过控制三个 Animation Scale，可以控制窗口、移动等动画的尺度、时间，如图 5.25 所示。

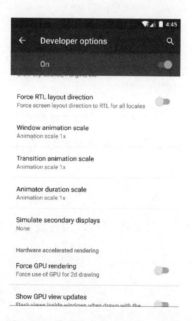

图 5.25　修改默认动画时间、速率

这个工具可以让开发者以慢动作的形式查看动画效果，不论是研究其他 App 的动画，还是解决动画时的 Bug 都非常有用。

↘ Simulate Secondary Displays

该工具用于在当前设备上模拟其他分辨率设备的显示效果，类似于 Android Studio 下面的多设备 Layout 预览。这里是动态的显示效果，如图 5.26 所示。

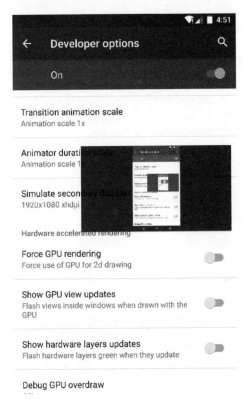

图 5.26　预览其他分辨率的显示效果

选择不同的分辨率，可实时预览该分辨率下的 UI 布局。

↘ Debug GPU Overdraw

这个工具同样是用于分析 UI 性能的利器，当开发者打开该功能时，屏幕会变成如图 5.27 所示的样子。

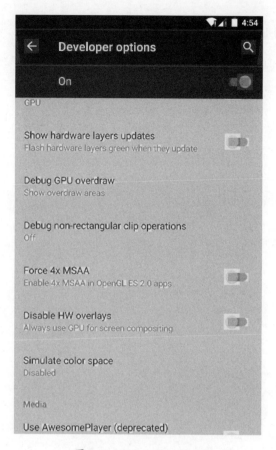

图 5.27 Debug Overdraw

虽然感觉很奇怪，但实际上这里不同的颜色代表着不同的含义。这个工具的作用是检测过度绘制，即同一块区域经过了几次叠加绘制，如下所示。

- 原色：没有过度绘制。

- 蓝色：一次过度绘制。

- 绿色：两次过度绘制。

- 粉色：三次过度绘制。

- 红色：四次及以上过度绘制。

过度绘制代表着对资源的浪费，特别是大量的过度绘制会严重影响 UI 的绘制性能。因此如果 App 有不必要的过度绘制，就可以通过这个工具检测出来，结果一目了然。

↘ Show CPU Usage

打开这个选项，可以显示当前 CPU 的使用情况，如图 5.28 所示。

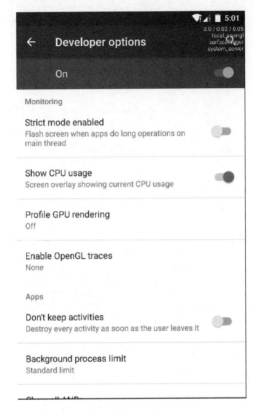

图 5.28　显示 CPU 使用信息

由于 Android Studio 也提供了 CPU 实时检测工具，因此这个工具可以退居二线，作为辅助了。

↘ Profile GPU Rending

该统计同样是用来检测 UI 绘制性能的，打开该工具后，屏幕下方将显示一些条形图，如图 5.29 所示。

其中，中间的绿色的线代表界面绘制流畅所必需的 16mm 基线。通过这个工具，可以检测 App 的 UI 绘制性能是否满足人眼流畅的标准。

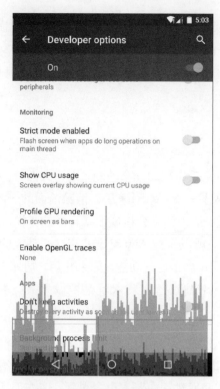

图 5.29　渲染帧率

↘　Strick Mode

　　开发者选项中的 Strick Mode 与代码中使用的 Strict Mode 功能基本一致，可以检测主
线程中的耗时操作。该功能在开发者选项中如图 5.30 所示。

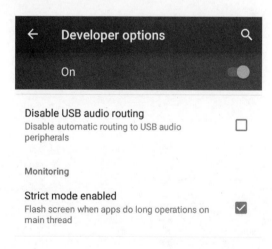

图 5.30　Strict Mode

一旦检测到策略违例，就会生成相应的 Log.这种检测方式通常在 Debug 版本中开启，可以以非常严苛的方式来检测代码性能。在开发者选项中开启 Strict Mode 后，就可以模拟在代码中开启的严苛模式，分析程序性能。这种方式操作简单，但却没有在代码中设置 Strict Model 所获得的信息多。

↘ 不保留活动

该选项是开发者选项中比较奇葩的一个功能，因为大部分的用户都不会启用这个功能的。它模拟的是在 App 进入另一个 Activity 后，清除前面的一个 Activity。大部分的开发者也不会对这一功能进行适配，因为它会造成很多奇怪的错误，例如 startActivityForResult 的丢失、回调方法的丢失等，所以有些 App 对于开启这一功能的用户的解决方式就是通过读取 Setting 值获取用户是否开启了这一功能。如果开启，则弹出对话框提示用户关闭，而更多的 App 则未做适配。笔者建议，如果 App 想要做到精益求精，那么可以开启这一功能进行测试。

Google 在 SDK 中给开发者提供了非常多的开发者工具，但很多开发者由于不知道、不了解这些工具。在遇到问题时，只能通过搜索引擎来获取答案。实际上开发者遇到的这些问题，Google 的工程师在开发过程中基本也会遇到。这些工具正是他们为了方便后面的开发者而提供的工具，掌握好这些工具，在分析问题时可以让开发者事半功倍。

第 6 章

App 背后的故事——性能检测与分析工具

性能检测与分析，一直是 App 开发中非常重要，但又经常被忽视的一环。很多 App 在开发时急功近利，总希望堆砌更多的功能来充实 App，而忽视了整个 App 的性能、体验。这种本末倒置的现象，在整个开发界屡见不鲜。

正是由于 App 的性能问题日趋严重，Google 作为 Android 的亲生父亲，从 2014 年以来，推出了一系列的性能优化教程，给开发者讲解如何使用各种工具来检测 App 性能、分析 App 性能、提高 App 性能。开发者在开发中应该有一种追求极致的感觉，不仅仅是为了完成任务而写代码，而是尽量写出更好、更高效的代码。要经常思考刚刚写的这段代码是否有优化的空间，本章将给开发者介绍在 App 开发中经常使用到的性能分析、性能检测的工具。

笔者目前正在搭建公司级的性能测试平台和 SDK，后续会逐渐开源到 GitHub，感兴趣的读者可以关注一下。

6.1 性能优化之前

在学习性能优化之前，以下几个核心点是所有开发者都需要知道的。

- 性能优化永远是说起来容易做起来难。一定要多实践，才能积累经验，了解性能优化的方法和技巧。

- 性能优化始终需要一个度，不可矫枉过正。各种性能优化都是建立在产品设计之上，不能为了一味地性能优化而忽视了产品设计。

- 性能优化的点多而且繁杂，需要耐心和经验。也许每个优化点都很小，但积累起来量变一定会发生质变。

开发者对于性能优化，通常有两个极端认识，一种是觉得性能优化没有太大作用，另一种是对性能优化极其苛刻。这两种想法都是不对的，性能优化是对产品体验的优化，开发者在开发过程中应该对系统资源、程序性能做到精益求精。但同时过度的性能优化，也会花费大量的时间。因此，把握好性能优化的度是非常关键的。

性能分析与提高是一个漫长而且烦琐的过程。它不一定需要太多高深的技巧，但却一定需要很强的耐心和毅力。不论是 Google 还是其他的资深研究者，在性能优化方面都给开发者提供了很多开发工具，可以帮助开发者就性能的检测与分析提供很好的帮助。然而有了这些工具还不够，还需要开发者有敏锐的技术嗅觉，能够很敏锐地发现可疑问题点。那么如何锻炼这种技术嗅觉呢？笔者的建议是使用模式分析的方式来提高技术嗅觉。具体来说，就是掌握常见的性能问题在这些工具中的形态和一般模式，从工具提供的图形、走势、Log 中找到对应问题的模式，从而进一步分析可疑问题。这种方式在前期可能会非常枯燥乏味，但一定要自己去建立模式与问题的对应关系，这样才能牢记于心。

性能优化所需要的工具非常多，因为在检测性能时，大部分时间都是机械、重复的操作。利用工具可以很好地简化这一过程。同时，利用工具可以极大地提高性能优化的速度。掌握好这些工具是性能优化的必经之路。使用这些工具进行性能优化、性能分析，就像医生看病前需要的检查报告。有的工具简单、普遍，就像血常规；有的工具专业性强，就像CT。不管使用什么工具都需要先了解这个工具的作用和功能，对症下药才能正确找到优化方向。

还有一点需要注意的是，性能测试需要覆盖多种机型（包括分辨率、系统版本、CPU、内存、网络、Root）。同时在进行性能优化的时候，最好使用中低端机型进行测试，而且需要覆盖市场主流机型。

在有了优化的方向后，还需要对优化的优先级进行划分。例如，有些性能问题是一直都存在的，那么这些问题就必须以第一优先级进行优化。有些问题是对用户体验、业务需求造成很大影响的，那么这些问题也必须提高其优先级。把优化精力放在优先需要解决的问题上，才能最大限度地提高优化的效果。

当开发者经过几次性能分析之后，慢慢就会对性能问题有一些经验了。此时需要好好积累、总结这些经验，培养对性能问题灵敏的嗅觉。对于这些积累，笔者建议一定要通过"模式"的方式来进行积累。通过记录各种性能问题在性能检测工具中的状态、表现，建立相应的模式关系。之后只有找到有类似的"模式"就可以联想到类似的性能问题，从而快速发现、解决问题。

6.2　Google 的技术指导

在每年的 Google IO 大会上，Google 都会有一系列讲座。从 2012 年以来，Google 开始逐渐加强了对性能的技术指导，发布了一系列的性能优化讲座。同时，在 Google Developer 网站上也有非常多的性能指南，比起各种教程这里的官方文档和建议才是开发者最先需要去看、去理解的。

- 性能优化最佳实践，如图 6.1 所示。

地址为 http://developer.android.com/intl/zh-cn/training/best-performance.html。

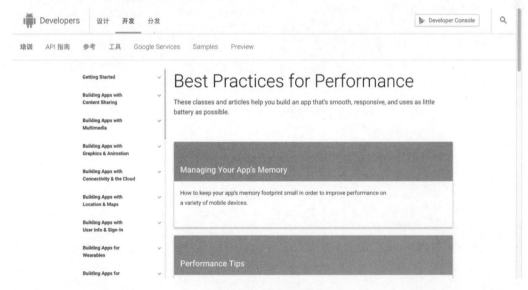

图 6.1　性能优化最佳实践

- 性能优化工具，如图 6.2 所示。

地址为 http://developer.android.com/intl/zh-cn/tools/performance/index.html。

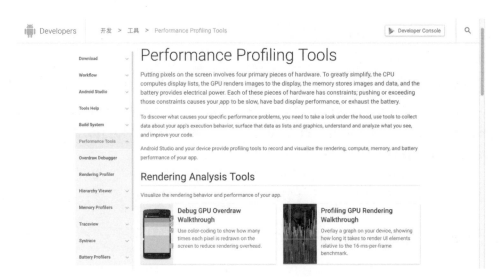

图 6.2　性能优化工具

- YouTube Android 性能优化模式视频

在 YouTube 的官方栏目下，开发者可以找到 Google 官方提供的各种性能优化视频，如图 6.3 所示。

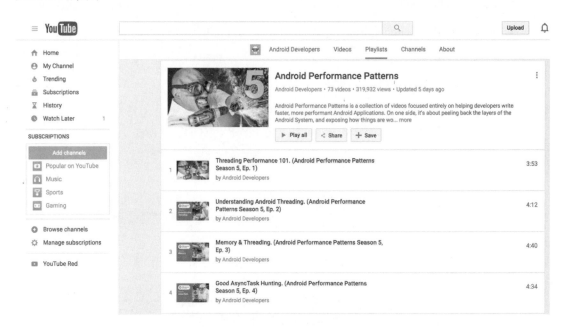

图 6.3　性能优化视频

这些视频是极佳的学习资源。对于那些不能访问 YouTube 的开发者，国内有很多开发者、社区提供了资源翻译。例如 GDG 社区的中文视频、胡凯（http://hukai.me/）的翻译，等等。

6.3　UI 性能分析

UI 界面是整个 App 性能的最前端展示，也是最容易看出性能问题的地方。可以说 UI 的性能好坏直接影响着 App 的用户体验和留存。UI 性能的目标为：

- 减少绘图的等待时间。
- 使帧率更加平稳、连贯。

开发者所做的一切都是为了尽可能实现以上两个目标。

> 性能问题最好使用一些低端的机器来进行测试，因为 CPU、GPU 对 UI 的性能影响是非常大的，在低端机上测试通过的 UI 才更具有普遍性。

↘ 16ms 黄金准则

一般来说，Android 设备的屏幕刷新率为 60 帧每秒。要保持画面流畅不卡顿，就需要让每一帧的时间不超过 1/60fps＝16.6ms 每帧。这也就是 16ms 黄金准则的来源。如果中间某些帧的渲染时间超过 16ms，就会导致这段时间的画面发生跳帧，因此原本流畅的画面便发生了卡顿。

↘ Android 系统对 UI 的提升

Android 系统对 UI 性能的优化工作始终没有停止过，纵观整个 Android 系统的发展，UI 性能大致经过了以下几个阶段。

- 软解时代：在 Android 2.3 时代，所有的绘图由 CPU 完成，即通过软件运算画图。

- 硬解时代：在 Android 2.3 之后，Android 系统增加了 GPU，同时把很多绘图工作交给 GPU 进行渲染。

- 黄油时代：在 Android 4.1 之后，Google 发布了"Project Butter"——黄油计划。通过 VSYNC 垂直同步机制和多缓冲机制 (three frame buffer) 进一步提高绘制效率。

- 异步绘制时代：在 Android 5.0 之后，系统增加了 Render Thread。通过这个线程进行异步绘制，即使某一帧发生延迟也不会影响下一帧的绘制。

↘ 布局核心准则

Android 系统在解析 XML 布局后，会根据 XML 文件对界面进行绘制。绘制通常分为三步，即 measure、layout、draw。对于每一个 ViewGroup 的绘制来说，系统首先会遍历它的每一个子 View（即深度优先遍历）。因此随着布局深度的加深，遍历每个子 View 的时间便会呈指数级上升，相信做过自动化测试的开发者一定深有体会。遍历一级页面可能只要几分钟，遍历二级页面可能要几个小时。但继续下去，遍历三级、四级页面可能就要好几天。Android 的界面绘制与这个道理类似。因此对于 Android 布局来说，其核心准则就是尽量使布局的 View 树扁平，降低布局的层级。Google 也建议，用户界面的 View 不宜超过 8 层。如果超过太多，会对性能造成极大影响。除了降低布局树的层级，提高 View 的使用率也是优化的关键。例如，通过 include 标签进行 View 的复用，通过 DrawableLeft、DrawableRight 这种方式来进行控件组合，等等。

当然，最需要修改的还是尽可能地减少 View 的数量！

↳ RelativeLayout VS LinearLayout

在老版本的 SDK 中，创建一个默认的 Android 项目，系统默认创建的是 LinearLayout 作为 activity_main.xml 的根布局。而在新版本的 SDK 中，系统已经使用 RelativeLayout 来作为默认的根布局。其原因主要是因为 RelativeLayout 的布局能够使布局更加扁平，而 LinearLayout 通常需要进行嵌套使用，这样在布局深度上 RelativeLayout 更有优势。

但是 RelativeLayout 在进程测量时，大部分时间需要进行多次测量，才能确定子 View 的大小，特别是当 RelativeLayout 嵌套使用时，耗时将更为严重。而 LinearLayout 只有在使用 weight 属性后，才会发生两次测量。从这一点讲，LinearLayout 的测量效率要高于 RelativeLayout。

因此在实际开发中，决不能简单地说 RelativeLayout、LinearLayout 谁的性能更好，必须结合实际使用来进行分析。但一般来说，如果使用 LinearLayout，则一定要保证层级不能太深；如果使用 RelativeLayout，则需要尽量避免嵌套。

↳ HierarchyViewer

对 HierarchyViewer 的基础功能这里不再赘述，主要是来查看布局层级，减少不必要的冗余 View。

HierarchyViewer 还有一个功能，可以帮助开发者发现 overdraw（重复的绘制）。从左到右看一下树形结构窗口的选项，可以发现以下一些功能：

- 把 View 的树形结构图保存为 png 图片——Save as PNG。

- 导出为 photoshop 的格式——Capture Layers。

- 在另一个窗口里打开较大的 view 结构图，还可以设置背景色发现重复绘制——Display View。

- 让 View 重新 Layout——Request Layout。

Hierarchy Viewer 对于优化 app view 的树形结构是非常有用的，虽然现在官方建议使用 Android Device Monitor 替代这个工具，但这个工具对于 View 树分析的效果，绝对好于 ADM。

通过 Capture Layers 导出 PSD 文件，用 Photoshop 工具打开，可以非常方便地查看每个 UI 元素的绘制过程，对于分析 UI 性能也是非常有帮助的。

↘ Merge 与 ViewStub

这一部分在《Android 群英传》一书中已经有了比较详细的讲解，这里就不再赘述了。

↘ 图形重绘 Overdraw

在 Android 界面上，图形的绘制与真实的绘画是非常类似的，例如绘画中先填充背景色，再在背景色上进行绘画。例如在一个 LinearLayout 中绘制蓝色背景色，再在 LinearLayout 上半部分画满绿色的 Button，这样上面一半 LinearLayout 的背景色就被浪费了，成为了 Overdraw 的图形。因为 Android 系统在绘制这些 View 的时候，其实并不知道哪些 View 是可见的、不被遮挡的，它只能根据设置全部绘制。然后大量重复的绘制会导致系统做很多无用功，延长了绘制的时间，降低了绘制的效率。

在 Android 4.4 里面，Google 采用了 Overdraw Avoidance 技术，系统可以自带检测 Overdraw，避免过多的 Overdraw。但是这个功能非常有限，只有当两个 View 全部遮挡时，才会触发。因此，开发者在减少 Overdraw 的时候，大部分时间还是得靠自己。

Overdraw 与布局冗余检测实例

界面重绘和布局冗余应该是 UI 性能优化中最容易被修改的部分，下面笔者以一个实例来讲解一下如何进行检测和分析。示例所使用的布局代码如下所示。

```
<?xml version="1.0" encoding="utf-8"?>
```

```
<RelativeLayout
    xmlns:android="http://schemas.android.com/apk/res/android"
    xmlns:tools="http://schemas.android.com/tools"
    android:layout_width="match_parent"
    android:layout_height="match_parent"
    android:paddingBottom="@dimen/activity_vertical_margin"
    android:paddingLeft="@dimen/activity_horizontal_margin"
    android:paddingRight="@dimen/activity_horizontal_margin"
    android:paddingTop="@dimen/activity_vertical_margin"
    tools:context="com.xys.preferencetest.MainActivity">

    <LinearLayout
        android:layout_width="match_parent"
        android:layout_height="match_parent">

        <TextView
            android:layout_width="match_parent"
            android:layout_height="match_parent"
            android:background="#bebebe"
            android:gravity="bottom"
            android:text="First TextView"/>
    </LinearLayout>

    <LinearLayout
        android:layout_width="match_parent"
        android:layout_height="400dp">

        <TextView
            android:layout_width="match_parent"
            android:layout_height="400dp"
            android:background="#7c7575"
            android:gravity="bottom"
            android:text="Second TextView"/>
    </LinearLayout>

    <LinearLayout
        android:layout_width="match_parent"
        android:layout_height="300dp">

        <TextView
            android:layout_width="match_parent"
            android:layout_height="300dp"
            android:background="#bebebe"
            android:gravity="bottom"
            android:text="Third TextView"/>
```

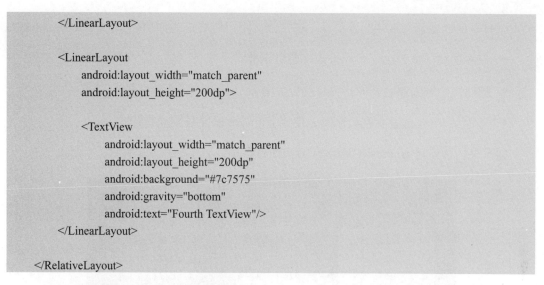

```
        </LinearLayout>

        <LinearLayout
            android:layout_width="match_parent"
            android:layout_height="200dp">

            <TextView
                android:layout_width="match_parent"
                android:layout_height="200dp"
                android:background="#7c7575"
                android:gravity="bottom"
                android:text="Fourth TextView"/>
        </LinearLayout>

</RelativeLayout>
```

这个布局所显示的效果如图 6.4 所示。

四个 TextView 从大到小，依次叠加摆放。按照步骤，先打开 Debug GPU Overdraw 工具，查看重绘界面，显示如图 6.5 所示。

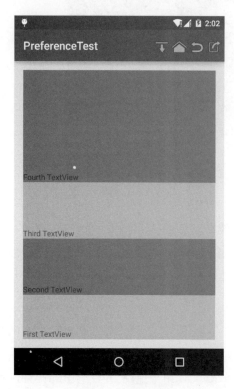

图 6.4　重叠布局

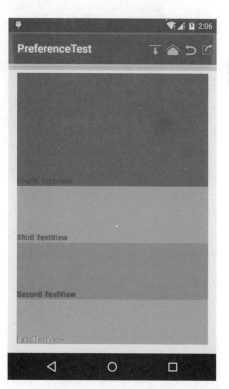

图 6.5　检测重叠布局

由于这四个 TextView 是叠加摆放的，所以上面的 TextView 发生了重绘问题。通过这个工具可以很快地找到具体的重绘点，通常情况下可以通过下面所列举的方法进行修改。

- 控件重叠摆放：改善布局方式，避免重叠。

- 控件与主背景颜色相同：可移除控件背景（移除不必要的背景）。

- 自定义 View 重叠：在绘制时，使用 clipRect 属性减少重绘区域。

接下来，再使用 Hierarchy Viewer 工具查看布局，显示如图 6.6 所示。

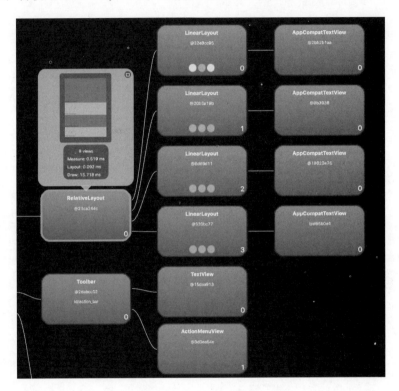

图 6.6　Hierarchy Viewer

在 ContentView 这样一个根布局中，出现了四个线型的 View 树，也就是上面的四个无效的线型布局。通过这个工具可以快速找到冗余的布局，从而去掉冗余布局来提高性能。同时还需要尽可能降低 UI 的层级，将 UI 树扁平化，提高绘制的效率，而页面计算、布局、绘制的时间都可以在图中找出来。

↘ Tracer for OpenGL

在 DDMS 工具中，系统提供了 Tracer for OpenGL 工具用于追踪 GPU 绘图的详细过程。该工具位于 DDMS 工具中的最后一个，如图 6.7 所示。

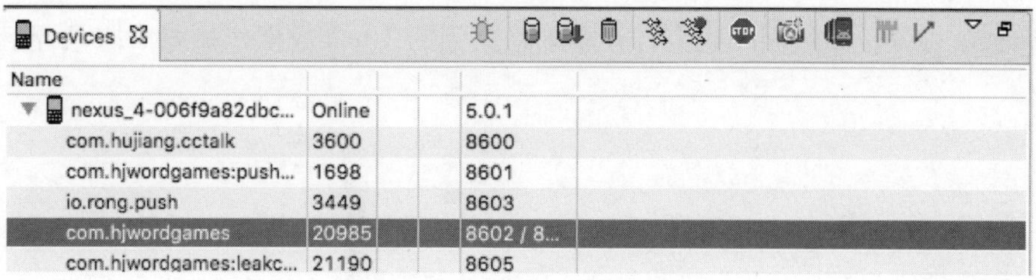

图 6.7　Tracer for OpenGL

选择要追踪的进程，然后点击 Tracer for OpenGL 按钮，弹出如图 6.8 所示的界面。

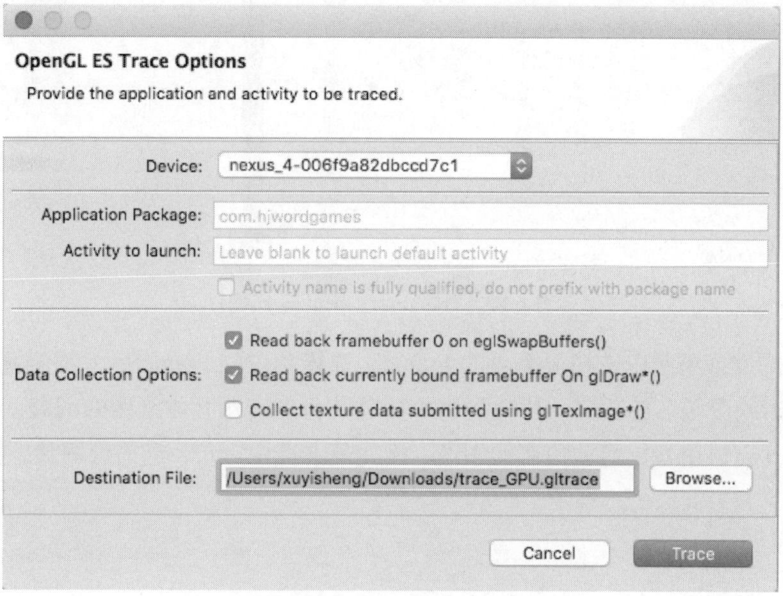

图 6.8　Tracer for OpenGL 界面

　　根据自己的需要，选择要采集的数据和保存路径，点击 Trace 按钮即可开始追踪数据。根据页面的复杂程度，采集数据的时间可能长短不一。当获取到一定数量的 Frame 数据后，点击 Stop 即可完成数据采集工作，同时切换到 Trace for OpenGL ES 标签，该标签可以通过 Window-Perspective 打开窗口选择器，如图 6.9 所示。

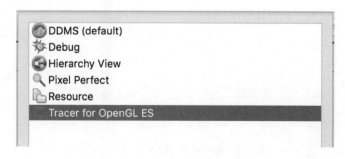

图 6.9　打开 Tracer for OpenGL 界面

切换到该标签，系统同时也会打开刚刚采集到的 Trace 数据，如图 6.10 所示。

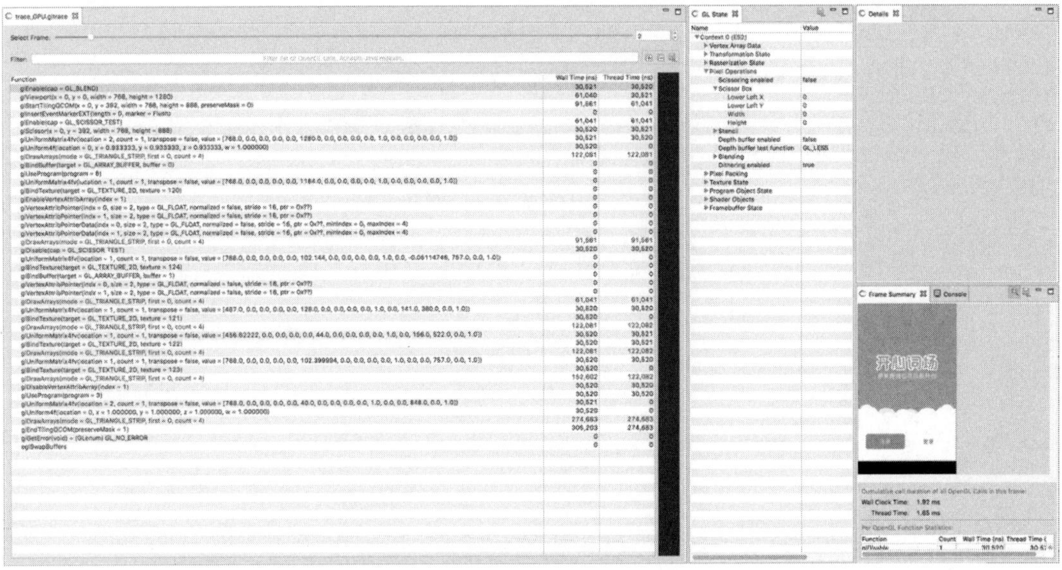

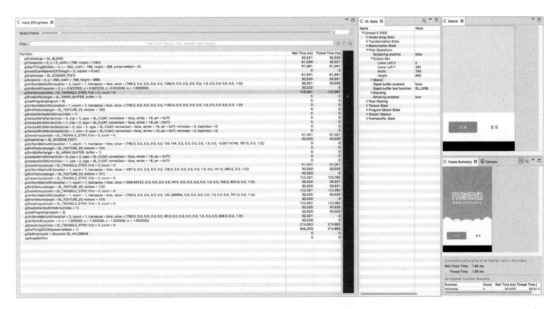

图 6.10　Tracer for OpenGL 数据

最上面的进度条可以选择要查看的 Frame，选择相应的 Frame 后，下面就会详细地列出 GPU 调用绘图函数的顺序。函数列表中蓝色的行，表示具体绘图的函数，选中这些行可以在 Detail 窗口中看见当前绘制的图像。例如笔者选中一行，当前绘图状态如图 6.11 所示。

图 6.11　Tracer for OpenGL 绘图状态

从图 6.11 可以看出，目前已经绘制了下方的两个 Button。继续选择下面的绘图函数，Detail 窗口中的图像如图 6.12 所示。

图 6.12　Tracer for OpenGL 绘图效果

此时已经绘制了上面的背景界面，再继续往下查看，如图 6.13 所示。

图 6.13　Tracer for OpenGL 绘图效果 2

此时已经绘制了中间的云朵。

通过这个 GPU 追踪工具，可以具体了解到绘图的过程，从而精确地定位到系统的绘图性能问题，特别是重复绘制问题。

➥ GPUProfiler

GPU Profiler 是 Android SDK 新增的 GPU 方法调试工具，在 SDK Manager 中可以下载到该工具。在使用时需要引用 GPU Profiler 的 so 库，具体的使用方法可以参考 Android 开发文档。地址如下所示：

http://tools.android.com/tech-docs/gpu-profiler

通过这个工具，可以对 GPU 渲染方法进行深入调试，但一般的 App 开发者可能很少接触到这一步。因此这里不进行详细介绍，有需要的开发者可以根据自己的需求进行学习。

➥ Profile GPU Rendering

Profile GPU Rendering 是开发者选项中的另一个查看 UI 性能的工具。它可以查看当前页面的绘制性能，并直观地表示出来。

On Screen As Bars

这种方式是最直观的查看页面渲染性能的工具，在开发者选项中打开 Profile GPU Rendering 并选择 On screen as bars 即可，显示如图 6.14 所示。

图 6.14　绘图帧率

图 6.14 中有一条水平的绿线，该线即代表页面渲染流畅的 16ms 基线，高于该线即代表存在掉帧问题。下面各条柱状图，即代表每一帧的渲染时间，这里会产生三个时间（Android M 上会有四个时间），分别是：

- Draw 表示绘制 Display List 的时间，一般来说也就是 View.onDraw 的时间。

- Process 图像引擎渲染 Display List 的时间，View 树越深，渲染时间就越长。
- Execute 将一帧数据发送到屏幕图像合成器的时间。

Execute 实际上是一个很复杂的时间。简单来说，可以理解为系统将一帧图像显示到显示屏上所花费的时间，它涉及三重缓冲的一些步骤。CPU 与 GPU 对图像数据依次进行处理，同时它们之间有三个 Frame 的缓冲区。通常情况下，Execute 的时间都非常短，但是如果 GPU 执行速度太慢，就会导致 CPU 等待 GPU 处理，使 Execute 时间变长。不过虽然这个 Execute 时间比较复杂，但开发者庆幸的是这个时间与应用层无关，通常与 CPU 和 GPU 的性能有关，由硬件决定。这也是上层应用开发者无法优化的部分。

通常情况下，判断一帧的绘制时间是按每一帧所有柱状图的总高度决定的，只有总高度在 16ms 基线以下才代表该帧流畅。而每一部分的柱状图高度，则可以作为分析时的参考，用于分析绘制耗时具体在哪一部分。

adb shell dumpsys gfxinfo

该指令与On Screen As Bars选项基本类似，唯一的不同是该指令可以获取完整的数据，常用于定量的分析，代码如下所示。

```
➜  ~ adb shell dumpsys gfxinfo > /Users/xuyisheng/Desktop/gfx.txt
```

通过这种方式，可以将前一段时间的渲染数据导出到 gfx.txt 中，文件内容如图 6.15 所示。

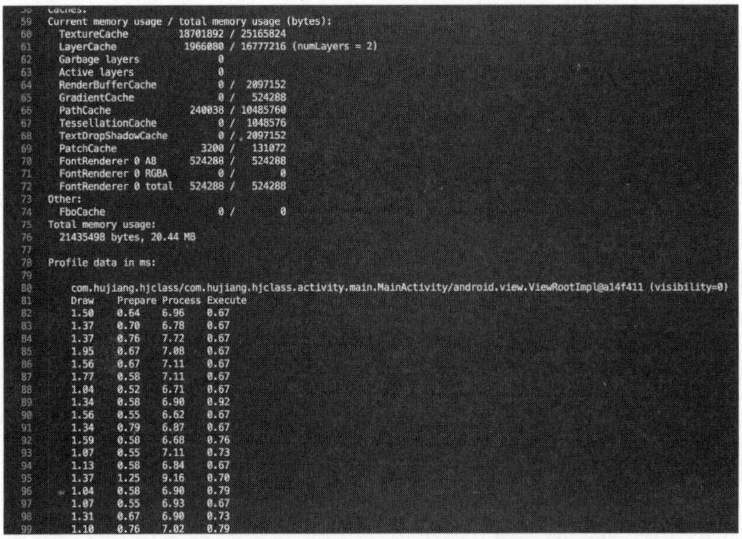

```
Current memory usage / total memory usage (bytes):
  TextureCache          18701892 / 25165824
  LayerCache             1966080 / 16777216 (numLayers = 2)
  Garbage layers               0
  Active layers                0
  RenderBufferCache            0 /  2097152
  GradientCache                0 /   524288
  PathCache               240038 / 10485760
  TessellationCache            0 /  1048576
  TextDropShadowCache          0 /  2097152
  PatchCache                3200 /   131072
  FontRenderer 0 A8       524288 /   524288
  FontRenderer 0 RGBA          0 /        0
  FontRenderer 0 total    524288 /   524288
Other:
  FboCache                     0 /        0
Total memory usage:
  21435498 bytes, 20.44 MB

Profile data in ms:

    com.hujiang.hjclass/com.hujiang.hjclass.activity.main.MainActivity/android.view.ViewRootImpl@a14f411 (visibility=0)
    Draw    Prepare Process Execute
    1.50    0.64    6.96    0.67
    1.37    0.70    6.78    0.67
    1.37    0.76    7.72    0.67
    1.95    0.67    7.08    0.67
    1.56    0.67    7.11    0.67
    1.77    0.58    7.11    0.67
    1.04    0.52    6.71    0.67
    1.34    0.58    6.90    0.92
    1.56    0.55    6.62    0.67
    1.34    0.79    6.87    0.67
    1.59    0.58    6.68    0.76
    1.07    0.55    7.11    0.73
    1.13    0.58    6.84    0.67
    1.37    1.25    9.16    0.70
    1.04    0.58    6.90    0.79
    1.07    0.55    6.93    0.67
    1.31    0.67    6.90    0.73
    1.10    0.76    7.02    0.79
```

图 6.15　gfxinfo

这里的数据就是之前显示在屏幕上的柱状图数据，通过 Excel 可以将这些数据可视化，如图 6.16 所示。

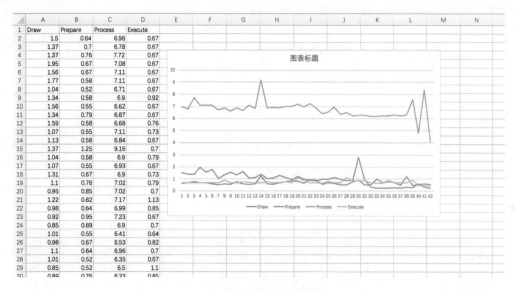

图 6..16　gfxinfo 数据

更重要的是，你可以根据这些数字做出不同的数据图。

↘ Framestats

adb shell dumpsys gfxinfo 中还有一个参数 framestats，可以获取到更详细的页面渲染信息，代码如下所示。

```
adb shell dumpsys gfxinfo <PACKAGE_NAME> framestats
```

该功能的使用与 GPU-Profiler 工具类似，使用的场景不是很多，开发者可以根据自己的需求来选择学习，官方文档地址如下所示。

http://developer.android.com/intl/zh-cn/training/testing/performance.html

↘ Logcat

在系统 Logcat 中，当主线程卡顿时，系统也会输出相关 Log。例如：

```
XX-XX XX:XX:XX.XXX 900-900/com.xys.preferencetest I/Choreographer: Skipped 50 frames!   The application
may be doing too much work on its main thread.
XX-XX XX:XX:XX.XXX 1766-1766/com.xys.preferencetest I/Choreographer: Skipped 50 frames!   The application
may be doing too much work on its main thread.
```

有经验的开发者在开发过程中，可以根据这些 Log 判断当前运行的代码是否存在性能问题。例如，笔者拥有一台 Nexus5 手机，运行一个 App，Log 频繁发出 GC 的信息和主线程过忙的信息。这时候代码性能肯定是有问题了，需要好好看看代码是否有优化的空间。

➘ traces.txt

该文件是系统用于保存 ANR Log 的文件，通过这个文件可以找到系统监测到的 ANR 应用。

通过以下指令，可以 Pull 出这个文件到本地。

```
➜  ~  adb pull /data/anr/traces.txt ~/Downloads/
```

打开该文件可以查看到相应的 ANR 信息，如图 6.17 所示。

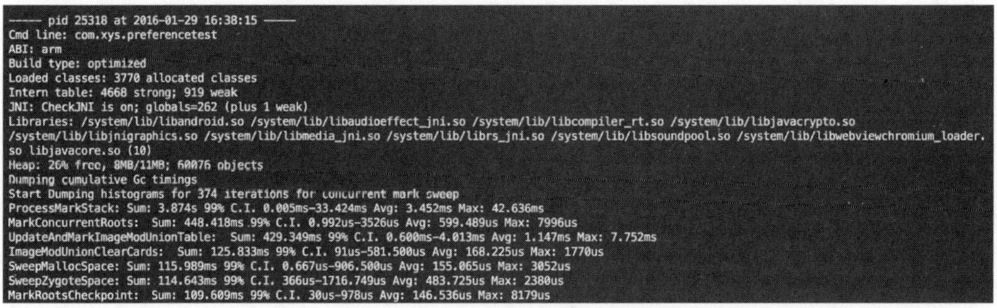

```
----- pid 25318 at 2016-01-29 16:38:15 -----
Cmd line: com.xys.preferencetest
ABI: arm
Build type: optimized
Loaded classes: 3770 allocated classes
Intern table: 4668 strong; 919 weak
JNI: CheckJNI is on; globals=262 (plus 1 weak)
Libraries: /system/lib/libandroid.so /system/lib/libaudioeffect_jni.so /system/lib/libcompiler_rt.so /system/lib/libjavacrypto.so
/system/lib/libjnigraphics.so /system/lib/libmedia_jni.so /system/lib/librs_jni.so /system/lib/libsoundpool.so /system/lib/libwebviewchromium_loader.
so libjavacore.so (10)
Heap: 26% free, 8MB/11MB; 60076 objects
Dumping cumulative Gc timings
Start Dumping histograms for 374 iterations for concurrent mark sweep
ProcessMarkStack: Sum: 3.874s 99% C.I. 0.005ms-33.424ms Avg: 3.452ms Max: 42.636ms
MarkConcurrentRoots:  Sum: 448.418ms 99% C.I. 0.992us-3526us Avg: 599.489us Max: 7996us
UpdateAndMarkImageModUnionTable:  Sum: 429.349ms 99% C.I. 0.600ms-4.013ms Avg: 1.147ms Max: 7.752ms
ImageModUnionClearCards:  Sum: 125.833ms 99% C.I. 91us-581.500us Avg: 168.225us Max: 1770us
SweepMallocSpace: Sum: 115.989ms 99% C.I. 0.667us-906.500us Avg: 155.065us Max: 3052us
SweepZygoteSpace: Sum: 114.643ms 99% C.I. 366us-1716.749us Avg: 483.725us Max: 2380us
MarkRootsCheckpoint:  Sum: 109.609ms 99% C.I. 30us-978us Avg: 146.536us Max: 8179us
```

图 6.17　Trace.txt 文件

开发者可以通过包名定位到具体的 ANR Log。在 Log 开始的部分，系统会打印出一些发生 ANR 时系统的状态信息。Log 继续往下会发现类似如图 6.18 所示的 Log 信息。

这里的 Log 即类似于 Exception 的调用栈，通过具体代码的调用栈，可以找到对应的问题代码。不过这个 Trace.txt 文件也是一把双刃剑，虽然它详细记录了 ANR 的信息，但在 ANR 发生的时候，系统还需要频繁操纵 IO 写入 ANR 文件信息。对资源实际上也是一种比较大的占用，这也是为什么 App 一多，手机就容易卡顿的原因。

```
Total time spent in GC: 5.737s
Mean GC size throughput: 1809KB/s
Mean GC object throughput: 39826.5 objects/s
Total number of allocations 288591
Total bytes allocated 18MB
Free memory 3MB
Free memory until GC 3MB
Free memory until OOME 183MB
Total memory 11MB
Max memory 192MB
Total mutator paused time: 104.771ms
Total time waiting for GC to complete: 18.220ms

DALVIK THREADS (18):
"main" prio=5 tid=1 Sleeping
  | group="main" sCount=1 dsCount=0 obj=0x7301d2e0 self=0xb82ea530
  | sysTid=25318 nice=0 cgrp=apps sched=0/0 handle=0xb6f55ec8
  | state=S schedstat=( 0 0 0 ) utm=30 stm=6 core=0 HZ=100
  | stack=0xbe246000-0xbe248000 stackSize=8MB
  | held mutexes=
  at java.lang.Thread.sleep!(Native method)
  - sleeping on <0x07bc23f8> (a java.lang.Object)
  at java.lang.Thread.sleep(Thread.java:1031)
  - locked <0x07bc23f8> (a java.lang.Object)
  at java.lang.Thread.sleep(Thread.java:985)
  at com.xys.preferencetest.MainActivity.doANR(MainActivity.java:54)
  at java.lang.reflect.Method.invoke!(Native method)
  at java.lang.reflect.Method.invoke(Method.java:372)
  at android.support.v7.app.AppCompatViewInflater$DeclaredOnClickListener.onClick(AppCompatViewInflater.java:270)
  at android.view.View.performClick(View.java:4756)
  at android.view.View$PerformClick.run(View.java:19749)
  at android.os.Handler.handleCallback(Handler.java:739)
  at android.os.Handler.dispatchMessage(Handler.java:95)
  at android.os.Looper.loop(Looper.java:135)
  at android.app.ActivityThread.main(ActivityThread.java:5221)
  at java.lang.reflect.Method.invoke!(Native method)
  at java.lang.reflect.Method.invoke(Method.java:372)
  at com.android.internal.os.ZygoteInit$MethodAndArgsCaller.run(ZygoteInit.java:899)
  at com.android.internal.os.ZygoteInit.main(ZygoteInit.java:694)
```

图 6.18　ANR 信息

⤵ Android Studio GPU Monitor

要使用此功能，开发者需要在设备的开发者选项中打开 Profile GPU rendering 的选型，并选择 "in adb shell dumpsys gfxinfo" 选项。打开后，界面如图 6.19 所示。

图 6.19　GPU Monitor

Android Studio 中集成的 Monitor 环境，可以监测当前运行界面的页面渲染，同时实时显示出来。开发者在开发程序的时候，可以实时了解程序性能，及时发现问题，而不是到后期才去重新进行优化。

⤵ Systrace

Systrace 是一个系统级的性能检测工具，App 开发者可以利用它完成一些深层次的性能检测。

初始化

Systrace 的初始化有两种方式，下面笔者将分别进行介绍。

In DDMS

Systrace 工具已经在 DDMS 中有集成了，打开 DDMS 可以找到启动 Systrace 的按钮，如图 6.20 所示。

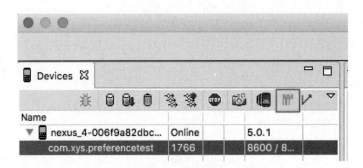

图 6.20　启动 Systrace

点击该按钮，弹出如图 6.21 所示的界面。

Systrace (Android System Trace)

Settings to use while capturing system level trace

Destination File:	/Users/xuyisheng/Downloads/trace.html
Trace duration (seconds):	5
Trace Buffer Size (kb):	2048
Enable Application Traces from:	None

Commonly Used Tags:
- ☑ Graphics
- ☑ Input
- ☑ View System
- ☑ WebView
- ☑ Window Manager
- ☑ Activity Manager
- ☑ Application
- ☑ Resource Loading
- ☑ Dalvik VM
- ☑ CPU Scheduling

Advanced Options:
- ☐ Sync Manager
- ☐ Audio
- ☐ Video
- ☐ Camera
- ☐ Hardware Modules
- ☐ RenderScript
- ☐ Bionic C Library
- ☐ Power Management
- ☐ CPU Frequency
- ☐ CPU Idle
- ☐ CPU Load

Cancel　OK

图 6.21　Systrace 配置

这里主要使用默认配置，采集的数据可以在下面进行选择。同时，还可以设置采集的时间段。点击"OK"按钮后即可开始采集，由于 Systrace 抓取的信息非常多，因此这里只设置了 5s 的时间段。

数据采集完毕后，在保存路径下就会生成对应的 trace.html 文件，用浏览器打开后，如图 6.22 所示。

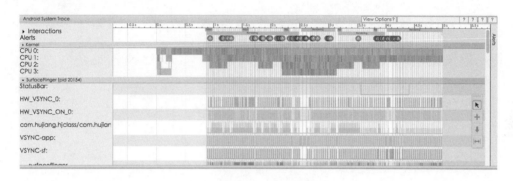

图 6.22　Systrace 数据结果

数据量确实非常大，要查看这个页面，还是需要一些小技巧的。

- 缩放：通过 W、S 可以控制页面的缩放。

- 滑动：通过 A、D 可以对页面进行滑动。

如果开发者对快捷键不熟悉，可以查看 Systrace 的帮助，点击右上角的"?"即可，如图 6.23 所示。

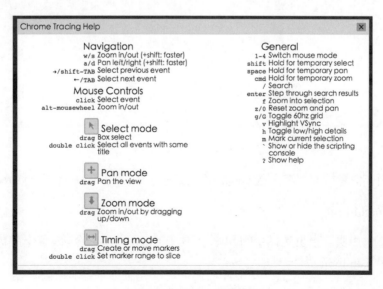

图 6.23　Systrace 操作方法

Systrace 因为 SDK 版本的不同可能会有不同，但大体上还是类似的。如图 6.24 和图 6.25 所示，分别是 r21 版本的 platform-tools 生成的 Systrace 和 r23 版本生成的 Systrace。

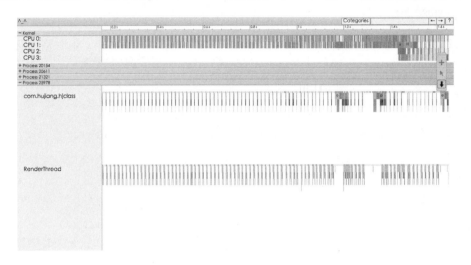

图 6.24　r21 版本 Systrace 数据结果图

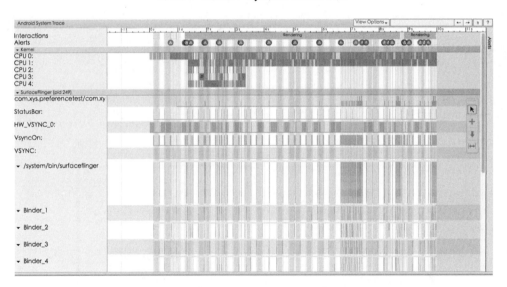

图 6.25　r23 版本 Systrace 数据结果图

整个界面、信息排列都有一些不同，这里我们以最新的 r23 版本的 Systrace 为准。

In Command Line

DDMS 工具中实际上也是调用的 SDK 工具中的 Systrace 命令，该命令在 platform-tools 目录下，如图 6.26 所示。

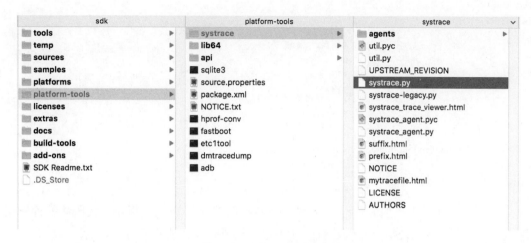

图 6.26　Systrace 指令位置

在 Android 4.3 以上的系统中，只需要在该目录下，用 Python 运行如下所示的指令即可。

```
$ python systrace.py --time=10 -o mytrace.html sched gfx view wm
```

命令行比 DDMS 中的优势在于可定制性强，通过不同的参数设置可以采集不同的数据。笔者建议当开发者熟悉了图形化界面抓取 Systrace 后，应该多尝试使用命令行抓取，以便更加灵活地使用 Systrace。

Systrace 指令的可配置参数非常多，笔者这里不详细展开，一般使用上面的配置即可（抓取 Graphics、view 和 Window Manager 数据）。详细的参数设置，开发者可以参考 Android Developer 网站，地址如下所示。

http://developer.android.com/intl/zh-cn/tools/help/systrace.html

In Source Code

除了上面介绍的两种使用 Systrace 的方法外，在 Android 4.3 之后，开发者可以使用 SDK 提供的 Trace 类来增加自定义的 Trace Tag。在 Android Developer 官方网站上，Google 给出了示例代码，如下所示。

```
public void ProcessPeople() {
    Trace.beginSection("ProcessPeople");
    try {
        Trace.beginSection("Processing Jane");
        try {
            // code for Jane task...
        } finally {
            Trace.endSection(); // ends "Processing Jane"
        }
```

```
            Trace.beginSection("Processing John");
            try {
                // code for John task...
            } finally {
                Trace.endSection(); // ends "Processing John"
            }
        } finally {
            Trace.endSection(); // ends "ProcessPeople"
        }
    }
```

通过上面的代码，可以在 Systrace 中增加对应的 Tag，以便分析指定代码块的性能问题。这种方式虽然比较烦琐，但是对于准确定位细节问题还是非常有帮助的。

↘ CPU 区域

数据列表的最上方是 CPU 区域，每一行代表一个 CPU 核心和它执行任务的时间片，放大之后可以看到每个色块都代表一个执行的进程，色块的长度代表其执行时间，如图 6.27 所示。

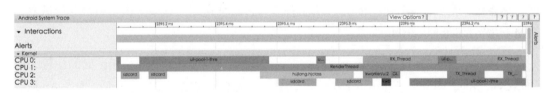

图 6.27　CPU 区域

当开发者选中一个 CPU 运行时间段后，在下面会显示该 CPU 时间段的信息，如图 6.28 所示。

1 item selected:	Thread Time Slice (1)	
Running process:		.preferencetest (pid 19346)
Running thread:		UI Thread
State:		Running
Start:		1,266.761 ms
Duration:		36.165 ms
On CPU:		CPU 1
Running instead:		

图 6.28　CPU 信息

这里有一个 State 参数，代表了当前 CPU 的运行状态。例如图 6.28 中所示的是 Running 状态，除了 Running 还有 STANDBY（就位模式）、DORMANT（休眠模式）、SHUTDOWN（关闭状态）等一共四种状态。

在一段时间内，如果有一些任务持续处于运行状态，其表现就是 CPU 区域存在连续的同色色条，此时就需要考虑是否有线程过度占用了 CPU，导致 CPU 长时间被占用。

↘ SurfaceFlinger

SurfaceFlinger 区域展示了 VSYNC 的绘制信号信息，如图 6.29 所示。

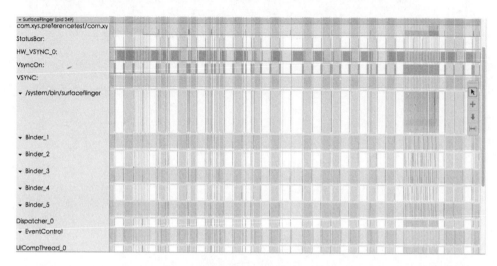

图 6.29　VSYNC 信号

SurfaceFlinger 中的 VSYNC 代表屏幕的刷新率。可以看见，当前的页面存在严重的卡顿，VSYNC 基本都不能保证 16ms。

↘ 应用区域

应用区域展示了采集数据时运行的所有进程，对于 App 来说，我们关心的是待测应用的进程，如图 6.30 所示。

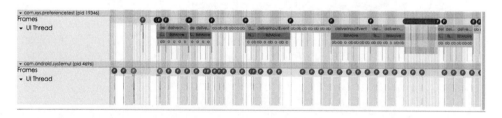

图 6.30　应用区域

在新版的 Systrace 中，系统对进程每次绘制的 Frame 都增加了一个带 F 的小圆圈标记。按住 F 键，即可将这一帧展开；按住 M 键，即可显示每一帧的总时间，如图 6.31 所示。

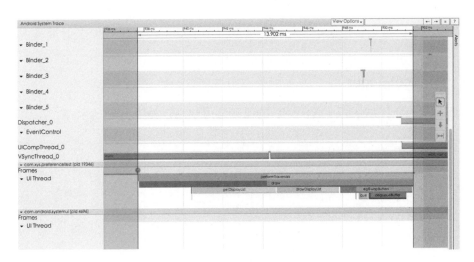

图 6.31　查看单帧数据

同时，带 F 的小圆圈标记的颜色也代表着不同的含义。

- 绿色：该 Frame 绘制流畅。

- 黄色：该 Frame 绘制有小幅延迟。

- 红色：该 Frame 绘制严重延迟。

当显示该 Frame 绘制有问题时，系统在下面的提示框中也会显示具体的绘制时间、延迟原因，甚至会给出一些解决方案，如图 6.32 所示。

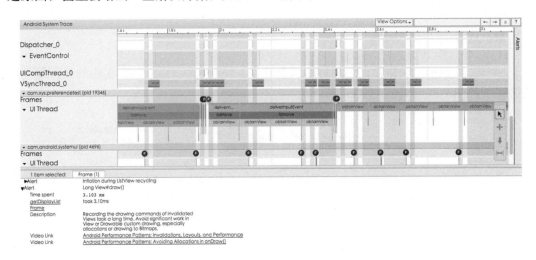

图 6.32　提示解决方案

在应用的数据面板中，可以找到一些开发者非常熟悉的方法，例如 performTraversals 方法（该方法用于绘制整个 View 树），还可以看见绘制一个 View 树具体花费了多少时间，如图 6.33 所示。

图 6.33　绘制详细

除了上面展示的关于 ListView 的性能卡顿提示外，还有一个非常常见的提示——Scheduling delay，如图 6.34 所示。

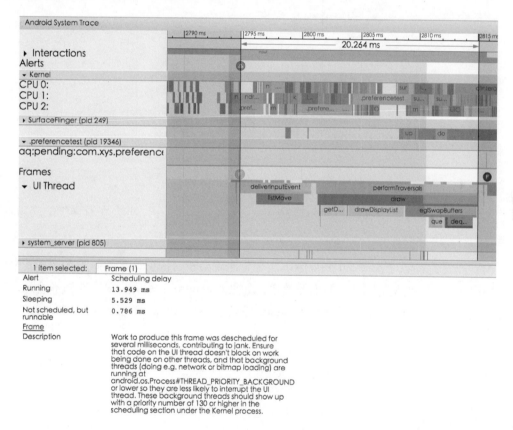

图 6.34　性能提示信息

下面的系统分析提示：Scheduling delay，即调度延迟。当一帧的绘制时间超过 19ms 时，就会触发这个提示。当前图中的这一帧已经有 20.264ms，因此触发了这个警告。Scheduling delay 的主要原因是绘制线程在绘制的时候，在很长一段时间都没有分配到 CPU 时间片，从而无法继续绘制工作。当出现这个问题后，就需要检查当前 CPU 具体被分配到了哪些进程中，分析是哪些进程占用了过多的 CPU 时间而造成 Scheduling delay。

↘ Alert

Systrace 在采集数据完成后会对所有采集到的数据进行一些基本的分析，并提供 Alert 汇总供开发者检查。点击页面右边的 Alert 标签即可打开数据的汇总信息，如图 6.35 所示。

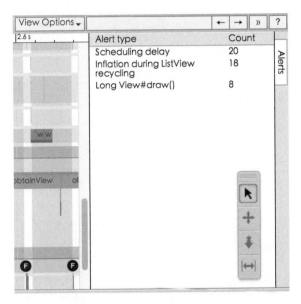

图 6.35　Alert 提示

这里可以看到总共出现的问题和数量，有了这些总体的分析，再去查看详细的问题点，就会有比较好的概念。

App 开发者需要对 Android 底层源码实现有比较清晰的认识，才能熟悉 Systrace 中展现的调用方法，特别是针对 UI 的绘图效率。如果对 Android 底层绘图的架构不熟悉，就很难发现具体的错误原因。不过还好 Systrace 提供了一些 Alert、图形化警告等，帮助一般开发者找到性能瓶颈。

6.4　Traceview

Traceview 是 Android 平台下的数据采集工具。通过 Traceview，可以得到以下两种数据。

- 单次执行最耗时的方法。

- 执行次数最多的方法。

这两个数据与 CPU 性能息息相关，并极大地影响着 UI 性能。因此，通过 Traceview 分析这两类问题可以帮助开发者找到代码层面的性能问题。

该工具的可执行程序在 SDK 目录下，如图 6.36 所示。

图 6.36　Traceview 工具位置

通常情况下，开发者会把 tools 和 platform-tools 目录加入环境变量，这样就可以在终端中直接运行这些工具了。

↘ In Source Code

我们可以通过代码分析指定的代码快，代码如下所示。

```
Debug.startMethodTracing();
……代码……
Debug.stopMethodTracing();
```

执行完毕后，会自动将数据保存到 SDCard 下（需要 SDCard 读写权限）。采集到的数据可以通过 SDK 下的 Traceview 工具打开，这与在 DDMS 中自带打开抓取的 Trace 数据是一样的。

↘ In DDMS

在 DDMS 工具中，开发者可以选择相应的进程，然后点击 DDMS 工具栏中的 Start Method Profiling 按钮，启动 Traceview，如图 6.37 所示。

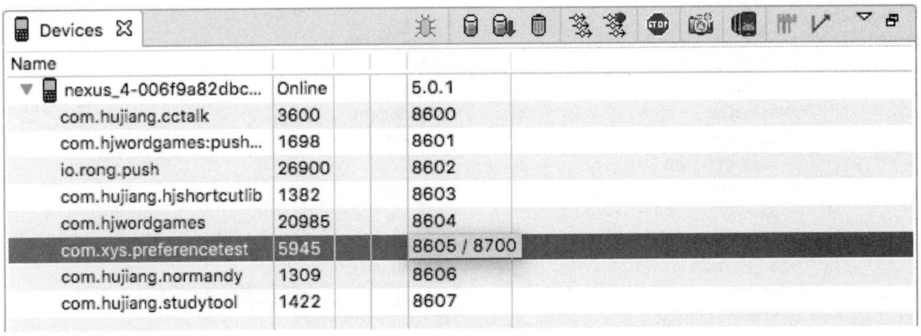

图 6.37　启动 Traceview

打开界面如图 6.38 所示。

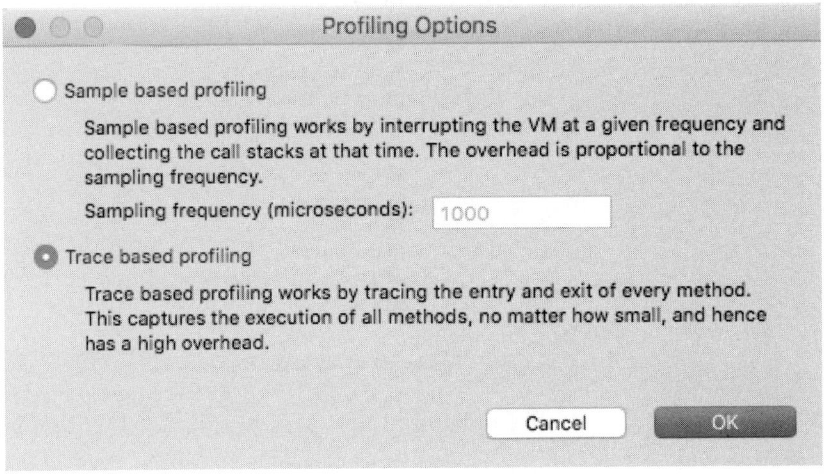

图 6.38　配置 Traceview

点击 Trace View 按钮即可开始采集数据，再次点击即可停止数据采集。采集过程中程序的运行会比较卡顿，因为系统需要耗费大量的资源来追踪所有进程的所有方法。因此，通过 Traceview 测试的时间不能太长，最好是结合一个具体的问题来进行测试、分析。

↘ Traceview 分析

抓取完数据后，Traceview 工具会自动生成数据报表，为了演示 Traceview 的功能，笔者通过测试代码抓取到了 Traceveiw 数据，如图 6.39 所示。

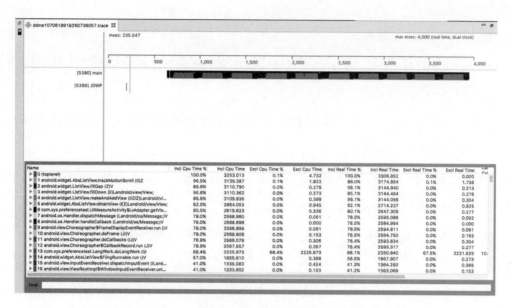

图 6.39 Traceview 数据

Traceview 界面大体上分为两部分，即上面的图形列表和下面的详细列表。在上面的图形列表中，包含在所有进程中采集到的数据。图中的数据表明，这里只采集到了主进程数据。

➥ 图形列表

把图形列表放大，可以看见一个个矩形的色块，如图 6.40 所示。

图 6.40 运行色块

这些色块表示整个采集过程中的函数调用时间线。相同的颜色对应相同的方法，在下面的详细列表中可以找到这些方法。而这些色块的长度，代表着方法执行时间的长度。一个比较快、比较直观的检测方法就是看色块的长度。明显比较长的方法应该重点去关注。当然，这只是一个非常主观的判断，具体定量的分析，还需要使用下面的详细列表功能。

➥ 详细列表

这里显示了每个进程、每段时间所调用的方法，以及该方法所占用的 CPU 和该方法的调用次数。数据量非常大，要读懂这个详细列表，需要先了解一下它每一列代表的含义。

- Name：调用函数名。

- Incl CPU Time(%)：某方法包括其内部调用的其他方法所占用的 CPU 时间（占总 CPU 的百分比）。

- Excl CPU Time(%)：某方法但不包括其内部调用的其他方法所占用的 CPU 时间（占总 CPU 的百分比）。

- Incl Real Time(%)：某方法包括其内部调用的其他方法所占用的真实时间（占总时间的百分比）。

- Excl CPU Time(%)：某方法但不包括其内部调用的其他方法所占用的真实时间（占总时间的百分比）。

- Call+Recur Calls/Total：某方法调用的次数+递归调用占总调用次数的百分比。

- CPU Time/Call：某方法占用的 CPU 时间与调用次数的百分比，即该方法的平均占用 CPU 时间。

- Real Time/Call：某方法占用的真实时间与调用次数的百分比，即该方法的平均占用真实时间。

> 关于 CPU 时间和真实时间，一个方法在执行过程中，CPU 时间和真实时间并不是完全等同的。CPU 时间可以理解为 CPU 对方法中的数据进行处理的时间，但不包括方法调用、线程调度、线程等待等其他时间，而这所有的时间才是方法的真实时间。

参数非常多，但根据前面的分析，开发者最关心的实际上就是 CPU Time/Call 和 Call+Recur Calls/Total 这两列的数据。它们分别对应着以下内容。

- CPU Time/Call 方法平均占用 CPU 时间的长度，即可以寻找单次执行最耗时的方法。

- Call+Recur Calls/Total 方法调用次数的多少，即可以寻找调用次数最多的方法。

关于 Traceview 各种参数的含义，官方开发者网站上给出了详细的介绍，地址如下所示。

- http://developer.android.com/intl/zh-cn/tools/performance/traceview/index.html

- http://developer.android.com/intl/zh-cn/tools/debugging/debugging-tracing.html

首先，点击 CPU Time/Call 列，让其按照降序排列，找到平均执行时间长的方法（很多系统方法执行时间也是非常长的，这些需要先排除它们的耗时，大部分情况下这是由于 App 的代码问题造成的）。经过排序后的列表如图 6.41 所示。

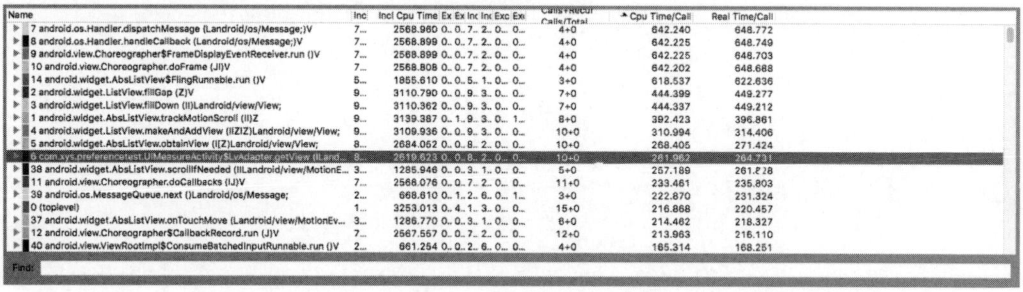

图 6.41　按调用时间排序

除去前面的系统方法，可以发现应用的 getView 方法明显耗时严重（你也可以通过下面的 Find 来筛选自己应用的方法）。展开这一行数据，如图 6.42 所示。

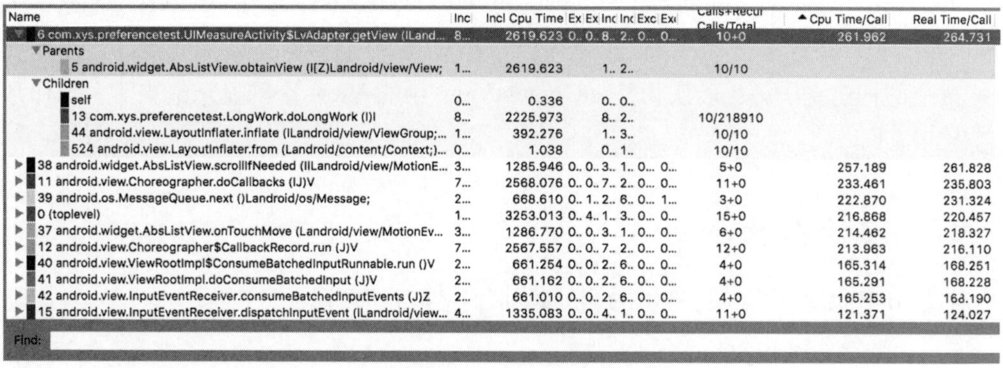

图 6.42　查找耗时方法

可以发现 getView 方法调用了 10 次，但平均耗时却有 260 多毫秒。再继续查看，发现 getView 方法中调用的 doLongWork()方法的 Incl CPU Time 消耗了 getView 的大量时间，这也就是导致 UI 卡顿的主要原因。

接下来，点击 Call+Recur Calls/Total 列，让其按照降序排列，找到调用次数最多的方法，如图 6.43 所示。

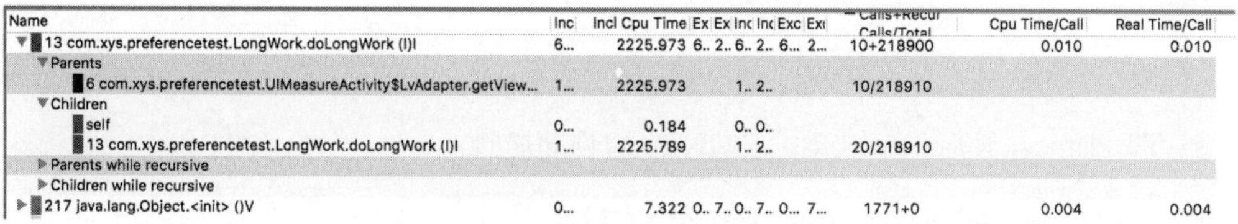

图 6.43　按调用次数排序

通过排序，我们可以很清楚地看见测试方法 doLongWork()进行了大量的递归调用。这是导致 UI 卡顿的主要原因。

以上两种方式是使用 Traceview 的常用方法。在实际操作过程中，通常会以这两个参数作为重要的判断依据。并结合其他参数，例如 Incl CPU Time 等来进一步分析。

6.5 应用启动时间计算

应用启动时间，也是评判一个 App 性能好坏的重要指标。如果一个 App 开启的速度太慢，将直接影响用户对 APP 的第一印象。

➥ 启动时间定义

对于 Activity 来说，启动时首先执行的是 onCreate()、onStart()、onResume()这些生命周期函数。但即使这些生命周期方法回调结束了，应用也不算已经完全启动，还需要等 View 树全部构建完毕。一般认为，setContentView 中的 View 全部显示结束了，算作是应用完全启动了。

➥ ADB 计算启动时间

通过 ADB 命令可以统计应用的启动时间，指令如下所示。

```
➜  ~  adb shell am start -W com.xys.preferencetest/.MainActivity
Starting:
Intent {
    act=android.intent.action.MAIN
    cat=[android.intent.category.LAUNCHER] cmp=com.xys.preferencetest/.MainActivity }
Status: ok
Activity: com.xys.preferencetest/.MainActivity
ThisTime: 1047
TotalTime: 1047
WaitTime: 1059
Complete
```

该指令一共给出了三个时间。

- ThisTime：最后一个启动的 Activity 的启动耗时。

- TotalTime：自己的所有 Activity 的启动耗时。

- WaitTime：ActivityManagerService 启动 App 的 Activity 时的总时间（包括当前 Activity 的 onPause()和自己 Activity 的启动）。

这三个时间不是很好理解，我们可以把整个过程分解，如下所示。

1. 上一个 Activity 的 onPause()——2. 系统调用 AMS 耗时——3. 第一个 Activity（也许是闪屏页）启动耗时——4. 第一个 Activity 的 onPause()耗时——5. 第二个 Activity 启动耗时。

ThisTime 表示 5（最后一个 Activity 的启动耗时）。TotalTime 表示 3、4、5 总共的耗时（如果启动时只有一个 Activity，那么 ThisTime 与 TotalTime 应该是一样的）。WaitTime 则表示所有的操作耗时，即 1、2、3、4、5 所有的耗时。

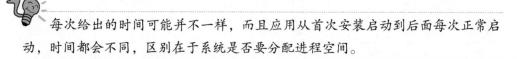

　　每次给出的时间可能并不一样，而且应用从首次安装启动到后面每次正常启动，时间都会不同，区别在于系统是否要分配进程空间。

一般来说，可以使用脚本多次重复应用"启动—Kill—启动"过程并取其平均时间。

↘ 使用相机分析

除了使用 AM 指令分析应用的启动时间，还可以使用相机进行分析。通过使用自动化脚本循环执行"启动—Kill—启动"指令。同时拍摄高清视频，使用播放器进行逐帧分析，从而计算启动时间。

这个方法操作起来稍微复杂一点，但也是一种比较精确的统计方法。

6.6　内存探究

内存是手机系统非常重要而且稀缺的资源，虽然现在 Android 系统的内存越来越大，但这并不代表开发者可以肆意挥霍内存。把握好每一块内存，才能把一个 App 的内存体验做到最好。

通常来说，对内存的管理、优化有以下两种方式。

- 在对象不需要的时候确保对象能够被销毁。

- 如果对象没有被销毁，则该对象一定是作为可以复用的对象，而不是存在多个。

以上两点，基本就是开发者管理、优化内存的核心原则。

↘ 内存区分

- 寄存器 Registers：用于存储指令、地址、数据。

- 栈 Stack：存放基本类型的数据、对象的引用和函数地址等，由系统控制。

- 堆 Heap：存放对象本身和数组，由开发者控制。

- 静态域 static field：存储静态变量。

- 常量池 constant pool：存储常量。

开发者能够控制的内存，基本在于堆和栈区域，它们的区别如下所示：

堆 / 栈	GC 管理	存取速度
堆	由 GC 系统控制。变量生命周期结束后，由 GC 系统决定何时回收	慢
栈	由虚拟机控制。变量生命周期结束后，由虚拟机释放该变量占用的内存空间	快

常用内存类型：

- VSS - Virtual Set Size 虚拟耗用内存（包含共享库占用的内存）。

- RSS - Resident Set Size 实际使用物理内存（包含共享库占用的内存）。

- PSS - Proportional Set Size 实际使用的物理内存（比例分配共享库占用的内存）。

- USS - Unique Set Size 进程独自占用的物理内存（不包含共享库占用的内存）。

一般来说内存占用大小有如下规律：VSS≥RSS≥PSS≥USS。

↘ 系统内存分析工具

Google 在 Android 系统中，已经添加了很多内存监控的工具，可以帮助开发者快速了解应用内存状态。

Process Stats

在开发者选项中可以找到 Process Stats 工具，如图 6.44 所示。

图 6.44　系统 Process 工具

这里展示了系统整体的内存状态，包括：

- 当前系统内存健康状态。

- 每个进程占用系统总时间的时间比。

但大部分时间，App 开发者是比较关心自己 App 的内存状态的，点击要查看的 App 进入每个 App 的内存状态，如图 6.45 所示。

图 6.45　Process 详细

这里可以看见当前 App 的内存使用状态，包括：

- 平均内存使用。

- 最大内存使用。

- 运行时间比。

Apps-Running

在系统设置的 Apps 中，可以查看当前运行的 App 的内存使用，包括：

- 系统占用内存与 App 占用内存。

- 每个 App 占用的内存（Pss 内存）。

在这里可以从宏观角度上查看 App 的内存占用情况，如图 6.46 所示。

图 6.46　App-Running

Dumpsys Meminfo

adb dumpsys meminfo 指令是 Apps-Running 的底层实现，可以 dump 出当前系统的内存使用状态。如果不指定包名，则 dump 出整个系统的内存分配状态。通常情况下，对于 App 开发者来说，需要指定包名来获取自己 App 的内存分配状态。

一个简单的内存快照，如图 6.47 所示。

```
[→  ~  adb shell dumpsys meminfo com.hujiang.hjclass
Applications Memory Usage (kB):
Uptime: 107614519 Realtime: 445822203

** MEMINFO in pid 518 [com.hujiang.hjclass] **
                 Pss    Private  Private  Swapped    Heap     Heap     Heap
                Total    Dirty    Clean     Dirty     Size    Alloc     Free
               ------   ------   ------    ------    ------   ------   ------
  Native Heap    9346     9296        0         0     13636     8537     2986
  Dalvik Heap   24095    23872        0         0     38947    33047     5900
 Dalvik Other     836      836        0         0
        Stack     436      436        0         0
    Other dev    6944     2380       12         0
      .so mmap    1086      352      148         0
     .jar mmap       2        0        0         0
     .apk mmap     930        0      304         0
     .ttf mmap       4        0        0         0
     .dex mmap    9744        0     9736         0
    code mmap    1673        0      216         0
   image mmap    1979     1244        0         0
   Other mmap     958       20      672         0
     Graphics    7744     7744        0         0
           GL   14444    14444        0         0
      Unknown     208      208        0         0
        TOTAL   80429    60832    11088         0     52583    41584     8886

Objects
            Views:      436          ViewRootImpl:         1
      AppContexts:        7            Activities:         1
          Assets:        2         AssetManagers:         2
    Local Binders:       21         Proxy Binders:        31
 Death Recipients:        1
   OpenSSL Sockets:        0

SQL
      MEMORY_USED:      725
PAGECACHE_OVERFLOW:      277          MALLOC_SIZE:        62

DATABASES
    pgsz    dbsz  Lookaside(b)          cache  Dbname
       4      20        50          1/85/2  /data/data/com.hujiang.hjclass/databases/downloads.db
       4      24        19          1/85/2  /data/data/com.hujiang.hjclass/databases/rep.db
       4     172        35       5948/88/5  /data/data/com.hujiang.hjclass/databases/analytics_hujiang.db
       4      28        14          0/84/1  /data/data/com.hujiang.hjclass/databases/hjclass_note.db
       4     176       408        22/91/8  /data/data/com.hujiang.hjclass/databases/hjclass
→  ~
```

图 6.47　Heap 数据

快照中包含了 dump 时间点的该 App 的所有内存分配信息，其中最重要的数据就是 Pss 内存值，即实际物理内存。常见的内存监视工具，基本都是通过线程来指定一定时间间隔的采样，获取其中的 dump 数据并记录下来，最后通过图表生成采样报表。

在这张图中，开发者最关心的就是前两列——Pss Total 和 Private Dirty。Pss Total 的 Total 是当前所使用的内存总和。

利用这个工具检测内存泄漏，通常做法是让 App 多次开启和退出，看 Dump 出的内存信息中的 Views 和 Activiies 是否在退出后清零。其次是看 Pss Total 的值是否发生显著变化。

Dumpsys Procstats

adb dumpsys procstats 指令是 Process Stats 的底层实现，收集的数据即为指定时间段内的内存分配状况（Pss 内存）。通过指令 adb shell dumpsys procstats -h 可以获取该指令的详细使用方法，如图 6.48 所示。

```
[→  ~  adb shell dumpsys procstats -h
Process stats (procstats) dump options:
    [--checkin|-c|--csv] [--csv-screen] [--csv-proc] [--csv-mem]
    [--details] [--full-details] [--current] [--hours N] [--last N]
    [--active] [--commit] [--reset] [--clear] [--write] [-h] [<package.name>]
  --checkin: perform a checkin: print and delete old committed states.
  --c: print only state in checkin format.
  --csv: output data suitable for putting in a spreadsheet.
  --csv-screen: on, off.
  --csv-mem: norm, mod, low, crit.
  --csv-proc: pers, top, fore, vis, precept, backup,
    service, home, prev, cached
  --details: dump per-package details, not just summary.
  --full-details: dump all timing and active state details.
  --current: only dump current state.
  --hours: aggregate over about N last hours.
  --last: only show the last committed stats at index N (starting at 1).
  --active: only show currently active processes/services.
  --commit: commit current stats to disk and reset to start new stats.
  --reset: reset current stats, without committing.
  --clear: clear all stats; does both --reset and deletes old stats.
  --write: write current in-memory stats to disk.
  --read: replace current stats with last-written stats.
  -a: print everything.
  -h: print this help text.
  <package.name>: optional name of package to filter output by.
→  ~  ▊
```

图 6.48　Procstats

该指令功能非常丰富，但使用频率并不高，毕竟 IDE 中的很多工具已经实现了其大部分的功能。

↘ 获取内存信息

在了解如何获取内存信息之前，开发者需要先了解内存的一些具体划分，在了解了这些知识的基础上，才能更好地理解如何管理、优化内存。

Shared 内存与 Private 内存

Private 内存非常好理解，也就是完全属于每个应用独享的那部分已分配的内存。

相对于 Private 内存，Android 中的基础公共库、组件，还有一些 Native 的 library，Android 系统为了节省内存资源，为它们提供了公共的内存资源。这些内存资源就是 Shared 内存，这些内存被所有运行的进程所共享。同时，从指令中获取的 Shared 内存大小，也就是每个 App 进程所获取到的 Shared 内存的平均值。

Android 这样的设计非常巧妙。Android 进程始于 Zygote 进程，Zygote 进程是一切进程的来源，公共资源、组件和 Native 的 library 都在 Zygote 进程中初始化。而其他进程通过 fork 的方式产生新的进程，这样新的进程产生时就已经带有了 Shared 内存所预先加载的内容，从而提高了应用进程的创建速度。

Dirty 内存与 Clean 内存

Dirty 内存并不是脏数据，而是指只存储在 RAM 中的内存数据。当 RAM 清除这些内存后，应用要想再次读取原来内存中的数据就必须重新分配后再进行读取。

而 Clean 内存则相反，保存在 Clean 内存中的数据同时会缓存在文件中。这样当 RAM 清除这些内存后，应用想要再次读取这些内存中的数据就可以直接从缓存文件中读取。

其他内存概念

- dalvik 是指 dalvik 所使用的内存。

- native 是被 native 堆使用的内存，应该指使用 C\C++在堆上分配的内存。

- other 是指除 dalvik 和 native 使用的内存。但是具体是指什么呢？至少包括在 C\C++分配的非堆内存，比如分配在栈上的内存。

↘ GC 系统

GC 系统遵循 GC Root 搜索算法，根据是否包含其他对象的引用来判断是否需要进行 GC。在 Android 2.3 之前，GC 是同步发生的，而且是一次完整的 Heap 遍历。也就是说，每次 GC 都会打断应用的正常运行，而且应用占用内存越大，GC 时间越长。而在 Android 2.3 之后，系统修改了 GC，将 GC 作为并发线程，同时每次 GC 并不会遍历整个 Heap，而是只遍历一部分内存。

> 这里的 GC 同步与非同步是指：在 Android 2.3 之前的版本，GC 是会打断被 GC 的线程的，而 Android 2.3 之后的版本，GC 与被 GC 线程可以同时工作而互不影响。

这是 GC 算法的第一次提升，一直到 Android 4.4 都没有发生大的改变，直到 Android 5.0 的到来。在 Android 5.0 之前，GC 一直扮演着一个清理工的角色，GC 打断进程，遍历 Heap，清理垃圾。但是在清理的过程中，没有对内存碎片进行整理，这就导致当系统进行了大量 GC 后，内存碎片越来越多，完整的内存区域越来越少。即使整个碎片加起来有 10MB，但完整的一个连续内存区域却可能只有 1MB。这就导致了 OOM，即使此时你还有很多内存。因此在 Android 5.0 之后，系统第二次优化了 GC，加快了 GC 的清理速度，减少了打断进程的次数。同时 GC 不仅扮演清理工的角色，还扮演了一个管家的角色，它可以为大内存对象分配特殊的地址，方便内存碎片的整理。当你的应用在后台运行后，GC 系统会对整个 App 的内存进行对齐，将小的内存碎片清理出来，构成完整的内存区域，从而提高内存的使用率。

GC 系统根据 GC Root 算法进行 GC 工作，该算法会以一个 GC Root 对象为起点，搜索与之相关联的对象。如果某个对象与 GC Root 对象没有找到引用链，则表示该对象需要进行回收，常见的 GCRoot 对象有以下几种。

- class：由 System class loader 加载的对象。

- JNI：jni 相关调用的引用、变量、参数。

- Thread：活着的线程。

- Stack：栈中的对象。

- 静态：方法区类的静态属性引用的对象。

- 常量：方法区中的常量引用的对象（final 类型）。

↘ ActivityManager.MemoryInfo

在代码中，ActivityManager 给开发者提供了 ActivityManager.MemoryInfo 类，用于封装系统级别的内存数据，它包含以下几种数据。

- totalMem：系统可用总内存。

- availMem：系统当前剩余内存。

- lowMemory：是否处于低内存状态。

- threshold：内存阈值。

代码中使用方法如下所示。

```
ActivityManager am = (ActivityManager)
        context.getSystemService(Activity.ACTIVITY_SERVICE);
ActivityManager.MemoryInfo memoryInfo = new ActivityManager.MemoryInfo();
am.getMemoryInfo(memoryInfo);

Log.d("test", "系统可用总内存:" + formatData(context, memoryInfo.totalMem));
Log.d("test", "系统当前剩余内存:" +
                          formatData(context, memoryInfo.availMem));
Log.d("test", "是否处于低内存状态:" + memoryInfo.lowMemory);
Log.d("test", "内存阈值:" + formatData(context, memoryInfo.threshold));

/**
 * 格式化数据
```

```
 *
 * @param context    context
 * @param fileData data(byte)
 * @return 格式化数据(KB MB GB)
 */
public static String formatData(Context context, long fileData) {
    return Formatter.formatFileSize(context, fileData);
}
```

运行后 Log 显示如下所示。

```
D/test: 系统总内存 1.79GB
D/test: 系统剩余内存 1.12GB
D/test: 是否处于低内存 false
D/test: 内存阈值 220MB
```

当内存处于低内存状态时，就会触发 Android 系统的 LMK——Low Memory Kill 杀死一些优先级低的进程来释放内存空间。

需要注意的是，这里给出的基本是系统级别的内存数据。对于每个应用来说，通过 ActivityManager 还可以获取每个 App 的最大可分配内存即 OOM 上限，代码如下所示。

```
Log.d("test", "单个 App 内存最大值:" + am.getMemoryClass() + "MB");
Log.d("test", "单个 App 内存最大值(申请 large heap):" + am.getLargeMemoryClass() + "MB");
```

运行后 Log 显示如下所示。

```
D/test: 单个 App 内存最大值:192MB
D/test: 单个 App 内存最大值(申请 large heap):512MB
```

large heap 即在 AndroidMainifest 文件中申请的 android:largeHeap="true"属性。

这些阈值是定义在系统 ROM 中的，在编译时就已经写入系统了，通过查看系统属性，你可以找到这些值，例如单个 App 的内存最大值。

```
➜  ~  adb shell getprop | grep dalvik.vm.heapgrowthlimit
[dalvik.vm.heapgrowthlimit]: [192m]
```

　　large heap 属性虽然确实可以提高 App 的分配内存，但也会造成由于内存过大而导致的 GC 速度减慢，因此建议大家不要使用这种"伤敌一千，自损八百"的方法。

　　另外，这里得到的一些内存阈值与 ROM 是强相关的，不同的手机获取的值是不同的。

↘ Debug.MemoryInfo

该方法获取的是单个 App 进程的内存使用情况，它包含的数据与使用 adb shell dumpsys meminfo pid（包名）获取的内容基本相同（单位 KB）。例如：

- dalvikPrivateDirty

- dalvikPss

- dalvikSharedDirty

- TotalPrivateDirty

- TotalPss

- TotalSharedDirty

……

使用代码如下所示。

```
Debug.MemoryInfo osMemoryInfo = new Debug.MemoryInfo();
Debug.getMemoryInfo(osMemoryInfo);

Log.d("test", "dalvikPrivateDirty" + osMemoryInfo.dalvikPrivateDirty);
Log.d("test", "dalvikPss" + osMemoryInfo.dalvikPss);
Log.d("test", "dalvikSharedDirty" + osMemoryInfo.dalvikSharedDirty);
```

这里的数据几乎与 adb 的 meminfo 命令得出的数据相同。

↘ Runtime

Runtime 是一个非常有用的类，可以获取很多运行时的数据。

- totalMemory：VM Heap Size

- freeMemory：Free VM Heap Size

- maxMemory：VM Heap Size Limit

代码使用如下所示。

```
Log.d("test", "VM Heap Size" + (Runtime.getRuntime().totalMemory() / (1024.0 * 1024.0)) + "MB");
Log.d("test", "Allocated VM Memory Size" +
        ((Runtime.getRuntime().totalMemory() -
        Runtime.getRuntime().freeMemory()) / (1024.0 * 1024.0)) + "MB");
Log.d("test", "VM Heap Size Limit" +
```

(Runtime.getRuntime().maxMemory() / (1024.0 * 1024.0)) + "MB");

其中，获取已分配内存是通过当前 Heap Size 减去 Free Heap Size 获取的。

这里介绍了很多获取内存信息的方法 API，但是对于 App 开发者来说，最有用的还是通过 Runtime 获取的 VM Heap Size 和 Allocated VM Memory Size。这也是在 Android Studio 的 Monitor 中所监控的内存消耗曲线图，如图 6.49 所示。

图 6.49　内存 Monitor

由于 Dalvik 虚拟机和 ART 虚拟机的区别，导致其 Pss 内存分配区别很大。因此，在分析 App 性能时，建议尽量使用 Runtime 类来获取内存信息。如图 6.50、图 6.51 是在 Android 4.3 和 Android 5.0 系统上运行同一 App 并保持前台静态运行的内存结果。

	Pss Total	Private Dirty	Private Clean	Swapped Dirty	Heap Size	Heap Alloc	Heap Free
Native Heap	2634	2568	0	0	5464	4738	233
Dalvik Heap	3658	3424	0	0	11517	10007	1510
Dalvik Other	440	372	0	0			
Stack	168	168	0	0			
Other dev	684	680	4	0			
.so mmap	732	296	0	0			
.apk mmap	108	0	8	0			
.ttf mmap	18	0	0	0			
.dex mmap	2468	0	2460	0			
code mmap	529	0	16	0			
image mmap	839	572	0	0			
Other mmap	10	4	0	0			
Graphics	19264	19264	0	0			
GL	4368	4368	0	0			
Unknown	132	132	0	0			
TOTAL	36052	31848	2488	0	16981	14745	1743

图 6.50　ART

	Pss	Shared Dirty	Private Dirty	Heap Size	Heap Alloc	Heap Free
Native	0	0	0	5040	4759	280
Dalvik	3049	15168	2472	12668	10510	2158
Stack	28	0	28			
Cursor	0	0	0			
Ashmem	0	0	0			
Other dev	4	40	0			
.so mmap	1225	3020	852			
.jar mmap	0	0	0			
.apk mmap	80	0	0			
.ttf mmap	1	0	0			
.dex mmap	2211	556	56			
Other mmap	9	8	8			
Unknown	1704	656	1700			
TOTAL	8311	19448	5116	17708	15269	2438

图 6.51　Dalvik

可见，其 Pss Total 的值因为虚拟机的不同而差别很大。

➲ 获取更多内存

虽然系统对每个 App 有内存限制，但根据它内存分配的规则，开发者仍然可以通过一些 trick 的方式来偷取更多内存。

通过子进程

App 的组件默认运行在同一个进程中，而 Android 系统的内存分配也是通过进程来进行分配的，那么通过 android:process 指定新的进程后，即可申请新的内存分配。当然，一个 App 多进程也会造成更多的系统开销和跨进程调用的麻烦。在 Android App 开发中，有一个组件经常使用到子进程，那就是——Webview。由于 Webview 的内存回收非常麻烦而且很难回收完全，所以业内普遍的做法是让 Webview 运行在单独的子进程中。通过 kill Process 的方式来完全回收内存。

通过使用 Native Heap

Android 系统限制的是 Java Heap 的内存大小，而 Native Heap 的内存分配是由系统控制的，不受大小限制。

因此通过 jni 就可以实现对 Native Heap 的申请。最新的图片加载框架 Fresco，实际上就是通过在 Native Heap 上进行内存分配来减少 Java Heap 的内存大小，从而避免因图像内存占用过大而造成的 OOM。

使用 OpenGL

OpenGL 的很多 API 同样是不受 Java Heap 限制的，因为 OpenGL 将 RAM 的一部分作为显存使用。有很多图像处理类的 App，就是通过将图片转换为 Texture 来使用 OpenGL 进行处理，从而避免太大的内存占用，提高了处理的效率。

LargeHeap

在 AndroidMainifest 文件中，可以通过设置 LargeHeap 参数强制给 App 分配更大的内存空间，该属性适用于那些在运行时需要处理大量数据、图片等内容的 App。但该方法类似于"七伤拳"，在获取更大内存的同时也加大了 GC 的难度，使 GC 速度变慢而且在应用退到后台时，也更容易被系统回收。所以，开发者需要评估 App 是否真的需要使用该属性。

6.7　系统内存警告

由于整个 App 的内存都是由系统进行统一管理的，所以系统在管理内存的时候也会给上层一些回馈。对于内存使用警告来说，就是 onLowMemory 和 onTrimMemory 这样两个回调。

对于系统的几大组建来说，例如 Application、Activity、Service 等，都可以监听到这些内存警告信息。

6.8　onLowMemory

onLowMemory 是系统的低内存管理系统（LMK）发出的系统警告。当该回调被触发时，所有进程优先级为 Background 的进程都已经被杀掉了。此时 App 还可以进行自己 App 资源的释放，避免被 LMK 进一步杀死。

↱ ComponentCallbacks

除了覆写组件的 onLowMemory 以监听这个回调之外，系统还提供了 ComponentCallbacks 监听 onLowMemory 回调，代码如下所示。

```
registerComponentCallbacks(new ComponentCallbacks() {
    @Override
    public void onConfigurationChanged(Configuration newConfig) {
    }

    @Override
    public void onLowMemory() {
    }
});
```

通过 Context.registerComponentCallbacks（ComponentCallbacks callbacks）就可以在任何地方注册 ComponentCallbacks 监听 onLowMemory 回调了。

↘ onTrimMemory

onTrimMemory 返回的信息更加丰富，只要满足了触发条件，系统就会返回内存警告信息。onTrimMemory 回调中，包含一个 int 类型的参数 level，代表着警告的级别。根据它们的回调时机，可以大致分成以下几个类型。

运行时内存容量

这几个内存警告代表着当前 App 还能够继续执行，且此时 App 处于前台运行状态，但系统内存已经快达到 LMK 阈值了。

- TRIM_MEMORY_RUNNING_MODERATE：第一级警告，系统即将准备执行 LMK。

- TRIM_MEMORY_RUNNING_LOW：第二级警告，内存已经接近 LMK 阈值。

- TRIM_MEMORY_RUNNING_CRITICAL：第三级警告，LMK 已经杀掉了能够杀掉的优先级为 Background 的进程，即将杀掉自己的 App。

缓存时内存容量

当 App 处于后台运行状态时，例如按 Home 键退到后台时，与运行时类似也是三级警告。

- TRIM_MEMORY_BACKGROUND：第一级警告，LMK 已经准备把 App 列为准备杀掉的对象。

- TRIM_MEMORY_MODERATE：第二级警告，App 已经被 LMK 列为准备杀掉的对象。

- TRIM_MEMORY_COMPLETE：第三级警告，LMK 即将杀掉自己的 App。

TRIM_MEMORY_UI_HIDDEN

TRIM_MEMORY_UI_HIDDEN 是 onTrimMemory 一个比较实用的回调信息，该回调在 UI 元素完全被隐藏的时候触发。它与 onStop() 的不同在于，onStop() 纵观全局，例如广播、系统资源的释放，而这个回调信息只针对 UI 元素，可以针对 UI 进行特定的资源释放。

虽然上面列举了很多监听内存警告的方法，但在实际的开发中，系统不建议 App 插手内存的管理。这些方法仅仅是提供信息而已，而真正该在这些方法中释放的资源应该是 App 的缓存数据，这些缓存数据可以让 App 的性能更好。但是在内存不够时，App 应该首先释放这些缓存从而获取更大空间，而这一过程就是在 onLowMemory 和 onTrimMemory 中处理的。

TrimMemory 模拟

TrimMemory 的回调是很难模拟的，毕竟运行时的状态比较复杂，而且系统 LMK 清理的过程也不是开发者能够预知的。因此，系统给开发者提供了一个 ADB 命令模拟这一状态，指令如下所示。

➜　~ adb shell dumpsys gfxinfo packagename -cmd trim level

其中，packagename 就是待测的包名，level 就是前面列举的这些警告级别。具体的 int 值可以在 ComponentCallbacks2.java 这个类中找到，如图 6.52 所示。

```
package android.content;

import android.content.ComponentCallbacks;

public interface ComponentCallbacks2 extends ComponentCallbacks {
    int TRIM_MEMORY_BACKGROUND = 40;
    int TRIM_MEMORY_COMPLETE = 80;
    int TRIM_MEMORY_MODERATE = 60;
    int TRIM_MEMORY_RUNNING_CRITICAL = 15;
    int TRIM_MEMORY_RUNNING_LOW = 10;
    int TRIM_MEMORY_RUNNING_MODERATE = 5;
    int TRIM_MEMORY_UI_HIDDEN = 20;

    void onTrimMemory(int var1);
}
```

图 6.52　警告级别

通过这个指令，可以模拟对应的警告级别。

6.9　内存泄漏检测

所谓内存泄漏，实际上是指本该回收的内存由于某种原因绕开了 GC 的回收算法，从而导致该内存被无效数据霸占而使内存总量变小。

内存泄漏会导致内存消耗增加，大量的泄漏会使得 App OOM 的概率大幅提升，特别是在一些内存比较小的机器上。通过前面 ADB 自带的工具，开发者可以大概看出内存是否有泄漏，比如 meminfo 不断增大而没有 GC，或者应用占用了超出意料的内存，等等。但是这些方法在查找内存泄漏时比较麻烦，而且非常消耗时间。因此对付内存泄漏 Google 给开发者提供了专用的工具。

6.10　Logcat

Logcat 实际上是分析系统、App 性能和运行情况的重要工具。以前笔者在开发 ROM 的时候，大部分情况下都是无法复现测试所提的 BUG 的。这时候就只能根据 Log 日志来进行分析。Android 的 Logcat 日志系统非常强大，其中包含了很多有用的信息。内存这一部分系统在进行 GC 时，会使用以下五种 Log 信号标记 GC 过程。

- GC_CONCURRENT：当堆内存块被用完的时候，就会触发这个 GC 信号量，该信号量是常规内存检查，属于并发 GC。

- GC_FOR_MALLOC：堆内存已经满了，此时又要试图分配新的内存，因此系统要回收内存，就会触发这个 GC 信号量。该信号量会引起主线程暂停，从而导致 UI 阻塞。

- GC_EXPLICIT：系统调用 System.gc()或者在 Heap 工具中手动 GC 等释放内存信号量时，就会触发这个 GC 信号量。

- GC_BEFORE_OOM：表示系统即将触达 OOM 阈值，此时就会触发这个 GC 信号量。

- GC_HPROF_DUMP_HEAP：该信号量比较特殊，在使用 Dump Heap 工具时，系统会触发这个 GC 信号量。

由此可见，系统的 Logcat 日志数据，实际上是非常全面、有用的。只不过日志信息很多，导致分析起来需要很强的耐心和丰富的经验。

6.11　Dump Heap

Dump Heap 工具可以在 DDMS 工具中找到，在 Android Studio 的 Monitor-Memory Monitor 中也有这个功能。不过，Android Studio 中的这个 Dump Heap 工具没有 DDMS 中的强大好用。

当待检测的程序运行起来以后，打开 DDMS，点击"Update Heap"按钮，然后点击"cause GC"按钮，强迫应用进行一次 GC，如图 6.53 所示。

ID	Heap Size	Allocated	Free	% Used	# Objects	
1	13.122 MB	7.873 MB	5.249 MB	60.00%	55,207	Cause GC

Display:　Stats

Type	Count	Total Size	Smallest	Largest	Median	Average
free	3,099	1.609 KB	16 B	66.734 KB	64 B	544 B
data object	10,036	528.266 KB	16 B	1.000 KB	32 B	53 B
class object	301	188.734 KB	112 B	4.000 KB	432 B	642 B
1-byte array (byte[], boolean[])	10	18.297 KB	16 B	9.016 KB	32 B	1.829 KB
2-byte array (short[], char[])	1,204	70.312 KB	16 B	1.000 KB	48 B	59 B
4-byte array (object[], int[], float[])	1,905	358.109 KB	16 B	88.000 KB	32 B	192 B
8-byte array (long[], double[])	70	3.656 KB	16 B	96 B	32 B	53 B
non-Java object	2	504 B	24 B	480 B	480 B	252 B

图 6.53   cause GC

在系统 GC 后，下面列表中就会显示当前内存的分配状态。从上面的列表中，开发者可以获取到如下所示的信息。

- 当前 App 所分配到的总 Heap Size 为 13.122MB。

- 当前已分配的 Heap Size 为 7.873MB，一共分配给了 55207 个对象。

- 当前剩余 Heap Size 为 5.249MB。

- 当前 Heap 使用率为 60%。

这些基本是内存使用的总览。当开发者点击下面的详细列表时，在界面的最下方会显示具体分配对象树与内存的图表，如图 6.54 所示。

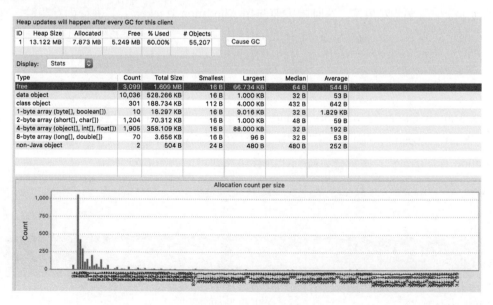

图 6.54   分配对象树

在这个详细列表中，前三列也是类似的总体概览，即 free、data object、class object。同时还有它们的数量、Size，最大 Size、最小 Size、最多的中间 Size、平均值等信息。

最需要注意的是 free 这一行。可以注意到，在最上面的总表中已经有了 free 的 Size 大小，那么为什么这里还有一行 free 呢？实际上，这里的 free 就是前面提到的内存碎片。当你新增一个对象的时候，只有大小能够插入这些碎片内存中的对象才能复用这些碎片内存，否则就会从真正的 free 空间中重新划分内存。因此这里的 free（内存碎片 free 空间）是判断内存碎片化是否严重的一个关键指标。

那么除了这一行，剩下的最有价值的数据就是 1-byte array 这一行。在 Android 中，1-byte array 就是用来存储图像数据的，如果 1-byte array 一行过大，就需要好好检查图像的内存管理了。

那么如何使用 Dump Heap 功能分析内存泄漏呢？通用的做法是使用 Update Heap 进行内存监听，然后操作可能发生内存泄漏 App 功能、界面，并点击 Cause GC 进行手动 GC。经过多次操作后，查看 data object 的 Total Size 的大小是否有很大的变化。如果有，那么可能是发生了内存泄漏，导致内存使用不断上升。

6.12 Allocation Tracker

Dump Heap 工具帮助开发者对内存的整体使用情况进行掌控，但缺点是无法了解每块内存具体分配给哪些对象了。这时就需要使用 Allocation Tracker 工具进行内存跟踪，这个工具有两个版本，一个是在 Android Studio 中的，另一个是集成在 DDMS 中的。

↘ In Android Studio

在 Android Studio 的 Monitor-Memory Monitor 中，开发者可以找到 Allocation Tracker。点击"Start Allocation Trackering"按钮，然后对应用进行相应的操作，最后点击"Stop Allocation Trackering"，按钮待系统创建内存快照即可，如图 6.55 所示。

图 6.55　Allocation Trackering

点击 "Start Allocation Trackering" 按钮后，在 Memory Monitor 上会出现所监控的时间段，如图 6.56 所示。

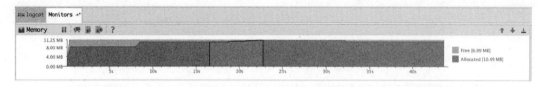

图 6.56　Allocation Trackering 区域

创建好的快照如图 6.57 所示。

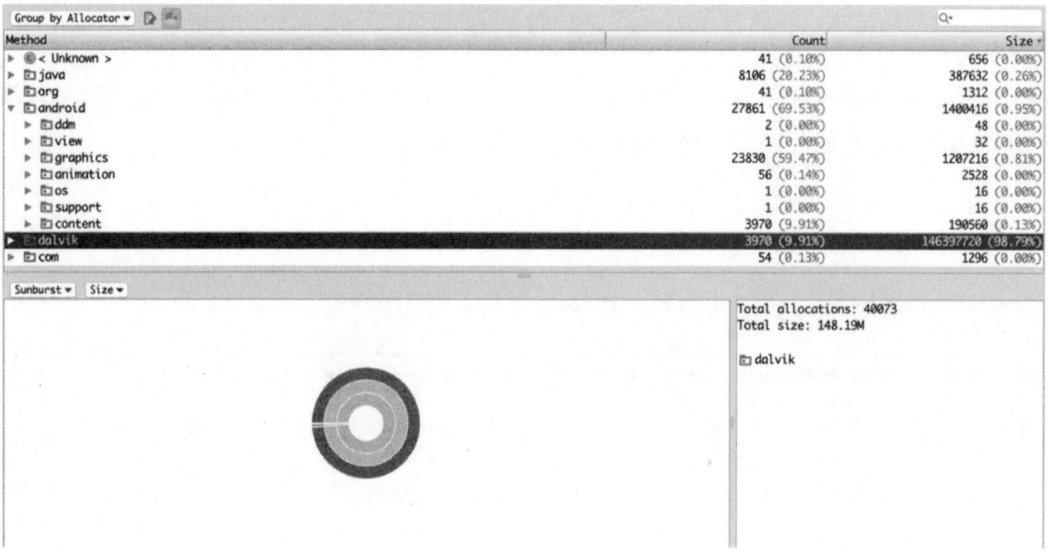

图 6.57　Allocation Trackering 数据

开发者可以根据 Method 或者 Allocator 进行分组，根据 count 和 Size 进行排序，查看内存具体在哪个方法分配给了哪些对象，如图 6.58 所示的快照。显示了大量占用分配内存的方法 doBigObjectInMain()，单击鼠标右键，在弹出的快捷菜单中选择 jump to the source 即可跳转到对应的文件中。

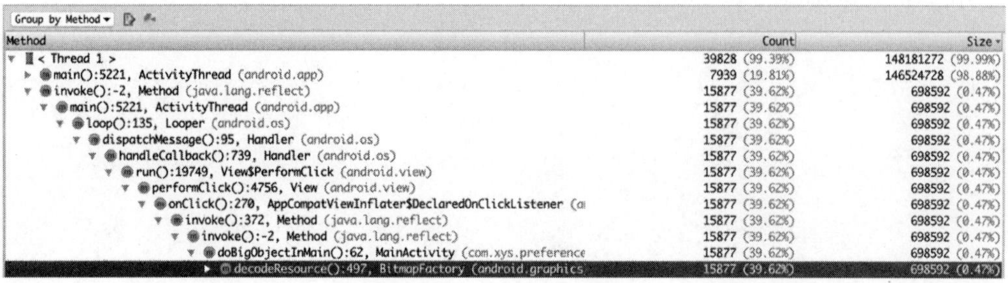

图 6.58　查看分配对象

同理，开发者可以根据 Allocator 分组来查看内存分配的对象，如图 6.59 所示。

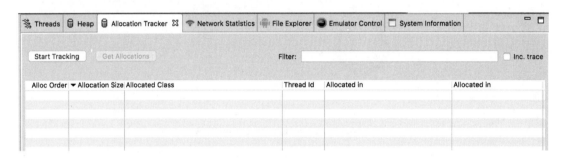

图 6.59　内存分配对象

上面两幅图都发现了内存占用的具体原因，即创建了大量的 Bitmap，甚至找到了具体创建的方法，这样就可以深入这个方法去检查具体的原因。

↘ In DDMS

DDMS 中同样有一个 Allocation Tracker 工具，如图 6.60 所示。

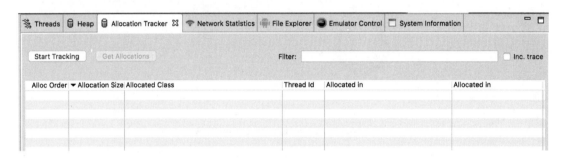

图 6.60　Allocation Tracker

使用方法与 Android Studio 中的工具基本类似，点击 Start Tracking 按钮即可开始跟踪内存分配，点击 Get Allocations 按钮即可完成跟踪，并生成内存快照（与 Android Studio 中一样，生成快照需要一定的时间，请耐心等待），如图 6.61 所示。

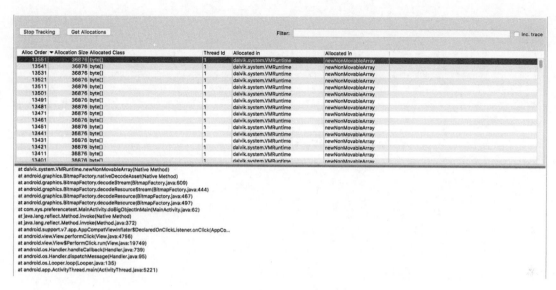

图 6.61　Allocation Tracker 数据

在内存分配的列表中，可以根据任意列进行排序，同时点击相应的数据，在下面可以看见其具体的分配调用栈。从图 6.61 中，我们找到了占内存最多的 byte[]数组（实际上就是创建的图像文件），同时也找到了它所占内存的调用栈，doBigObjectInMain()这里的方法。

6.13　Android Studio Memory Monitor

Android Studio 作为一款专业的 Android 开发 IDE，Google 在其中集成了很多非常有用的功能。而对于内存来说，它的 Memory Monitor 功能一定是最有用的。

运行待测 App 后，打开 Monitors 界面即可找到 Memory Monitor（在新版的 Android Studio 中，Google 将所有的 Monitor 界面自上而下排列，而不是像旧版本中那样放在不同标签中，这样更利于发现问题）。整个界面如图 6.62 所示。

在这个界面上，除了使用 DDMS 的一些功能，如 Dump Java Heap、Allocation Tracker、GC 等功能之外，还提供了内存分配的实时走势图。深色的部分表示已分配的内存大小，浅色的部分表示 free 的内存大小。通过这个图可以找到很多内存问题的模式，例如图 6.62 中的一段锯齿形走势，代表此时内存不断在进行大量的 GC，很有可能是创建了大量的对象并频繁回收而导致的。这种内存抖动是影响内存使用效率的关键优化点，一旦发现必须要仔细分析原因，尽可能优化。

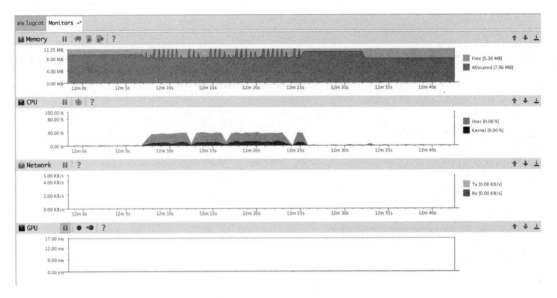

图 6.62　Memory Monitor

6.14　内存泄漏分析

在 Android 中，其实并不存在所谓的内存泄漏，这里的内存泄漏是指没有在恰当的时候释放掉的内存。优化这些内存可以避免 GC 对 App 的性能影响，带给用户最大的体验就是系统运行流畅度的提升。

6.15　Memory Analysis Tool (MAT)

MAT 工具是一个检测内存泄漏的利器，在 Eclipse 时代，MAT 是 Eclipse 的一个插件。在 Android Studio 时代，开发者可以下载独立的 MAT 工具进行内存分析，下载地址如下所示：

https://eclipse.org/mat/

独立的 MAT 工具如图 6.63 所示。

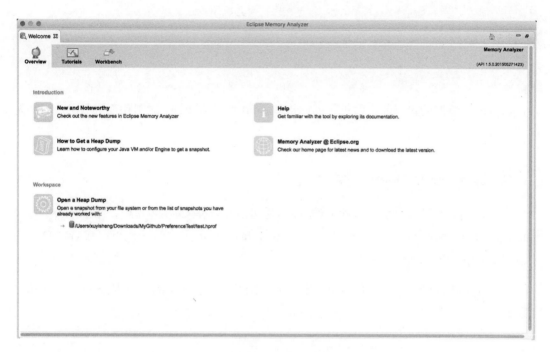

图 6.63　MAT 主界面

另外，还需要准备一段带有内存泄漏的代码，如下所示。

```java
public class MainActivity extends AppCompatActivity {

    private TextView mTv;

    @Override
    protected void onCreate(Bundle savedInstanceState) {
        super.onCreate(savedInstanceState);
        setContentView(R.layout.activity_main);
        LeakThread leakThread = new LeakThread();
        leakThread.start();
    }

    private class LeakThread extends Thread {

        @Override
        public void run() {
            super.run();
            try {
                Log.d("xys", "Leak!");
                // 模拟耗时操作
                Thread.sleep(5000 * 3000);
            } catch (InterruptedException e) {
                e.printStackTrace();
```

```
            }
        }
    }
}
```

这段内存泄漏的代码非常常见，即内部类 hold 住了 Activity 的引用而导致 Activity 无法被释放。

↘ 准备 Dump Heap 文件

首先，运行一段时间的 Leak App（通过不断切换横竖屏来泄漏内存）。然后，在 Android Studio 的 Monitor-Memory Monitor 中，点击 Dump Java Heap 生成 hprof 文件（或者在 DDMS 中点击 Dump HPROF file 按钮）。

在 Android Studio 中，所有 Dump 出来的数据都会保存在 Captures 标签中，如图 6.64 所示。

图 6.64　Dump 出的数据

不管是通过 Android Studio 还是 DDMS，生成的 hprof 文件都不是标准的格式，开发者需要通过 SDK 提供的工具——hprof-conv 进行转换，执行以下指令即可。

```
hprof-conv dump.hprof converted-dump.hprof
```

该工具的路径如图 6.65 所示。

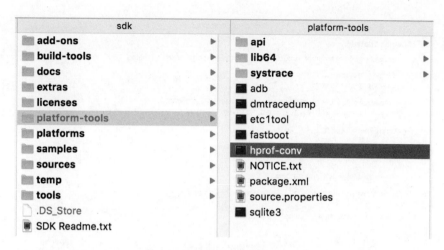

图 6.65　格式转换

　　但是在 Android Studio 中，你可以免去这个麻烦。因为 Android Studio 已经集成了这个转换功能，开发者只需要单击鼠标右键，在弹出的快捷菜单中选择 Export to standard .hprof，如图 6.66 所示，即可完成 hprof 文件的转换。

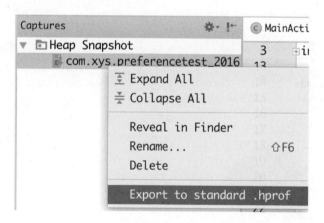

图 6.66　在 Android Studio 中进行格式转换

❧ 分析

　　打开 MAT 工具，选择 file-Open Heap Dump，打开转换后的 hprof 文件，选择 Leak Suspects Report 选项，如图 6.67 所示。

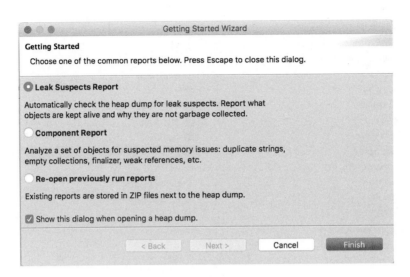

图 6.67　开启 MAT

MAT 提供的数据非常多，但有两个功能是很常用的，就是它的 Histogram 和 DominatorTree 功能。Histogram 可以统计内存中对象的名称、种类、实例数和大小，而 DominatorTree 则是建立这些内存对象之间的联系。整个界面如图 6.68 所示。

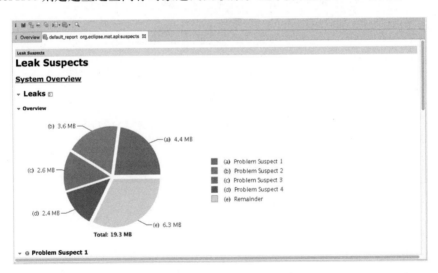

图 6.68　MAT 分析

这里汇总了分析报告，点击可以查看报告详情。

Histogram

点击工具栏中的 Histogram 按钮即可打开该界面，如图 6.69 所示。

在列表顶部的 class name 区域，可以输入过滤条件，通常 Activity 的内存泄漏，可以直接通过输入 Activity 名来获取与之相关的实例，如图 6.70 所示。

Class Name	Objects	Shallow Heap ∨	Retained Heap
⅀ ‹Regex›	‹Numeric›	‹Numeric›	‹Numeric›
ⓖ byte[]	2,099	7,213,344	>= 7,213,344
ⓖ java.lang.reflect.ArtMethod	50,459	3,633,048	>= 3,633,048
ⓖ char[]	42,438	2,638,384	>= 2,638,384
ⓖ java.lang.String	43,773	1,050,552	>= 3,616,032
ⓖ java.lang.String[]	1,444	992,480	>= 3,488,248
ⓖ java.lang.reflect.ArtField	31,649	759,576	>= 759,576
ⓖ java.lang.reflect.ArtMethod[]	16	679,048	>= 3,868,648
ⓖ java.lang.reflect.ArtField[]	15	377,366	>= 1,121,224
ⓖ int[]	3,930	314,776	>= 314,776
ⓖ java.lang.Object[]	4,581	253,112	>= 802,552
ⓖ java.lang.ref.FinalizerReference	4,268	170,720	>= 246,000
ⓖ java.util.HashMap$HashMapEntry	5,982	143,568	>= 320,816
ⓖ java.util.ArrayList	4,438	106,512	>= 740,704
ⓖ java.lang.Class	3,778	97,864	>= 5,850,200
ⓖ java.lang.Class[]	26	85,576	>= 85,576
ⓖ java.util.HashMap$HashMapEntry[]	873	74,432	>= 398,232
ⓖ android.animation.ObjectAnimator	510	73,440	>= 350,928
ⓖ long[]	1,069	67,976	>= 67,976
ⓖ android.graphics.Rect	2,800	67,200	>= 67,240
ⓖ android.support.v7.widget.AppCompatButton	85	57,120	>= 760,816
ⓖ android.graphics.Paint	676	54,080	>= 54,632
ⓖ java.util.HashMap	880	42,240	>= 431,496
ⓖ java.lang.ref.WeakReference	1,620	38,880	>= 41,888
ⓖ java.lang.Integer	2,418	38,688	>= 39,920
ⓖ android.animation.PropertyValuesHolder$FloatPropertyValuesHolder	510	36,720	>= 216,536
ⓖ android.animation.Keyframe$FloatKeyframe	1,020	32,640	>= 32,640
ⓖ float[]	1,066	30,096	>= 30,096
ⓖ android.widget.LinearLayout	51	28,968	>= 41,424
ⓖ java.util.LinkedHashMap$LinkedEntry	892	28,544	>= 148,144
ⓖ android.text.TextPaint	244	25,376	>= 25,544
⅀ Total: 30 of 3,778 entries; 3,748 more	240,076	20,257,320	

图 6.69　Histogram

Class Name	Objects	Shallow Heap ∨	Retained Heap
⅀ .*MainActivity.*	‹Numeric›	‹Numeric›	‹Numeric›
ⓒ com.xys.preferencetest.MainActivity	17	4,080	>= 25,432
ⓒ com.xys.preferencetest.MainActivity$LeakThread	17	1,496	>= 3,264
⅀ Total: 2 entries (3,776 filtered)	34	5,576	

图 6.70　过滤条件

代码中创建的 MainActivity 和 LeakThread 创建了 17 次之多，基本可以断定是内存泄漏了。那么具体是如何泄漏的呢？可以通过查看 GC 对象的引用链来进行分析。在 MainActivity 上单击鼠标右键，选择 Merge Shortest paths to GC Roots，并通过弹出的列表选择相关类型的引用（强、软、弱、虚），分析不同引用类型下的 GC 情况，这里选择 With all references，如图 6.71 所示。

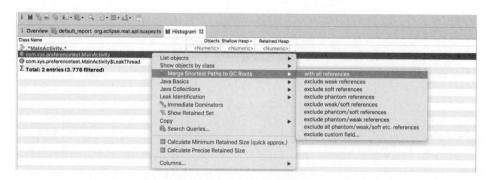

图 6.71　选择 reference 类型

这样系统就对 GC 对象进行了分析，并找到了 GC 引用链，如图 6.72 所示。

Class Name	Ref. Objects <Numeric>	Shallow Heap <Numeric>	Ref. Shallow Heap <Numeric>	Retained Heap <Numeric>
<Regex>				
▼ com.xys.preferencetest.MainActivity$LeakThread @ 0x12f51140 Thread-3434 Thread	1	88	240	192
▶ this$0 com.xys.preferencetest.MainActivity @ 0x12cffe40	1	240	240	1,496
▶ com.xys.preferencetest.MainActivity$LeakThread @ 0x12f528e0 Thread-3436 Thread	1	88	240	192
▶ com.xys.preferencetest.MainActivity$LeakThread @ 0x12e3e100 Thread-3428 Thread	1	88	240	192
▶ com.xys.preferencetest.MainActivity$LeakThread @ 0x12eb4140 Thread-3430 Thread	1	88	240	192
▶ com.xys.preferencetest.MainActivity$LeakThread @ 0x12fd8920 Thread-3438 Thread	1	88	240	192
▶ com.xys.preferencetest.MainActivity$LeakThread @ 0x1301d140 Thread-3439 Thread	1	88	240	192
▶ com.xys.preferencetest.MainActivity$LeakThread @ 0x1301e8e0 Thread-3440 Thread	1	88	240	192
▶ com.xys.preferencetest.MainActivity$LeakThread @ 0x12eb58e0 Thread-3431 Thread	1	88	240	192
▶ com.xys.preferencetest.MainActivity$LeakThread @ 0x1307d920 Thread-3442 Thread	1	88	240	192
▶ com.xys.preferencetest.MainActivity$LeakThread @ 0x12f20920 Thread-3433 Thread	1	88	240	192
▶ com.xys.preferencetest.MainActivity$LeakThread @ 0x12d43400 Thread-3423 Thread	1	88	240	192
▶ com.xys.preferencetest.MainActivity$LeakThread @ 0x13052100 Thread-3441 Thread	1	88	240	192
▶ com.xys.preferencetest.MainActivity$LeakThread @ 0x12fae100 Thread-3437 Thread	1	88	240	192
▶ com.xys.preferencetest.MainActivity$LeakThread @ 0x130c7140 Thread-3443 Thread	1	88	240	192
▶ com.xys.preferencetest.MainActivity$LeakThread @ 0x12ee5100 Thread-3432 Thread	1	88	240	192
▶ com.xys.preferencetest.MainActivity$LeakThread @ 0x12e65920 Thread-3429 Thread	1	88	240	192
▶ com.xys.preferencetest.MainActivity$LeakThread @ 0x12dfd8e0 Thread-3427 Thread	1	88	240	192
Σ Total: 17 entries	17	1,496	4,080	

图 6.72　查找 GC 引用链

到这里整个内存泄漏点就一目了然了，MainActivity 的实例被内部类 LeakThread 所引用，形成一条 GC 引用链，导致无法被 GC。

同时，在 Histogram 中还可以查看一个对象到底包含了哪些对象的引用。例如，要查看 MainActivity 所包含的引用，直接单击鼠标右键，选择 list objects-with incoming references（显示选中对象被哪些外部对象引用，而 outcoming 是指选中对象持有哪些对象的引用），如图 6.73 所示。

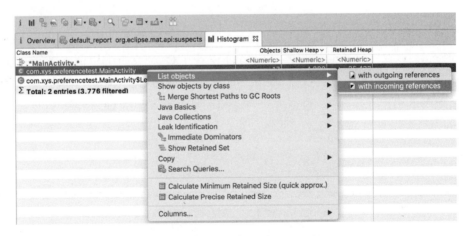

图 6.73　查找引用

这样在弹出的列表中就可以获取该 Activity 所引用的对象实例，如图 6.74 所示。

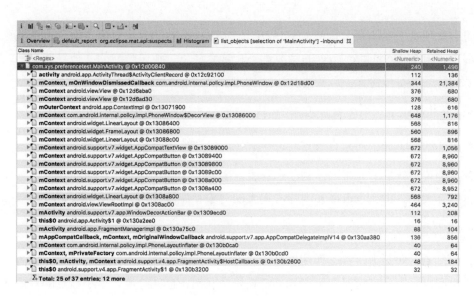

图 6.74　查看引用实例

DominatorTree

DominatorTree 与 Histogram 的使用方法类似，但是 DominatorTree 更侧重于关系的分析，而 Histogram 更侧重于量的分析。

打开 DominatorTree，同样在列表第一行进行过滤 MainActivity，如图 6.75 所示。

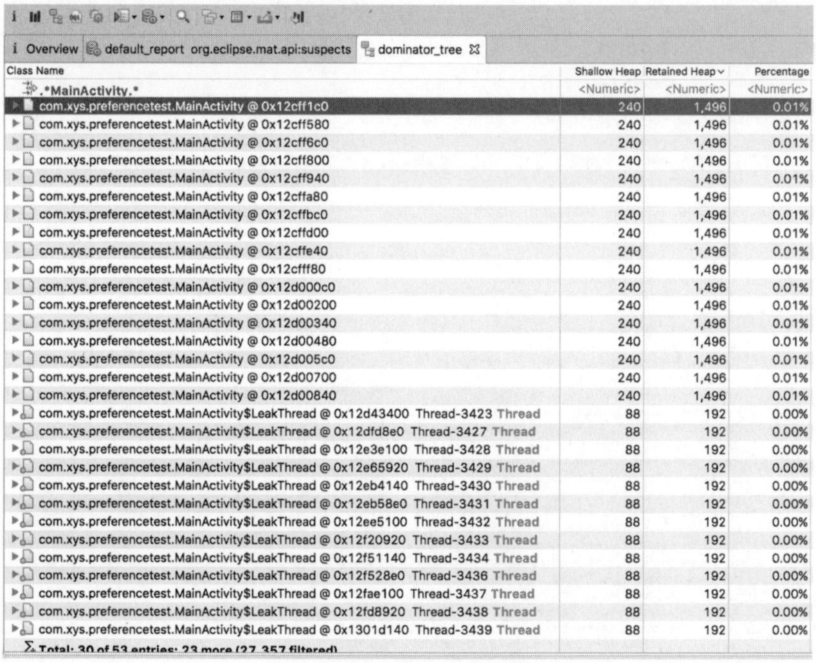

图 6.75　DominatorTree

可以发现这里包含了大量的 MainActivity 实例，通过这个数量基本就可以发现存在内存泄漏了。但是 DominatorTree 的功能远不止这么简单。在了解它的其他功能之前，还需要了解它的一些符号含义。

- ShallowHeap：对象自身占用的内存大小，不包括它引用的对象。

- RetainedHeap：对象自身占用的内存大小，加上它直接或者间接引用的对象大小。

简单地说，就是个人与团体的区别。通常情况下，开发者通过 RetainedHeap 来调查对象所占内存大小，RetainedHeap 内存占用大的对象，应该被列为重点怀疑对象。

- 文件图标：每个文件图标都代表一个对象，并占据图表中的一行。

但仔细看，实际上这些文件图标是不一样的。有些文件右下角会有一个小圆点，如果有这个小圆点，则代表该对象可以被 GC 系统访问到。也就是说，带小圆点的对象都有可能是内存泄漏的可疑对象。当然，其中大部分都是持有正常引用的对象。

- 对象类型：在某些对象的数据行最后，可能会出现一个标识，例如"System Class"、"Thread"等，这些标识代表对象的类型。如果该对象是 System Class，那么就可以直接略过了（但不排除它的其他引用可能泄漏）。

在了解了这些标识之后，就可以着手进行分析了。

这里的例子比较简单，首先与 Histogram 一样，先过滤出相关的 Activity，即 MainActivity，如图 6.76 所示。

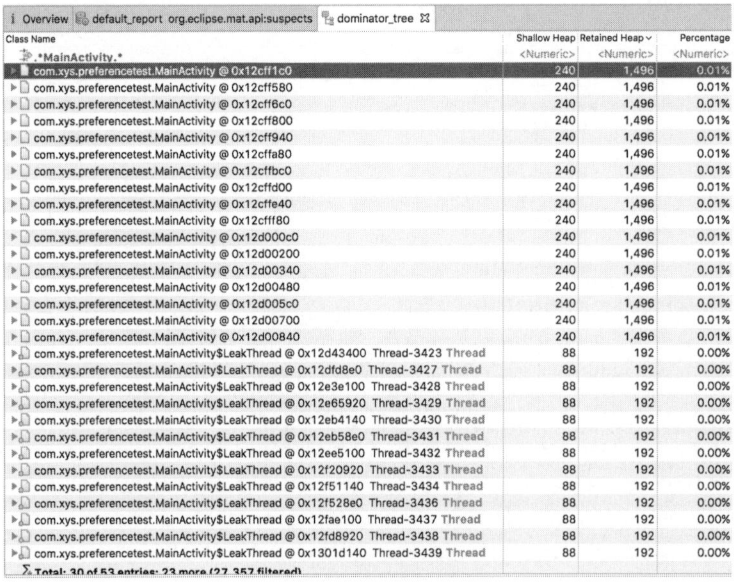

图 6.76　过滤条件

可以发现，MainActivity 并没有被 GC Root 访问到（文件图标上没有小圆点），那么是不是代表它会被回收呢？当然不是，程序员的嗅觉应该让你发现，如果真能回收，怎么会出现这么多实例！OK，那么怎么找到它的 GC Root 呢？找到任意一个 MainActivity 的实例，单击鼠标右键，选择"Path To GC Roots"-"With all references"，这一点与 Histogram 也非常类似，如图 6.77 所示。

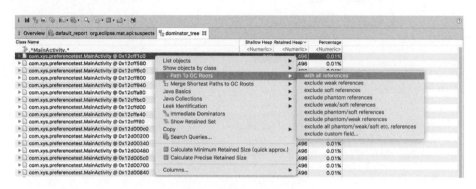

图 6.77　Path To GC Roots

这里开发者同样可以对各种引用类型（强、软、弱、虚）进行排除，从而找到合适的 GC Root，结果如图 6.78 所示。

Class Name	Shallow Heap	Retained Heap
<Regex>	<Numeric>	<Numeric>
com.xys.preferencetest.MainActivity @ 0x12cff1c0	240	1,496
this$0 com.xys.preferencetest.MainActivity$LeakThread @ 0x12d43400	88	192
mContext android.view.ViewRootImpl @ 0x12da2000	464	4,544
mBase android.support.v7.view.ContextThemeWrapper @ 0x12d3f600	24	24
mContext android.support.v7.widget.AppCompatButton @ 0x12c23400	672	8,152
Σ Total: 4 entries		

图 6.78　引用结果

可以发现，虽然 MainActivity 没有被 GC Root 访问到，但是它却持有了一个 this$0 对象。这个对象实际上就是 Java 中的内部类，数据行里面也清楚显示了，它就是 LeakThread 对象。正是这个对象被 GC Root 访问到了，才导致持有它的 MainActivity 无法被回收！

这里的例子比较简单，通常情况下，开发者首先需要根据 RetainedHeap 大小来确定嫌疑犯，再通过 Path To GC Roots 找到 GC 引用链调查它是否真的有嫌疑。

QQL

除了上面两种常见的分析方式，MAT 还提供了一种类似数据库查询的方式来进行数据分析。毕竟 MAT 产生的数据太多了，如果没有一个高效的查询方式，则很难发挥它的强大作用。点击菜单栏中的 QQL 按钮，打开 QQL 界面，如图 6.79 所示。

图 6.79　功能标签

显示界面，如图 6.80 所示。

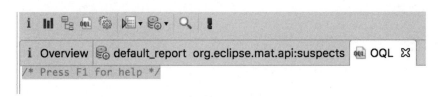

图 6.80　QQL 界面

这里 MAT 提供了一个类似 SQL 查询的语法，帮助开发者搜索相关信息数据。例如前面的例子，通过以下指令，可以查询 Activity 的实例数，如图 6.81 所示。

```
select * from instanceof android.app.Activity
```

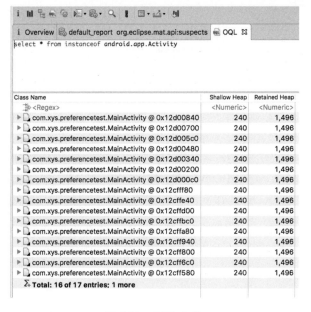

图 6.81　QQL 查询

通过这种方式，开发者同样可以找到内存泄漏点。

6.16　LeakCanary

LeakCanary 是开源大厂 Square 的杰作。该工具作为 Square 检测应用内存泄漏的强大工具，极大地降低了检查内存泄漏的难度。该工具的地址如下所示：

https://github.com/square/leakcanary

在它的 Github 主页上，详细描述了如何集成、使用 LeakCanary。最基本的使用，甚至只需要几行代码即可实现。

↘ 引用 LeakCanary

在 Android Studio 的 module build.gradle 文件中增加如下所示的引用。

```
debugCompile 'com.squareup.leakcanary:leakcanary-android:1.3.1'
releaseCompile 'com.squareup.leakcanary:leakcanary-android-no-op:1.3.1'
```

可以发现，LeakCanary 包含两个库，一个是在 debug 版本中的，另一个是在正式版本中的。正是由于 Gradle 的强大功能，才使得 LeakCanary 可以在 Debug 版本中正常工作，而在 Release 版本中完全不开启检测功能，同时整个切换过程不需要修改一行代码。

↘ 初始化 LeakCanary

在应用的 Application 中，添加如下所示的代码。

```
public class MainApplication extends Application {

    @Override
    public void onCreate() {
        super.onCreate();
        LeakCanary.install(this);
    }
}
```

只需要使用 LeakCanary.install(this) 初始化 LeakCanary.install，即可开启 Leak 检测功能。

↘ 检测

首先，笔者准备了一段非常常见的内存泄漏实例，代码如下所示。

```
@Override
protected void onCreate(Bundle savedInstanceState) {
    super.onCreate(savedInstanceState);
    setContentView(R.layout.activity_main);
    // 模拟内存泄露 //
    Handler handler = new Handler();
    handler.postDelayed(new Runnable() {
        @Override
        public void run() {
            Log.d("xys", "Leak");
        }
    }, 10000L);
    // 模拟内存泄露 //
}
```

这段代码就是典型的 Handler 导致的内存泄漏。原理非常简单，匿名内部类 hold 住了 Activity 的引用，导致 Activity 无法被释放。这样在 Activity 该销毁的时候，由于 delay 的 handler hold 住了 Activity，所以导致了内存泄漏。因此为了模拟 Activity 的消耗，重复旋转手机，让应用在横竖屏之间切换，这样就会不断重建 Activity。

当待测试的 App 集成了 LeakCanary，一旦应用发生内存泄漏，LeakCanary 就会在界面上弹出提示。同时，在 Log 中也会输出相关信息，如图 6.82 所示。

```
4311-5368/com.xys.preferencetest D/LeakCanary: In com.xys.preferencetest:1.0:1.
4311-5368/com.xys.preferencetest D/LeakCanary: * com.xys.preferencetest.MainActivity has leaked:
4311-5368/com.xys.preferencetest D/LeakCanary: * GC ROOT android.view.Choreographer$FrameDisplayEventReceiver.mMessageQueue
4311-5368/com.xys.preferencetest D/LeakCanary: * references android.os.MessageQueue.mMessages
4311-5368/com.xys.preferencetest D/LeakCanary: * references android.os.Message.next
4311-5368/com.xys.preferencetest D/LeakCanary: * references android.os.Message.next
4311-5368/com.xys.preferencetest D/LeakCanary: * references android.os.Message.next
4311-5368/com.xys.preferencetest D/LeakCanary: * references android.os.Message.next
4311-5368/com.xys.preferencetest D/LeakCanary: * references android.os.Message.callback
4311-5368/com.xys.preferencetest D/LeakCanary: * references com.xys.preferencetest.MainActivity$1.this$0 (anonymous class implements java.lang

4311-5368/com.xys.preferencetest D/LeakCanary: * leaks com.xys.preferencetest.MainActivity instance
4311-5368/com.xys.preferencetest D/LeakCanary: * Reference Key: 4058978a-bcee-47cb-bf7f-642daa39a946
4311-5368/com.xys.preferencetest D/LeakCanary: * Device: LGE google Nexus 4 occam
4311-5368/com.xys.preferencetest D/LeakCanary: * Android Version: 5.0.1 API: 21 LeakCanary: 1.3.1
4311-5368/com.xys.preferencetest D/LeakCanary: * Durations: watch=5172ms, gc=231ms, heap dump=2275ms, analysis=28874ms
4311-5368/com.xys.preferencetest D/LeakCanary: * Details:
4311-5368/com.xys.preferencetest D/LeakCanary: * Instance of android.view.Choreographer$FrameDisplayEventReceiver
4311-5368/com.xys.preferencetest D/LeakCanary: |   this$0 = android.view.Choreographer [id=0x12e010c0]
4311-5368/com.xys.preferencetest D/LeakCanary: |   mFrame = 2580779
4311-5368/com.xys.preferencetest D/LeakCanary: |   mTimestampNanos = 217227423814463
```

图 6.82　LeakCanary 日志

在 Launcher 中，LeakCanary 还会生成一个图标入口——Leaks，如图 6.83 所示。

图 6.83　LeakCanary 图标

点击 Leaks 进入，即可看见对应时间点的 Leaks 信息，如图 6.84 所示。

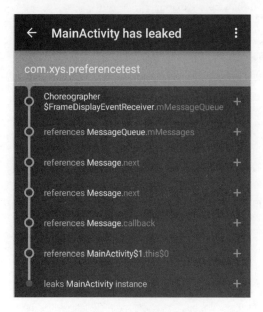

图 6.84　LeakCanary 信息

从图 6.84 中，我们可以非常迅速地找到内存泄漏的原因和泄漏的方法。这是目前查找内存泄漏最好的工具，不仅方便而且效率非常高。这也印证了那句话——科技提高生产力。

6.17　CPU Performance

现在的手机 CPU 越来越强劲，由于大量消耗 CPU 导致的性能问题，在很多手机上的影响已经不是很大了。当然，不排除一些中低端手机的性能影响。那么是不是 CPU 性能就不需要优化了呢？当然不是，优化 CPU 有两个直接的提升，一个是优化耗电，毕竟 CPU

是耗电大户，另一个就是提升 App 的使用体验，特别是动画效果、视频编解码，等等。

6.18　Top

Top 指令是 Linux 下的指令，因此 Android 上也可以使用 Top 指令来查看当前进程的 CPU 信息。在 adb shell 下，通过输入如下所示的代码来查看 Top 指令的使用方法。

```
shell@mako:/ $ top -h
Usage: top [ -m max_procs ] [ -n iterations ] [ -d delay ] [ -s sort_column ] [ -t ] [ -h ]
    -m num    Maximum number of processes to display.
    -n num    Updates to show before exiting.
    -d num    Seconds to wait between updates.
    -s col    Column to sort by (cpu,vss,rss,thr).
    -t        Show threads instead of processes.
    -h        Display this help screen.
```

常用的参数含义如下所示。

- m，最多显示多少个进程。

- n，刷新次数。

- d，刷新间隔时间。

- s，排序方式。

例如下面这些指令。

```
shell@mako:/ $ top -n 1 -m 5 -d 1



User 8%, System 9%, IOW 0%, IRQ 0%
User 18 + Nice 0 + Sys 19 + Idle 163 + IOW 2 + IRQ 0 + SIRQ 0 = 202

   PID PR CPU% S  #THR     VSS       RSS PCY UID      Name
  2238  0   6% S   94 1961132K 170656K  fg u0_a255   com.hujiang.hjclass
 18631  1   4% R    1    2420K    948K     shell     top
   596  0   3% S   94 1616456K 112752K  fg system    system_server
   173  1   1% S   17   81224K  10896K  fg system    /system/bin/surfaceflinger
   207  1   1% S    8    9560K    680K     nobody    /system/bin/sensors.qcom
```

执行指令的含义为，刷新一次 (-n 1)，前 5 个进程 (-m 5)，间隔 1 秒 (-d 1)。显示的信息列表，主要包含两个部分——总览和详细。

↘ 总览

总览的数据格式大体如下所示。

```
User 8%, System 9%, IOW 0%, IRQ 0%
User 18 + Nice 0 + Sys 19 + Idle 163 + IOW 2 + IRQ 0 + SIRQ 0 = 202
```

总览数据又分为两行，第一行为 CPU 使用率，分别为：

- User，用户进程 CPU 使用率。

- System，系统进程 CPU 使用率。

- IOW，IO wait 即 IO 等待时间。

- IRO，nterrupt Request 即硬解中断请求。

第二行为具体使用情况与总览数据基本类似，只提一下 idle，这个值代表除了 IOW 以外的系统闲置时间。

↘ 详细

详细数据由多行数据构成，一行最基本的数据如下所示。

```
PID PR CPU% S  #THR     VSS      RSS PCY UID       Name
 2238  0   6% S   94 1961132K 170656K   fg u0_a255   com.hujiang.hjclass
```

这里同样列出了很多属性，含义分别如下所示。

- PID，进程 PID。

- PR，进程优先级。

- CPU%，CPU 占用率。

- S，进程状态（S-休眠、R-正在运行、Z-僵尸进程）。

- THR，进程所含线程数。

- VSS，虚拟耗用内存（Virtual Set Size）。

- RSS，实际物理使用内存（Resident Set Size）。

- PCY，线程调度策略。

- UID，用户 IDE。

- Name，程序名。

6.19 Show CPU Usage

在开发者选项中，有一个类似显示 GPU 使用状态的工具——CPU Usage。在开发者选项中打开这个功能后，即可在屏幕上看见实时的 CPU 使用状态，如图 6.85 所示。

图 6.85　Show CPU Usage

这里的 CPU 占用数据应该都不会太高，如果某个 App 的数据异常，就需要好好检测一下，看是否存在 CPU 的过度占用了。

6.20 Android Studio CPU Monitor

开发者在 Android Studio 中，打开 Monitor 就可以检测到 CPU 的实时运行曲线，如图 6.86 所示。

图 6.86 CPU Monitor

这个工具可以让开发者在开发过程中对程序的 CPU 效率了如指掌。而整个 CPU 曲线分成了两部分，一条是 User 进程所占 CPU，另一条是 Kernel 进程所占 CPU。

6.21 Method Tracing

该工具是 Android Studio 提供的一个图形化的 CPU 分析工具。与 TraceView 类似，在 Android Studio 的 Monitor-CPU 中，可以打开这个功能，如图 6.87 所示。

图 6.87 Method Tracing

点击"闹钟"按钮即可开始 Start Method Tracing，再次点击，即可 Stop Method Tracing。稍等一段时间后，即可生成 trace 文件，一个简单示例如图 6.88 所示。

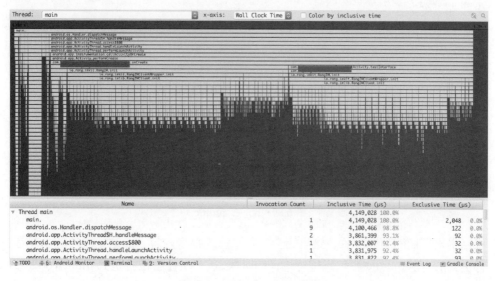

图 6.88 Method Tracing 数据

上面的主视图以方法的耗时和调用关系进行排列，可以非常直观地看出方法耗时。在下面的列表中，可以看到方法名、调用次数、Inclusive Time 和 Exclusive Time。其中 Inclusive Time、Exclusive Time 两列的含义与 Traceview 中的 Incl Time、Excl Time 两列的含义是一样的。

6.22　BatteryPerformance

电池续航能力是用户非常关心的一个问题，如果一个 App 耗电量相对于同类产品更加严重，那么这个 App 一定会被用户抛弃。本节将带领大家了解如何对电量进行性能分析。

↘ 电量消耗计算

Android 系统的电量消耗计算是在源代码中进行配置的，在源代码的 /frameworks/base/core/res/res/xml/power_profile.xml 中，系统配置了每部分器件的功耗，如图 6.89 所示。

```xml
<device name="Android">
  <!-- Most values are the incremental current used by a feature,
       in mA (measured at nominal voltage).
       The default values are deliberately incorrect dummy values.
       OEM's must measure and provide actual values before
       shipping a device.
       Example real-world values are given in comments, but they
       are totally dependent on the platform and can vary
       significantly, so should be measured on the shipping platform
       with a power meter. -->
  <item name="none">0</item>
  <item name="screen.on">0.1</item>    <!-- ~200mA -->
  <item name="screen.full">0.1</item>   <!-- ~300mA -->
  <item name="bluetooth.active">0.1</item> <!-- Bluetooth data transfer, ~10mA -->
  <item name="bluetooth.on">0.1</item>  <!-- Bluetooth on & connectable, but not connected, ~0.1mA -->
  <item name="wifi.on">0.1</item>    <!-- ~3mA -->
  <item name="wifi.active">0.1</item>   <!-- WIFI data transfer, ~200mA -->
  <item name="wifi.scan">0.1</item>   <!-- WIFI network scanning, ~100mA -->
  <item name="dsp.audio">0.1</item>  <!-- ~10mA -->
  <item name="dsp.video">0.1</item>  <!-- ~50mA -->
  <item name="camera.flashlight">0.1</item> <!-- Avg. power for camera flash, ~160mA -->
  <item name="camera.avg">0.1</item> <!-- Avg. power use of camera in standard usecases, ~550mA -->
  <item name="radio.active">0.1</item> <!-- ~200mA -->
  <item name="radio.scanning">0.1</item> <!-- cellular radio scanning for signal, ~10mA -->
  <item name="gps.on">0.1</item> <!-- ~50mA -->
  <!-- Current consumed by the radio at different signal strengths, when paging -->
  <array name="radio.on"> <!-- Strength 0 to BINS-1 -->
      <value>0.2</value> <!-- ~2mA -->
      <value>0.1</value> <!-- ~1mA -->
  </array>
</device>
```

图 6.89　power_profile

根据手机厂商的不同配置，这里还会增加、修改很多内容，而这些器件的功耗是在这里进行定义的。在 Android 源代码进行编译的时候，这个文件会被打包到 frameworks-res.apk 中。

↘ 耗电元凶

下面列举的一些条目是导致耗电量高的重要"嫌疑犯",从它们身上着手是优化电量的重要途径。

- Wakelocks

Wakelocks 作为 Android 中的耗电大户 API,一定要保证在合适的时机调用,在其他时间必须严格禁止。

- AlarmManager

AlarmManager 虽然由系统托管,但过多的 Alarm 同样是造成系统频繁唤醒,从而耗电的罪魁祸首。

- 轮询

在有些程序中,为了实现某些监听功能,经常会在后台执行轮询操作。这种行为也是非常耗电的,它让 CPU 无法正常进入休眠而保存着持续的高功耗。

- 频繁的网络请求

网络数据传输也是高功耗的元凶之一。一个 App 应该在合适的时候发起网络请求,同时使用缓存等方式尽量减少网络的消耗。

- 长时间的 CPU 占用

CPU 计算会消耗非常多的电量。如果一个 App 的算法缺陷、设计缺陷,导致其 CPU 占用率一直维持着比较高的水平,那么一定会消耗非常多的电量。

↘ 电量分析

借助 Google 的电量分析工具,开发者可以非常方便地对应用耗电进行详细分析。

Setting-Battery

在 Setting 中打开 Battery 选项,显示电池使用情况,如图 6.90 所示。

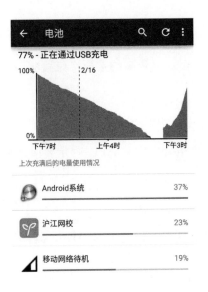

图 6.90　电池使用情况

　　这里可以显示整个电池的使用情况，并列出详细的电池电量使用排行。点击列表中的一项，可以看见详细的功耗分析，如图 6.91 所示。

详细使用情况		
CPU总使用时间		14分30秒
保持唤醒状态		12秒
GPS		0秒
接收的移动数据包		1354
发送的移动数据包		1584
移动无线装置运行时间		3小时49分16秒
接收的WLAN数据包		766
发送的WLAN数据包		1043

图 6.91　电池详细数据

　　这里可以对 App 的耗电情况进行一个初步判断，如果手机偶然性的耗电异常，那么就可以确定是不是本 App 的问题所导致的。

Battery Historian

　　从 Android 5.0 以来，Google 逐渐加强了对性能优化的处理。因此在 Android L 预览版的发布会上，Google 提供了一个新的电量检测工具——Battery Historian。

开启 full-wake-history

手机设备（Android 5.0+系统）连接 ADB 后，输入如下所示的指令打开 full-wake-history 功能，记录详细的 Battery history。

```
➜  Downloads  adb shell dumpsys batterystats --enable full-wake-history
Enabled: full-wake-history
```

重置电池信息历史

在检测前，最好使用指令清空 Battery history，避免在 dump 信息的时候抓取过多的信息，代码如下所示。

```
➜  Downloads  adb shell dumpsys batterystats --reset
Battery stats reset.
```

操作、测试

当上面的指令执行完毕后，拔掉手机 ADB，开始自己的 App 测试工作。测试完毕后，重新连接 ADB。

获取电量数据

首先，需要获取电量的检测数据。

dump 信息

重新连接 ADB 后，使用如下所示的代码来 dump 电量数据。

```
➜  Downloads  adb shell dumpsys batterystats > batterystats.txt
```

根据电量信息内容的多少，系统执行 dump 指令所消耗的时间是不一样的，等系统处理完毕后，即可生成 batterystats.txt 文件。

解析数据

虽然 dump 出了完整的电量使用历史信息，但是很难查看。需要使用工具来进行格式化处理，Google 提供了分析工具，下载地址为：

https://github.com/google/battery-historian

找到其中的 historian.py 文件，下载该文件即可。然后执行如下所示的指令（需要 Python 环境）。

```
➜  Downloads  python historian.py batterystats.txt > batterystats.html
```

通过 Python 脚本格式化数据，生成新的 batterystats.html 文件，在 Chrome 中打开该 HTML 文件，如图 6.92 所示。

分析电量使用

根据生成的图表，可以从对应的参数来获取电量信息，完整的电量信息可以从下面这个网站中获取。

http://developer.android.com/intl/zh-cn/tools/performance/batterystats-battery-historian/charts.html

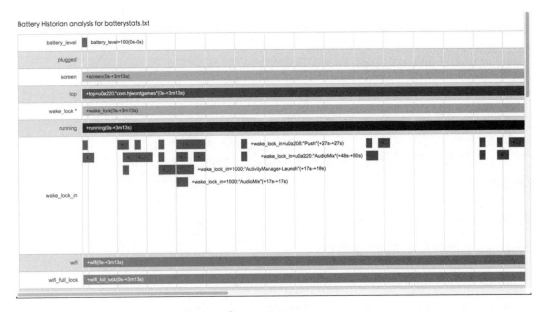

图 6.92　batterystats

横坐标

横坐标代表时间周期，以秒为单位，分钟为周期，到 60 秒即恢复到 0。在下面的总结中，会有详细的起始时间。

纵坐标

- battery_level：电量等级，即当前电量。

- plugged：是否在充电状态。

- screen：屏幕是否为亮屏状态。

- top：当前处于前台的 App，即显示的 App。

- wake_lock：当前是否被请求了 wake_lock。

- running：当前 App 是否处于 idle 状态，即是否有操作。

- wake_lock_in：具体申请 wake_lock 的模块。

- status：手机当前状态。

Battery Historian2.0

新版本的 Battery Historian 有了更多的功能和更强大的分析界面。

前面笔者使用了 Google 提供的 Battery Historian 工具进行了电量的定量分析。使用 historian.py 脚本转换了 dump 出来的数据。而在 Battery Historian 工具的 Github 主页上，Google 提供了 Battery Historian 2.0。新版本的 Battery Historian 工具使用 Go 语言开发，在 Github 上 Google 提供了详细的环境搭建方法，原理实际上与上面的方法是一样的，只不过生成的图表更加有利于分析，其 Github 主页上的示例分析图如图 6.93、图 6.94、图 6.95 所示。

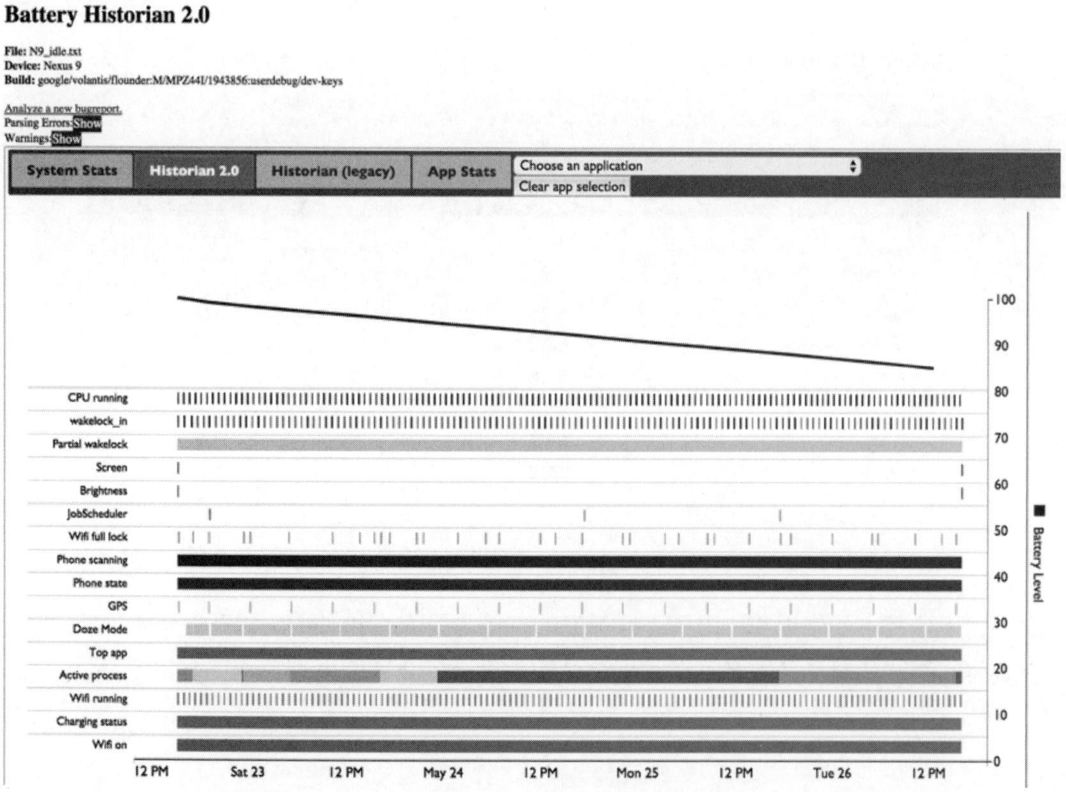

图 6.93　示例分析 1

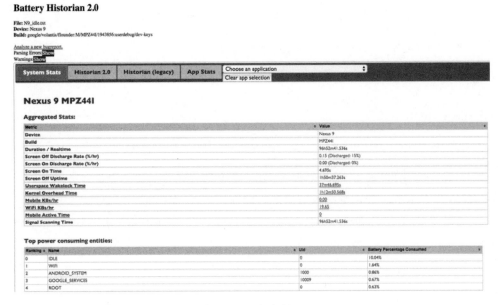

图 6.94　示例分析 2

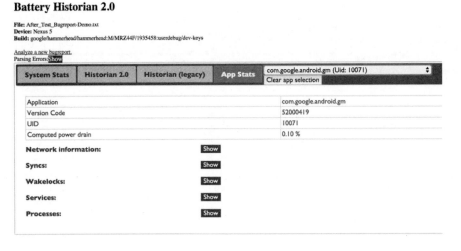

图 6.95　示例分析 3

　　由于该版本是使用 Go 语言进行开发的，笔者没有搭建 Go 语言开发环境，所以还没有具体的测试数据，开发者可以根据自己的需要选择合适的电量分析工具进行分析。

6.23　综合测试工具

　　上面介绍了一些专项的测试工具，用于测试某一块的性能数据。下面笔者将介绍一些综合性的测试工具。这些工具通常可以生成一些总揽性的数据信息，让开发者对总体性能数据有一个比较全面的把握。

目前市面上已经有很多类似的综合性测试工具，例如：

- 网易团队 Emmagee，https://github.com/NetEase/Emmagee。

- 腾讯 GT，https://github.com/TencentOpen/GT。

- Google AnotherMonitor，https://github.com/AntonioRedondo/AnotherMonitor。

这些都是比较好的而且开源的性能检测工具。开发者使用这些工具，既可以了解它们的实现原理，又可以改造自己的检测工具。

6.24　Android Device Monitor

从严格意义上来说，Android Device Monitor 并不能算是一个综合测试工具，但它的功能非常全面，笔者无法将它归为上面任何一类专项测试工具中。因此，这里笔者单独将它拿出来进行介绍。在 Android Studio 中点击工具栏中的 Android Device Monitor 按钮即可打开 Android Device Monitor 工具，如图 6.96 所示。

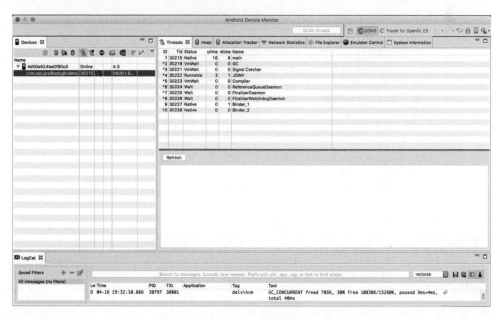

图 6.96　Android Device Monitor 工具

可以看见，工具左侧界面显示当前要监测的进程（注意，一定是 debug 包的程序才能显示出来），右边有很多 Tab 页，可以展示很多信息。有些 Tab，比如 Heap 选项卡、Allocation

Tracker 选项卡在前面的介绍中已经讲解过了，不再赘述。这里只着重讲解一下 Threads 和 System Information 选项卡。

↘ Threads

切换到该选项卡后，可以展示选择测试进程中的所有线程，如图 6.97 所示。

这里展示了程序中当前运行的所有线程，例如 Main 主线程、GC 线程等。如果开发者的 App 有多线程，那么这里就可以展示出来。下面是几个参数的含义解释。

- Status
  running：正在执行应用程序。
  sleeping：执行了 Thread.sleep() 方法。
  monitor：正等待获取一个监听锁。
  wait：在 Object.wait() 方法中。
  native：执行了原生代码。
  vmwait：正在等待一个虚拟机资源。
  zombie：该线程已死。

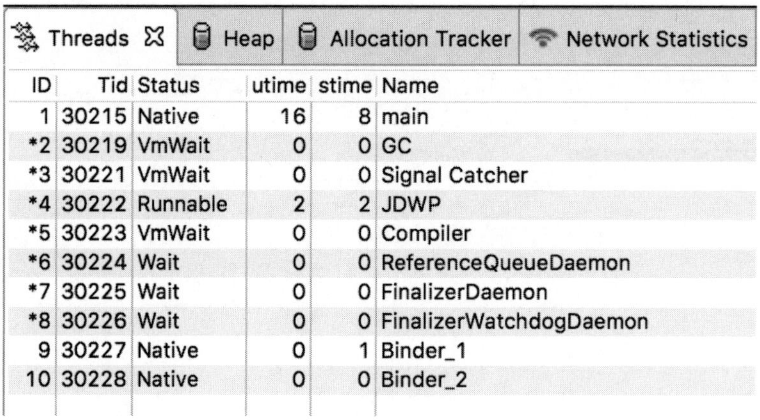

ID	Tid	Status	utime	stime	Name
1	30215	Native	16	8	main
*2	30219	VmWait	0	0	GC
*3	30221	VmWait	0	0	Signal Catcher
*4	30222	Runnable	2	2	JDWP
*5	30223	VmWait	0	0	Compiler
*6	30224	Wait	0	0	ReferenceQueueDaemon
*7	30225	Wait	0	0	FinalizerDaemon
*8	30226	Wait	0	0	FinalizerWatchdogDaemon
9	30227	Native	0	1	Binder_1
10	30228	Native	0	0	Binder_2

（Threads / Heap / Allocation Tracker / Network Statistics）

图 6.97　Threads

- UTime
  表示执行用户代码的累计时间。

- Stime
  表示执行系统代码的累计时间。

开发者最关心的也就是上面这三个参数，Status 可以看出当前 Thread 的状态，而 UTime 和 STime 则表示了 Thread 的耗时。对于查找在多线程中的性能、耗时问题非常有用。但它也有个问题，那就是它只能查看还活着的线程，对于已经消耗的线程是不能进行检测的。

↳ **System Information**

System Information 是一个简单的性能数据汇总，也是开发者比较关心的一些数据，当切换到该选项卡后，界面如图 6.98 所示。

这里可以显示 CPU load、Memory usage、Frame Render Time 等数据，可以查看对应时刻的性能数据。例如 CPU load 和 Android Studio CPU Monitor 一样，它同样展示了 User 行为 load 和 Kernel 行为 load。但它的局限性也很明显，那就是它只能展示一个时间点的数据，不像 Android Studio CPU Monitor 可以展示连续的数据。

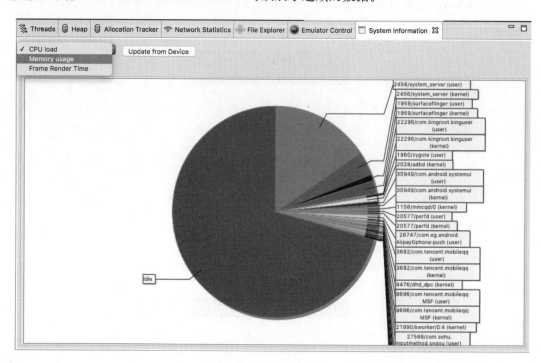

图 6.98　System Information

6.25 高通性能工具

高通作为一个芯片大厂，在提供 Android 芯片解决方案的同时，也提供了一系列工具帮助开发者了解各种性能参数。在高通的开发者网站上，它提供了非常多的性能检测工具。地址为 https://developer.qualcomm.com/download/software。

这里笔者选择 Trepn Profile 和 App Tune-up Kit 来进行介绍，这两款性能分析工具，在上面的网站中都可以免费下载。

↘ Trepn Profiler

Trepn Profiler 是高通开发的一款性能分析工具，可以用于测试 App 的性能参数，其主界面如图 6.99 所示。

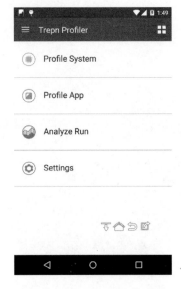

图 6.99 Trepn Profiler 主界面

Trepn Profile 可以使用的高级功能界面如图 6.100 所示。

图 6.100　Trepn Profiler 高级功能界面

它可以获取的性能数据，如图 6.101 所示。

开发者可以选择 App 进行测试，如图 6.102 所示。

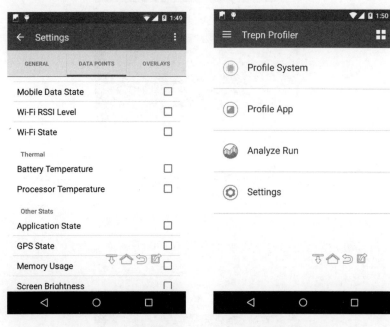

图 6.101　Trepn Profiler 性能数据　　　　图 6.102　选择调试 App

点击 Profile App 按钮，选择要测试的 App，如图 6.103 所示。

图 6.103 测试 App 列表

在测试过程中，还可以显示数据浮层，如图 6.104 所示。

图 6.104 测试浮层数据

更关键的是，这些浮层是可以由开发者完全自定义的。可以显示成不同的图表，也可以选择要监控的内容，这些都可以进行配置，如图 6.105 所示。

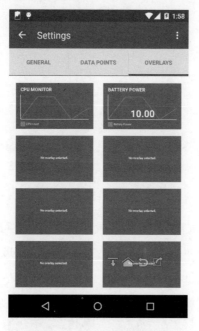

图 6.105　浮层数据配置

测试完毕后，可以将测试结果保存，如图 6.106 所示。

图 6.106　保存测试结果

打开保存的结果文件，如图 6.107 所示。

	A	B	C	D	E	F	G	H	I	J	K	L	M	N	O	P	Q	R	S	T	U
1	App	Package	Start Time	Duration	Filename																
2	com.hujiang	2016 @ 02: 1 min 16 sec																			
4	Time [ms]	CPU1 Load	Time [ms]	CPU1 Frequ	Time [ms]	CPU2 Load	Time [ms]	CPU2 Frequ	Time [ms]	CPU3 Frequ	Time [ms]	CPU3 Load	Time [ms]	Screen Brigh	Time [ms]	CPU4 Frequ	Time [ms]	CPU4 Load	Time [ms]	Battery Pow	Time [ms]
5	100	100	1	1512000	2	16	3	1512000	3	364000	5	22	5	53	6	0	8	0	8	1163527	9
6	200	100	100	1512000	102	50	103	1512000	103	1512000	104	88	105	53	105	0	106	0	108	1737337	76
7	301	58	201	1512000	202	90	203	1512000	205	1512000	205	87	206	53	208	384000	208	19	208	2020656	109
8	402	63	302	1512000	303	40	304	1512000	304	1512000	306	40	306	53	307	1512000	308	54	309	1422684	185
9	504	66	402	1350000	404	50	404	1026000	405	1350000	406	44	407	53	407	918000	409	44	409	1033004	208
10	606	66	505	1026000	507	45	508	1026000	509	594000	514	60	515	53	516	384000	519	50	519	653217	309
11	706	66	607	1026000	612	33	614	1026000	615	384000	619	55	620	53	622	384000	625	36	626	549392	410
12	807	71	708	1026000	713	50	715	1026000	716	384000	721	70	722	53	723	384000	727	55	727	640957	520
13	907	71	808	1026000	812	55	814	1026000	815	384000	819	63	820	53	821	384000	823	66	823	571554	627
14	963	55	909	1026000	913	54	915	1026000	916	384000	920	70	921	53	922	384000	928	63	929	680724	728
15	1056	69	965	1026000	969	80	971	1026000	972	384000	983	85	983	53	984	384000	988	16	989	680298	824
16	1156	62	1056	1026000	1058	37	1058	1026000	1059	1512000	1060	57	1061	53	1061	384000	1063	75	1063	1069114	929
17	1256	64	1157	1512000	1158	20	1158	1512000	1159	1512000	1180	30	1161	53	1161	1512000	1163	22	1163	1025947	989
18	1358	66	1257	1512000	1258	40	1259	1512000	1259	1512000	1261	80	1261	53	1262	1512000	1263	37	1264	1730470	1063

图 6.107　查看结果

有了数据报表就可以生成相应的性能图表，从而看出 App 在测试过程中的性能问题。

App Tune-up Kit

App Tune-up Kit 也是高通开发的一款性能检测工具。它可以从 CPU、GPU、功耗、发热量及移动网络数据五个方面来评测一个 App 的性能。App Tune-up Kit 的主界面，如图 6.108 所示。

图 6.108　App Tune-up Kit 主界面

选择要测试的 App 后就可以开始进行测试了。同时在上面还可以选择测试的时间。测试完毕后，回到该界面就可以展示出测试结果，而且还能选择与其他 App 的横向比较。例如与 Google Play Top 20 等数据进行对比，如图 6.109 所示。

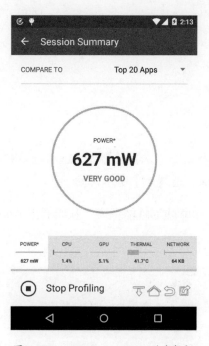

图 6.109　App Tune-up Kit 测试数据

　　与 Trepn Profiler 一样，可以将数据保存。更重要的是，它可以比较两次保存的数据，进行 App 的纵向对比，如图 6.110 所示。

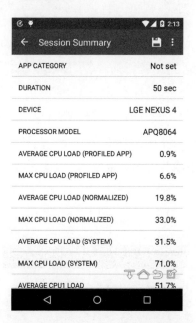

图 6.110　App Tune-up Kit 详细数据

　　高通的这两款性能检测工具是笔者目前使用下来最稳定、完善的综合性检测工具。由于它们的某些检测利用到了高通芯片内核中的一些数据，所以有些功能只能在高通内核的机器上才能使用。不过，这对我们来说几乎没有太大的影响。

6.26 云测平台

随着性能测试、兼容性测试的需求日益增加，越来越多的厂商开始推广云测试平台，例如 Google 的 Cloud Test Lab，地址如下所示。

https://developers.google.com/cloud-test-lab/

其主页如图 6.111 所示。

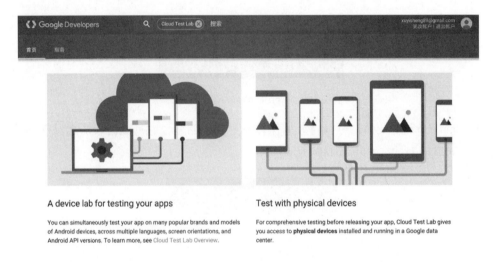

图 6.111 Cloud Test Lab

云测平台提供了一个 DeviceLab，解决了公司无法覆盖大量类型设备测试的问题。Google 的服务目前在国内还不能非常顺利地使用，因此也有很多国内厂商开始试水这一领域。

- 阿里云测

地址为 http://mqc.aliyun.com/，主页如图 6.112 所示。

图 6.112 阿里云测

- 腾讯优测

地址为 http://utest.qq.com/，主页如图 6.113 所示。

图 6.113 腾讯优测

- Testin

地址为 http://www.testin.cn/，主页如图 6.114 所示。

图 6.114　Testin

这些云测平台的功能几乎大同小异，与 Google 的 Cloud Test Lab 功能基本相同，大体包括以下几种。

- 兼容性测试：通过大量真机覆盖大部分机型。

- 压力测试：通过脚本实现压力测试。

- 缺陷分析：通过代码静态扫描和测试中发生的 ANR、Crash 等提供应用的缺陷分析。

- 性能测试：在测试中监控应用性能等数据。

- 远程真机租用：用户可以远程访问 DeviceLab 中的真机，并通过远程控制的方式进行使用。

使用云测平台，在一定程度上的确解决了很多公司的测试之痛，特别是一些付费的服务，可以让公司享受到更好的测试服务。例如测试专员进行分析、脚本录制与回放等功能，对于一些初创企业来说，不失为一种比较好的测试与优化手段。

第 7 章

一个人的寂寞与一群人的狂欢

在很多大型开发团队中，总会有一个 Tools Team，他们的职责就是为开发的业务线制作各种开发工具，Google 的 Android Studio 开发团队就是类似的工具组。这些人的水平一般都是比较高的，他们所做的事情就是制作轮子，让开发者能够不要重复造轮子，而是利用这些工具进行更有效率的开发。

笔者认识很多 Android 开发圈子里的开发者，他们有个人开发者，也有全职开发者，但不论是哪一种开发者，对工具的需求都是第一位的。在现在的技术圈子中，要想发明一个轮子，不仅需要技术，更需要一些创新的想法。个人开发者需要使用工具来强化自己的薄弱技能，例如美工、交互等工作，而全职开发者也需要一些工具，完成团队协作、开发管理等工作。

不同的开发者开发的效率不同，其实很大程度上并不是取决于他们技术能力的高低，而在于是否善于使用工具来快速、高效地完成任务。例如，笔者所在项目的实习生曾经遇到过这样一个需求，需要整理公司的 APK 中所用到的权限。实习生拿到这个任务之后，就开始下载 APK，反编译 APK，拿出 AndroidMainifest 文件，找到其中的权限部分，然后再进行分析，花了很长时间才弄完。但是如果使用 AAPT 工具，只需要一行指令就可以完成所有的工作，这就是工作效率的区别。因此，本章将给大家介绍一些平时开发过程中常用的工具，让开发者能够提高开发效率。

7.1 如何解决问题

学会解决问题是一个开发者最基本的能力。不管是谁都不可能掌握所有领域的知识，那么在需要的时候如何快速学习新的知识、解决新的问题，就是一个非常重要的技能了。

↘ Chrome

很难想象一个开发者还在使用 IE 浏览器。如果你是其中一员，那么请早日使用 Chrome、Firefox 等现代浏览器。Chrome 作为现代浏览器的代表，具有非常多的优势，比如它的开发者工具，还有它的插件系统可以让开发更有效率，极大地方便了前端开发者进行开发。

Chrome 开发者工具

Chrome 的开发者工具一直是前端开发者的利器，打开开发者工具后，效果如图 7.1 所示。

图 7.1　Chrome 开发者工具

在这里，前端开发者可以非常方便地观察 Html 页面、Html 请求等。这些对于 Android 开发者来说可能作用并不大，但是对于 Hybrid 开发者、Web 前端开发者来说，就是非常方便的工具了。

Chrome 插件

Chrome 丰富的插件系统可以让开发者随心所欲地拓展自己的浏览器。

- Json-Handle

Json-Handle 是一个非常方便的 Json 格式化查看工具，可以非常方便、美观地展示 Json 字符串，如图 7.2 所示。

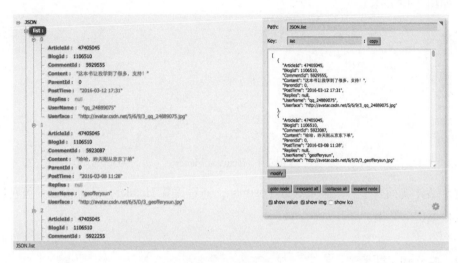

图 7.2　Json Handle

- Octotree

Octotree 是一个非常方便的查看 Github 代码的 Chrome 插件，当开发者安装了这个插件后，打开 Github 就可以直接在左边栏查看代码，如图 7.3 所示。

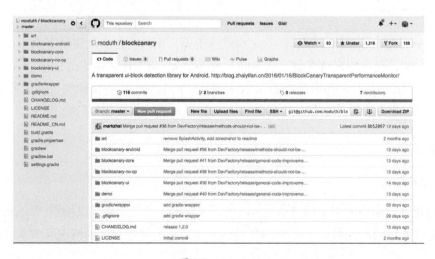

图 7.3　Octotree

通过这种方式，我们可以非常方便地查找、浏览代码，而不用一个一个代码点进去查找。

- Request Maker

Android 开发者在开发时，少不了与后端打交道，而这个工具正是方便开发者调试后端接口的。开发者可以直接模拟请求接口，测试接口功能是否正常，而不是在程序中进行调试，如图 7.4 所示。

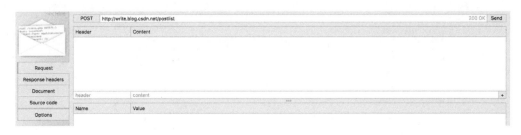

图 7.4　Request Maker

这个插件就相当于一个轻量级的 Postman，通过设置 Header、请求参数，就可以获取模拟接口返回的数据。

➷ Google 搜索

Google 搜索是当今世界上最好的搜索工具。除了它强大的搜索算法和速度，Google 提供的高级搜索语法也是 Google 搜索的一大魅力所在。掌握这些语法，对于提高搜索效率有着很大的帮助。

逻辑与或非操作

Google 在搜索中使用"+"、"–"、"OR"（大写）来进行搜索结果的逻辑操作。例如，使用"A + B"，代表搜索结果包含 A 和 B；使用"A – B"代表搜索结果包含 A 且不包含 B；使用"A OR B"代表搜索结果有 A 或者 B。使用双引号代表精确的查询条件。通过这种逻辑操作，可以让搜索结果尽可能的少，帮助用户快速找到相应的信息。

模糊搜索

- 文字通配

Google 在搜索中使用"*"（星号）匹配任意字符。例如，你可以搜索"Android *"匹配所有类似 Android Studio、Android UI 等结果这对于关键词缺失的情况非常有帮助。

- 区间通配

Google 在搜索中使用".."（两个句点和一个空格）进行数字区间的通配。例如，你要查找 2012 年到 2016 年之间的 Android 市场占有率，就可以通过"2012.. 2016"进行匹配。

搜索语法

Google 提供了一些搜索语法，让用户创建更精确的搜索条件。

- Site

Site 指令可以将搜索结果限定于某个网站中，或某些同类型的网站中。例如，使用"android site:developer.android.com/index.html"搜索该网站下的所有关于 Android 的内容。

- Link

Link 语法可以查询所有链接到某个地址的信息。例如"link:www.jianshu.com"将查询所有链接到简书的 URL 链接。

- intitle

intitle 语法可以查询网页标题栏中的信息。例如"intitle:xuyisheng"将查询网页标题中包含 xuyisheng 的所有信息。

- inurl:pdf

inurl:pdf 语法可以快速查找所有的 PDF 类型网页。例如"inurl:pdf android"将查找所有的 PDF 类型的 Android 相关信息。

类似的语法还有很多，这里不再一一列举，感兴趣的开发者可以在 Google 的网站上找到所有的搜索语法，地址如下所示：

https://support.google.com/websearch/answer/2466433?hl=en

同时要注意的是，这些语法是可以混合使用的，没有限定只能使用一种。

最近国内某网盘曝出的用户照片数据信息外泄，实际上就是 Google 搜索的强大证明，虽然后来证明是由于用户疏忽导致的。但其搜索语法，实际上就是使用的 Google 的 site 语法，而这个功能是其他搜索引擎所远不能及的。

➥ **Github**

Github 是目前最大的网络代码仓库，它通过提供免费（也有付费功能）的 Git 服务，为全球开发者提供代码托管服务。可以说是 Git 成就了 Github，让越来越多的技术公司选择将 Github 作为其开源技术的展示地。也正是因为开源、开放的精神，反过来不断促进着 Github 的发展，以至于现在面试时，一个开发者的 Github 帐号就可以反映出开发者的很多东西。

其官网地址为 https://github.com/，如图 7.5 所示。

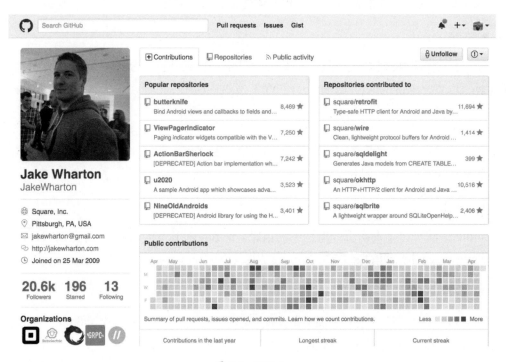

图 7.5　Github

❧ Stackoverflow

除了 Google 这样一个强大的搜索工具，Stackoverflow 也是一个非常有用的开发者搜索平台。当然，它首先是一个开发技术问答平台，由于它的权威性和广泛性，上面搜索到的答案往往是非常准确的答案。甚至有很多开发者戏称，现在的开发者只要会使用 Google、Github 和 Stackoverflow 就可以完成所有的开发任务了。虽然这只是一个玩笑，但足以看出 Stackoverflow 的强大。

其官网地址为 https://stackoverflow.com，如图 7.6 所示。

图 7.6 Stackoverflow

➥ 代码检索工具

"不重复造轮子"是软件开发的核心定律之一。利用好代码检索功能，可以让开发事半功倍。

codota

codota 是一个搜索代码的利器。在开发过程中，开发者可能会根据相关代码来检索 Github，查找相关代码的使用帮助，使用 codota 也可以实现这样的功能。但更重要的是，codota 不仅仅可以搜索 Github，还可以搜索一些开发者的 Blog 和开发网站，功能非常强大。codota 的网址为 https://www.codota.com/，显示如图 7.7 所示。

输入相关代码后即可进行查找，而且它还提供了 Android Studio 和 Chrome 的插件，可以非常方便地进行检索，简直就是一个代码版的 Google。

图 7.7　codota

SearchCode

SearchCode 也是一个代码搜索工具，它可以搜索很多开源项目库的代码，功能与 codota 基本类似。地址为 https://searchcode.com/，显示效果如图 7.8 所示。

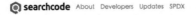

图 7.8　SearchCode

源代码检索

Google 的 Android 源代码，通常指的是 AOSP 的代码，即 Android Open-Source Project 的代码。其官网地址为 https://android.googlesource.com/?format=HTML，如图 7.9 所示。

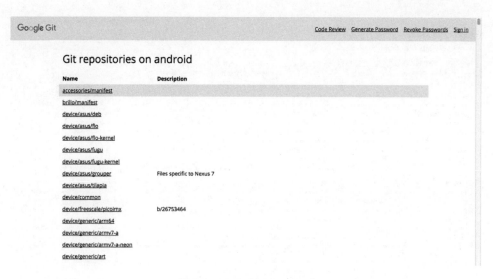

图 7.9　Android Code Repo

同时 Google 在 https://source.android.com/source/index.html 上也对如何使用、编译、修改 AOSP 代码进行了详细描述和指导，如图 7.10 所示。

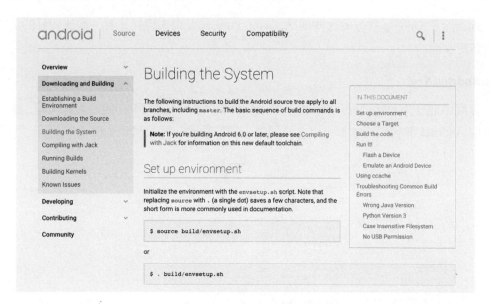

图 7.10　AOSP 代码指导

这些网站是开发者了解 Android 的最佳选择。如果开发者在开发过程中遇到一些 Android 系统的 Bug，可以通过官方的 issue tracker 网站来提 issue。大家一起完善 Android，地址为 https://code.google.com/p/android/issues/list，如图 7.11 所示。

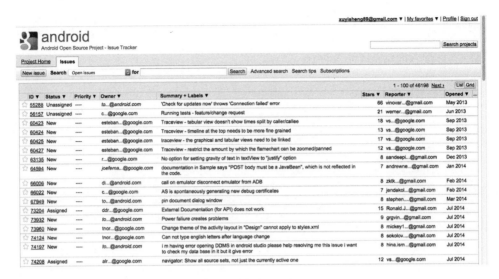

图 7.11　issue tracker

当开发者遇到一些比较棘手的问题时，可以在这里进行搜索，也许这个问题真的就是 Android 系统的一个 Bug。

那么除了 Google 官方的这些网站，对于 App 开发者来说，还有一些比较好的第三方网站值得收藏。

AndroidXref

该网站地址为 http://androidxref.com/。AndroidXref 网站用于在线搜索源代码，本书中涉及的 Android 源代码基本都可以在该网站上进行检索，网站显示如图 7.12 所示。

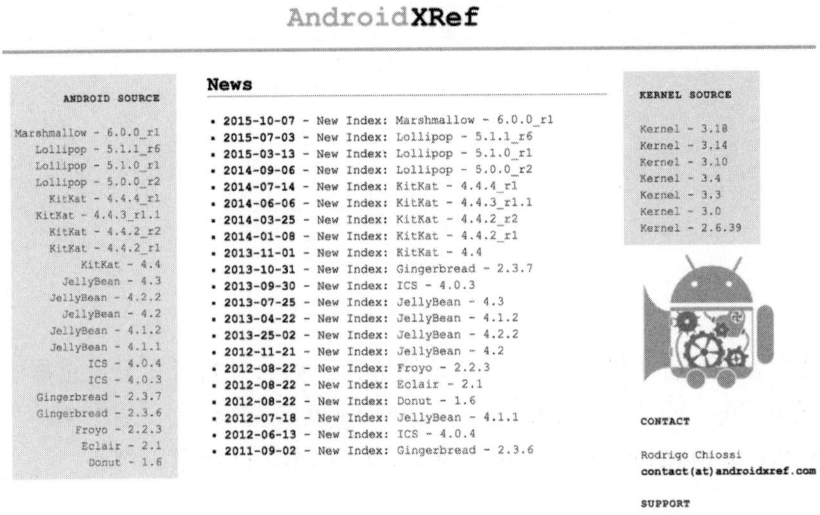

图 7.12　AndroidXRef

该网站是在国内速度比较快的一个源代码检索网站，笔者经常在这里搜索源代码。

GrepCode

GrepCode 也是一个非常常用的源代码检索工具，而且它不仅可以检索 Android 源代码，还能检索其他项目的源代码。地址为 http://grepcode.com/，显示效果如图 7.13 所示。

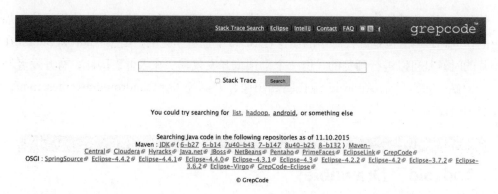

图 7.13 GrepCode

该网站的优势在于它能检索很多开源库的代码，例如 Android、Apache 等。

Opersys

Opersys 是一个专门用于查看 AOSP 代码的网站，地址为 http://xref.opersys.com/。

该网站包含了每个版本的 AOSP 代码，主页如图 7.14 所示。

图 7.14 Opersys

与 AndroidXref 非常类似，它们都提供了 Android 源代码的检索功能。

OpenGrok

OpenGrok 是一个开源的源代码检索服务器搜索框架，地址如下所示。

https://github.com/OpenGrok/OpenGrok/wiki/How-to-install-OpenGrok

前面笔者提到的 AndroidXref 也是使用这个框架搭建的。如果开发者的公司对源代码的需求比较高，那么在公司内网搭建一个 OpenGrok 的服务器可以非常快速、高效地进行源代码检索。

源代码图像检索

使用 Android 系统原生的图标有很多好处，例如可以获取准确规范的使用图片、加快图像的访问速度等。但是源代码中的图像在 SDK 中是看不见的，虽然 Android Studio 在引用图片的时候是可以进行预览的，但一个个预览开发效率实在太低。因此，有开发者制作了一个网站，可以显示 Android 源代码的图像，网站为 http://androiddrawables.com/，如图 7.15 所示。

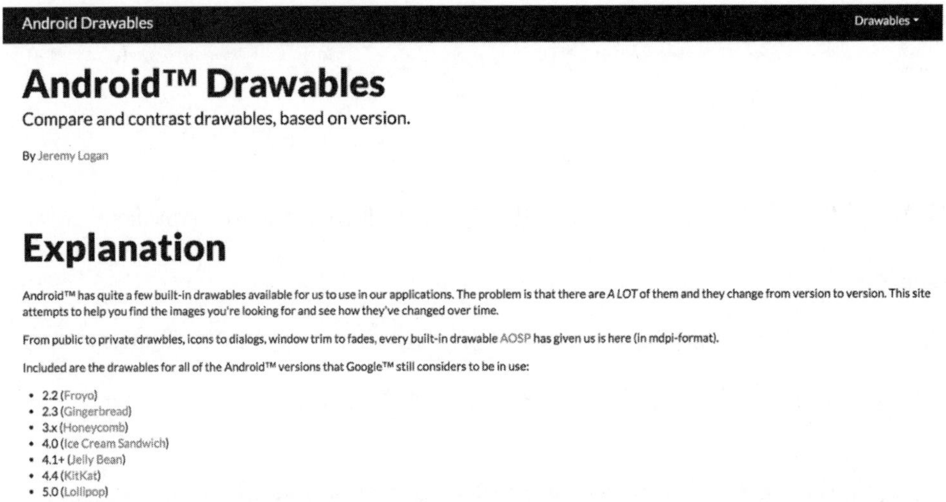

图 7.15　源代码图像检索

利用这个网站可以快速检视 Android 系统中的图像，如果开发者找到合适的图像，就可以直接使用系统的图像，如图 7.16 所示。

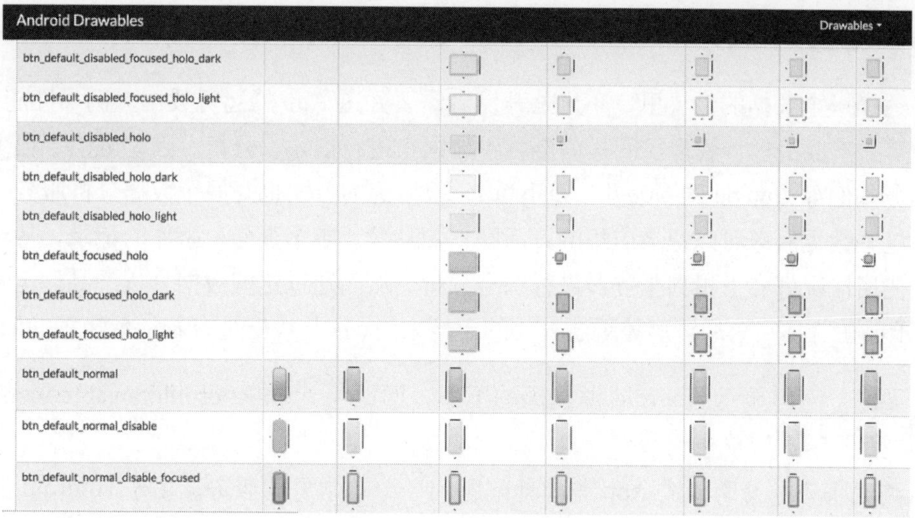

图 7.16　源代码图像

利用这个网站，个人开发者可以尽可能少地自己制作图片，而是使用系统提供的图片，这样不仅方便了个人开发者，也可以让 App 的风格与系统风格统一。

7.2　如何简化开发

在现在的 IT 界，越来越多的创业公司开始着力于服务开发者。秉着不重复造轮子的宗旨，为企业、个人提供一些服务，使用这些服务可以让开发者在自己不熟悉的领域快速完成想要的功能。

➥　移动后端服务

在《Android 群英传》中，笔者介绍了一个移动后端服务——Bmob，可以帮助开发者快速搭建后端，使其将主要精力集中在客户端的开发上。通过这些移动后端服务供应商，开发者可以快速完成一个客户端、服务端交互的 App。Google 也提供了这样的服务，但由于某些原因，国内暂时还无法使用这些服务。

➥　云存储服务

除了这些提供整体后端解决方案的供应商外，还有很多提供专有服务的第三方供应商，例如图片存储服务等。开发者甚至一些小的创业公司，在早期开发中使用这些第三方服务，可以快速生成产品而不需要进行大量的开发，极大地提高了产品开发效率。

➷ 数据分析服务

在这样一个数据的世界里，不光是开发者需要知道 App 的运行数据，例如性能数据、崩溃率等，产品经理、管理层同样需要各种数据来进行展示、分析。因此诞生了很多数据分析服务，例如 Google 的 Google Analytics。很多国内公司也开展了数据分析服务，通常情况下这些数据服务可以记录应用的日活跃、启动数。每个页面、事件的记录，甚至整个 App 的使用情况都会上报到服务器进行综合分析，从而通过这些数据分析产品、运营的效果。对于现在这样一个经济形势瞬息万变的市场来说，这些数据是有着举足轻重的地位的。

➷ 云测试服务

云测试服务是帮助测试 App 兼容性问题的一个非常好的服务。由于 Android 的碎片化，在企业内部很难覆盖全部的用户机型，而利用云测试则可以借用服务商的设备完成整个 App 的兼容性测试、压力测试等测试。Google 最早提出了"云测试"概念，也创建了自己的云测试平台。国内的开发者可能大部分使用的是国内的一些云测试平台，虽然品牌不同，但功能几乎是大同小异的。

➷ Proguard 自动生成工具

代码混淆通常是一件非常烦琐的事情，大量的第三方库和引用代码的混淆设置非常容易错。因此有开发者提供了这样一个工具，帮助开发者快速生成对应第三方库可使用的混淆代码设置，工具网址为 https://proguard.herokuapp.com/，如图 7.17 所示。

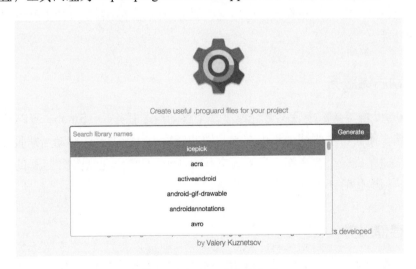

图 7.17　Proguard 自动生成

输入相应的库后，点击 Generate 按钮，即可生成相应的混淆代码，如图 7.18 所示。

```
# Created by https://proguard.herokuapp.com/api/

## GSON 2.2.4 specific rules ##

# Gson uses generic type information stored in a class file when working with fields. Proguard
# removes such information by default, so configure it to keep all of it.
-keepattributes Signature

# For using GSON @Expose annotation
-keepattributes *Annotation*

-keepattributes EnclosingMethod

# Gson specific classes
-keep class sun.misc.Unsafe { *; }
-keep class com.google.gson.stream.** { *; }
```

图 7.18　生成 Proguard 文件

在这个生成的配置基础上，再根据项目进行局部的调整即可。

↘　gitignore 自动生成工具

gitignore 文件是 Git 版本控制中的忽略文件，可以设置不用 Git 进行版本控制的文件。下面这个工具帮助开发者快速生成推荐的 gitignore 文件，工具网址为 https://www.gitignore.io/，如图 7.19 所示。

图 7.19　gitignore 主页

选择相应的 IDE（Android），点击 Generate 按钮即可，如图 7.20 所示。

```
# Created by https://www.gitignore.io/api/android

### Android ###
# Built application files
*.apk
*.ap_

# Files for the Dalvik VM
*.dex

# Java class files
*.class

# Generated files
bin/
gen/

# Gradle files
.gradle/
build/

# Local configuration file (sdk path, etc)
local.properties

# Proguard folder generated by Eclipse
proguard/

# Log Files
*.log

# Android Studio Navigation editor temp files
.navigation/

# Android Studio captures folder
captures/

### Android Patch ###
gen-external-apklibs
```

图 7.20　gitignore 文件

根据自己的项目进行一些小的修改，就完成了一个全面的 gitignore 文件。

7.3　如何学习

学习能力是一个开发者最重要的技能。当今 IT 界的各种新技术层出不穷，一个开发者不可能掌握所有的技术。但他一定要有强大的学习能力，可以在需要时快速学习，开发者要学会编程、学会学习，而不是学会 Java、学会 Android。

❧ 思维导图

思维导图是一个非常好的发散性思维工具，它以图文并茂的方式展示各级主题的层级关系，相信很多开发者都见过类似的图，如图 7.21 所示。

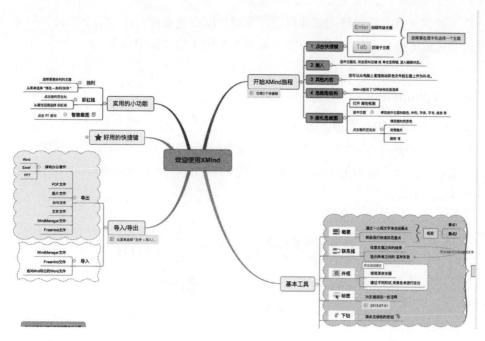

图 7.21　思维导图

通过思维导图，不仅可以在展示的时候显示开发者良好的逻辑思维能力，更能加强理解和记忆，提高效率。

对于思维导图，笔者使用的最多的就是 XMind，该工具地址为 http://www.xmind.net/，使用界面如图 7.22 所示。

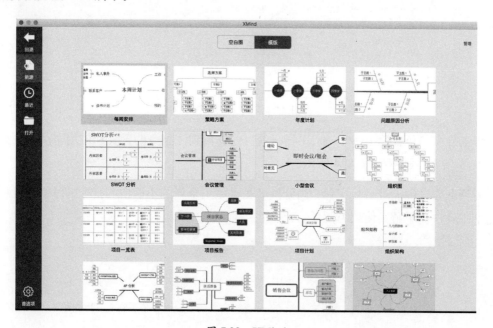

图 7.22　XMind

这里提供了很多思维导图的模板让开发者可以快速创建。通过这个工具，不仅可以让开发者高效地安排开发任务，还可以帮助开发者快速构建知识体系。

➤ explainshell

Shell 指令使用的非常多，而且找到一个合适的指令，可能会让某些工作变得更加简单。但是对于刚使用 Shell 的开发者来说，各种命令的含义也是很难快速掌握的。那么下面这个工具将让开发者看见 Shell 的曙光，输入网址 http://explainshell.com/，打开界面如图 7.23 所示。

图 7.23 explain shell

界面非常简单，输入一个 Shell 指令就可以查询到该指令的含义和使用方法。例如，输入 ls -a 指令，显示如图 7.24 所示。

解释非常详细而且一目了然。当开发者在看见一个新的不明白的指令的时候，就可以用这个工具快速了解其使用方法了。

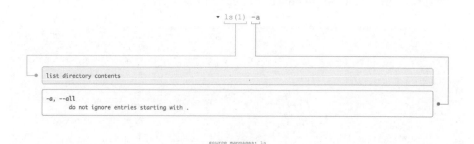

图 7.24   查询 shell 指令

↘ Tldr

该工具与 explainshell 工具类似，是用于快速查找 Linux Shell 指令的，该工具的项目主页为 https://github.com/tldr-pages/tldr。其使用也非常简单，只需要在指令前加上 tldr 即可。例如其官网上给出的例子，如图 7.25 所示。

图 7.25   tldr

输入"tldr tar"，即可显示该指令的详细用法与示例。

↘ vim-adventures

VIM 是一个非常方便的终端编辑器，很多资深程序员都会对它爱不释手，但是它繁杂的指令，也让很多初学者望而却步。在笔者看来，如果能熟练使用 VIM，那么很多编辑操作将变得异常简单，甚至很多开发任务都可以直接在 VIM 中进行。具体的 VIM 教程，网上已经有很多了，这里笔者不再赘述，而是向大家介绍一个帮助开发者学习 VIM 的游戏——vim-adventures（http://vim-adventures.com/），如图 7.26 所示。

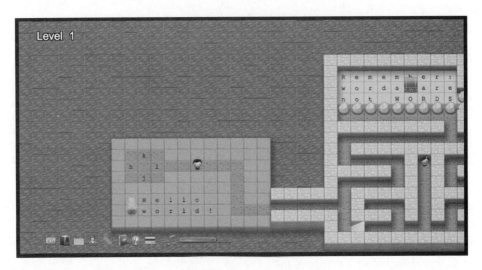

图 7.26　vim-adventures

第一眼看上去，这个网页就是一个游戏。但实际上，这里面的所有操作都是 VIM 的快捷键。作者很好地将游戏与 VIM 进行结合，在游戏的过程中让开发者了解 VIM 的使用方法。

7.4　如何演示

不论是在团队的会议中，还是在知识分享时，学会如何演示自己的成果都是一个重要的技能。

➥　手机投视工具

当开发者在进行项目演示的时候，通常需要真机（毕竟模拟器是模拟的，而且很多 so 库是不支持的）。但这样就会遇到一个难题，那就是如何分享手机屏幕给所有的人？笔者下面要介绍的工具，就是为了解决这个问题而生的。

这个工具叫做 Vysor，它是一个 Chrome App 需要下载 Chrome 的拓展，地址为 https://chrome.google.com/webstore/detail/vysor-beta，介绍界面如图 7.27 所示。

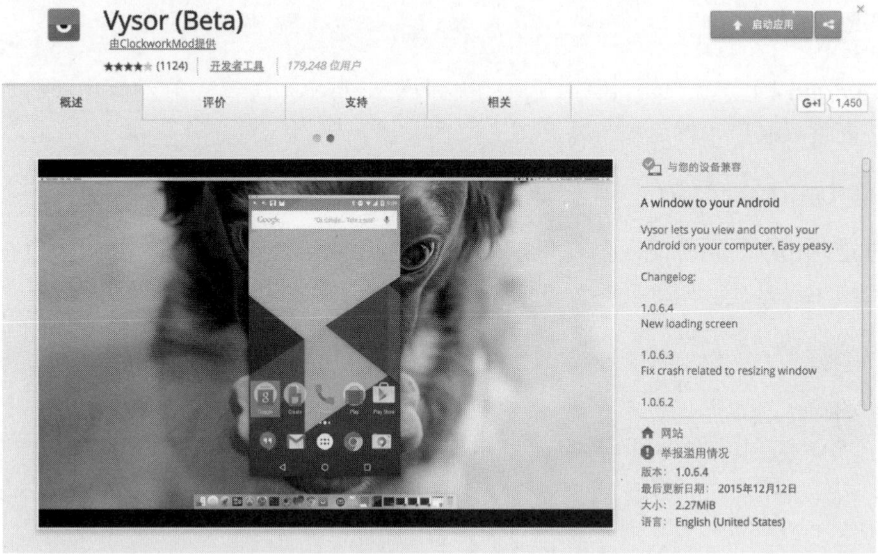

图 7.27　Vysor

启动 App 后使用 USB 连接手机，即可在界面中找到连接的手机，如图 7.28 所示。

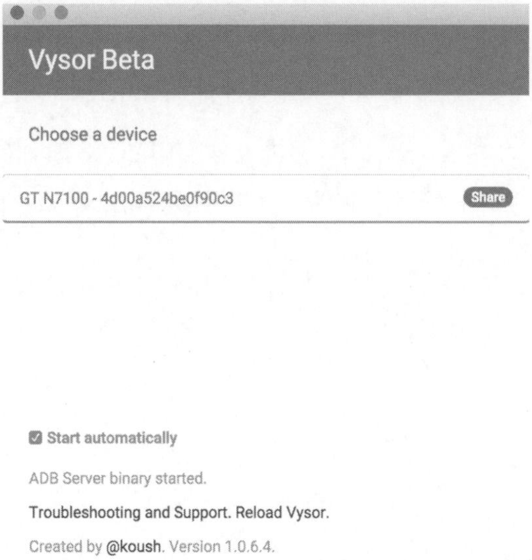

图 7.28　Vysor 界面

这时界面上就会显示手机的图像，在 PC 上就可以对连接的手机进行操作了。

➘ 录制 Gif

不论是演示效果还是写博客，增加一个动态的 Gif 图都是对文字的一个非常好的说明。

↘ MP4 转 Gif

从 Android 4.4 系统开始，ADB 新增了一个 screenrecord 指令，在终端中执行如下所示的指令，即可开始对手机界面进行录屏。

```
adb shell screenrecord /sdcard/video.mp4
```

通过这句指令，系统就会在 180s 内对手机进行录屏操作。当然，你也可以指定录制的时间和帧率等参数，示例代码如下所示。

```
// 指定视频分辨率大小
adb shell screenrecord --size 1280*720 /sdcard/video.mp4
// 指定录制时间（示例为 200s）
adb shell screenrecord    --time-limit 200 /sdcard/ video.mp4
// 指定录制比特率（示例为 5Mbps，系统默认为 4Mbps）
adb shell screenrecord --bit-rate 5000000 /sdcard/ video.mp4
```

有了录制的 MP4 文件，导出后，就可以使用各种格式转换工具将 MP4 转换为 Gif 图了。

解释非常详细而且一目了然。利用这个工具，开发者可以在看见一个新的不明白的指令的时候，用这个工具来快速了解其使用方法。

这个工具是 Mac 下的一款录制 Gif 工具，地址为 http://www.gifgrabber.com/。

这款工具在 Mac 下使用非常方便，笔者很多博客中的 Gif 图都使用这个工具进行录制。对它的操作也非常简单，选取好要录制的区域，点击 start capture 即可，如图 7.29 所示。

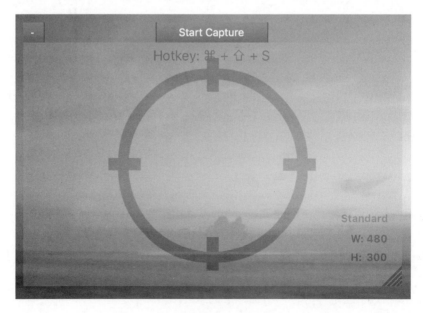

图 7.29　选取录制区域

录制完毕后，可以直接生产 Gif 图。有了这个工具，录制 Gif 就非常方便了，类似的工具还有很多。例如 gifrocket，地址为 http://www.gifrocket.com/。这也是一款非常不错的录制 Gif 的软件。

7.5　如何协作

在团队中个人的开发能力出众固然重要，但是团队协作才是顺利完成一个项目的保证。下面笔者将介绍在平时开发过程中关于团队协作的相关内容。

↘　Git

Git 是团队协作的基础，它的重要性笔者已经花了一整章来介绍了，这里不再赘述。很多团队的协作方式都是基于 Git 的基础之上的。

↘　Code Review

笔者认为，Code Review 是提高团队代码质量的最佳途径之一。

为何要进行 Code Review

Code Review 是团队协作的一个非常重要的方面。首先，Code Review 可以把控代码质量，提升团队的代码质量。其次，Code Review 可以统一团队的代码风格，构建良好的持续开发架构。再次，在使用 Git 提交代码时，可以多一次检查，避免提交错误、多余的文件。最后，Code Review 对自己也是非常好的提升，在了解他人代码的同时，也能看到别人指出自己的不足。

正是基于上面的这些考虑，笔者所在的公司在不久之前就开始着手进行 Code Review 工作。在刚开始推进 Code Review 工作的时候，很多同事是比较排斥的，毕竟 Code Review 确实会占用一部分的开发时间。这对于业务压力比较大的同事来说是个问题。因此对于 Code Review 来说，选择合适的工具，尽量实现自动化的检查，就显得尤为重要了。笔者目前所在的公司进行 Code Review 通常有两种方式，一种是在业务线中，使用 Code Review 工具在提交代码前进行 Code Review；另一种方式是针对一些大的系统在项目组中进行 Code Review。两种方式各有利弊，开发者应当选取适合自己的方式来执行 Code Review。

Code Review 工具

Code Review 的工具有很多，例如 Gerrit、Review board 等。但对于 Android 开发者来说，Gerrit 一定是最好的选择。毕竟 Android 源代码就是使用 Gerrit 进行 Code Review 的，Android 官方的 Gerrit 地址为 https://android-review.googlesource.com，如图 7.30 所示。

图 7.30　Android Gerrit

笔者所在公司也是使用 Gerrit 进行 Code Review 工作的。Gerrit 的使用方法非常简单，其界面如图 7.31 所示。

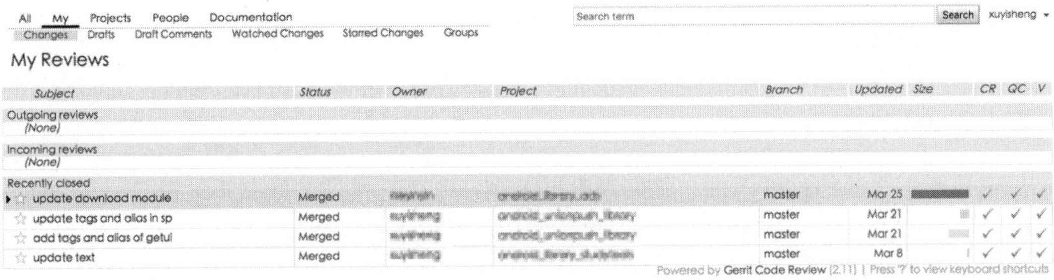

图 7.31　Gerrit 界面

使用 Gerrit 并没有太大的困难，但使用好 Gerrit 的前提一定是对 Git 操作和概念的理解。使用 Gerrit 进行 Review 的核心思想，实际上也是通过 Git 分支管理的方式来实现的。Git 项目在接入 Gerrit 之后，通常会禁止普通成员直接 Push 代码到仓库的权限，而只开放给 Leader 进行 Merge 代码，普通开发者统一将代码修改 Push 到 Gerrit review 分支。代码 Review 通过后，Gerrit 会自动进行代码 Merge，一个典型的使用 Gerrit push 代码的指令如下所示。

```
git push origin HEAD:refs/for/master
```

➥ Gitlab

对于互联网公司的开发者来说，公司的代码是一笔巨大的财富，大部分的团队在开发中都使用 Git 进行代码管理。虽然有很多公共的 Git 服务提供商，例如最有名的 Github，但他们的劣势也非常明显，那就是很难提供私有的 Git 服务（有的可以通过付费的方式来获取）。而且对于公司来说，将代码交给其他人来保管，始终是一个有风险的方式。因此，在公司内部搭建代码托管服务器就显得非常重要了。一般来说，大部分的互联网公司都使用 Gitlab 来进行代码托管，它就像一个开源版本的 Github，提供了非常完整的 Git 托管服务。同时可视化的界面，让它的整个操作都非常简单。其地址为 https://about.gitlab.com/，显示效果如图 7.32 所示。

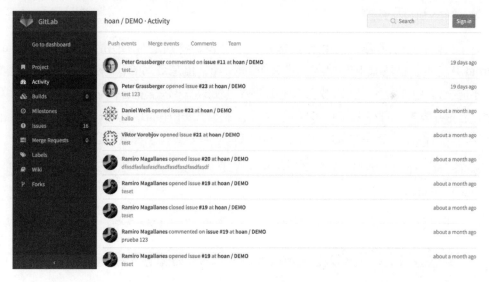

图 7.32　Gitlab 页面

使用 Gitlab 可以非常清楚地看见整个项目的操作历史、提交与修改等，效果如图 7.33 所示。

使用 Gitlab 与使用 Github 没有太大差别，开发者可以像在 Github 上一样在项目中进行协作。

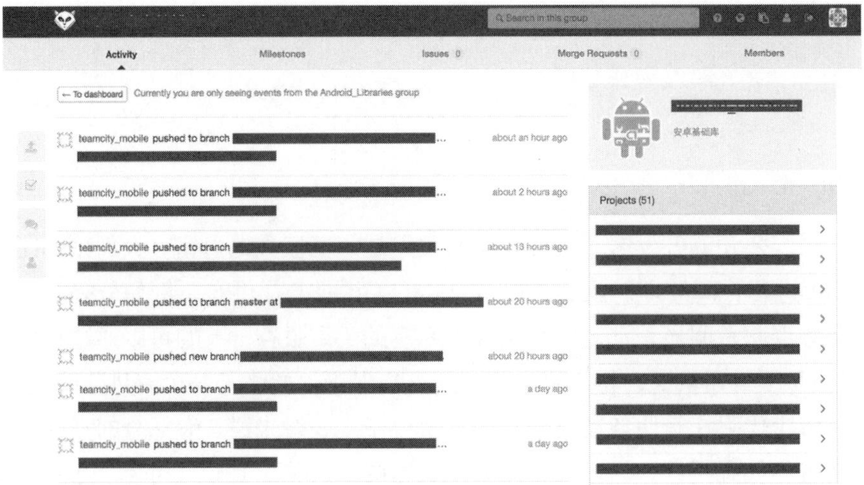

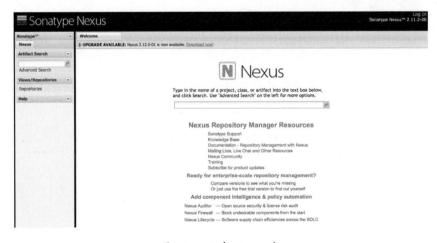

图 7.33　主界面

↘ Maven 服务器

有了代码托管服务器，就少不了 Maven 服务器，特别是对于使用 Android Studio 的 Android 开发者。虽然有中央 Maven 库和 Jcenter 库，但是公司的代码通常是需要保密的，显然不能上传到中央库，但又不能不使用非常方便的 aar，毕竟源码依赖既不利于业务的划分，也对开发的管理带来了很多问题。因此，搭建公司内部的 Maven 服务器就显得非常重要了，既可以保证公司的代码安全，又可以将业务划分便于库管理。

私 有 Maven 服 务 器 通 常 使 用 Sonatype Nexus 进 行 搭 建， 其 官 方 地 址 为 http://www.sonatype.org/。

笔者所在公司就使用 Sonatype Nexus 搭建了私有 Maven 服务器，界面如图 7.34 所示。

图 7.34　私有 Maven 库

整个使用与中央 Maven 库的使用完全一样，只需要将中央 Maven 库的地址改成内部服务器地址即可。上传代码到 Maven 库的具体操作，读者可以参考本书的"与 Gradle 的爱恨情仇"一章。

> 私有 Maven 库是实现 App 组件化开发的基础。当一个公司的项目变大、变多后，就面临着各种代码问题，不论是代码复用还是逻辑、风格的统一。这时候，App 的组件化分割就是解决这一问题的最佳实践。所谓组件化，就是将共通、基础的模块抽取出来，生成独立的模块，而让业务开发依赖于这些共通、基础的模块，从而做到代码层面上的隔离，保证复用和统一。

↘ 自动化测试

测试部分本来并不是本书的范围，但自动化测试与后面要讲的持续集成是密不可分的，因此这里笔者也希望花一点篇幅来介绍一下自动化测试。

测试是检验程序质量的保证，而自动化测试则是提高测试效率的最好方式。就目前来说，通过 UiAutomator、Robotium、Monkey、Appium 等工具，配合测试开发所写的测试脚本，要实现一个自动化测试的工作其实并不难。难的是 Android 的兼容性测试，由于 Android 设备的多样性，导致各种机型上的适配问题是测试最容易忽视的地方。那么如何在多机型上进行自动化测试呢？笔者所在公司使用了 Open STF 的解决方案，其官网地址为 https://openstf.io/，其效果如图 7.35 所示。

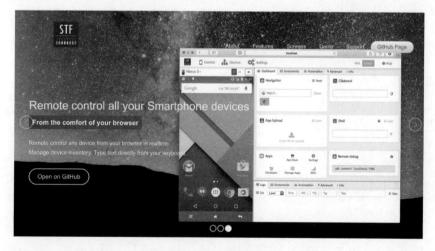

图 7.35　Open STF

这个系统类似于目前很流行的云测服务（笔者不知道这些云测服务商是否也使用的是这套方案），虽然网页上提供的设备很像是模拟器中的设备，但实际上这些都是真机，而且如果使用 Open-STF 在内网组建，画面可以非常流畅。同时，可以在本地执行各种 ADB 命令，完全与使用真机一样，笔者所在公司就已经搭建了一套测试体系，如图 7.36 所示。

图 7.36　私有 Open STF

　　图 7.36 所示界面即 Open STF 的初始界面，用于展示所连接的所有设备，选中一台未被使用的设备即可开始使用，如图 7.37 所示。

图 7.37　操作界面

　　在这个界面中，开发者就可以跟使用模拟器一样来操作远程设备了。唯一不同的是，这个是真实的设备而不是模拟器。国内很多测试公司都提供了这样的服务，如图 7.38 所示。

图 7.38　第三方提供的云测试界面

　　这些服务商提供的功能大同小异，但公网的云测试服务非常依赖于网速，其画面流畅程度远不及内网的 Open STF 方案。

➥ 持续集成与自动化

　　笔者曾经在一本书中看过，有些开发者认为区分一个公司是一个"技术大厂"还是一个"民间作坊"的重要依据之一就是看这个公司有没有做持续集成与自动化（Continuous Integration，CI）。虽然这个说法有点夸张，但确实突出了持续集成与自动化的重要性。目前市面上的 CI 工具很多，例如 Jenkins、Strider、Travis CI 等。一般来说，在公司内部使用 Jenkins 居多，其官网地址为 https://jenkins.io/index.html。目前笔者所在公司就使用 Jenkins 来实现 CI，如图 7.39 所示。

图 7.39　Jenkins

Jenkins 最直接、最基础的功能就是自动打包，但它绝不仅仅是一个打包服务器。

所谓持续集成与自动化，是指用机器替代人工持续不间断地集成代码，让产品可以快速迭代，同时还能保证代码质量。一个完整的持续集成环境需要 Jenkins 与 Git、Gerrit 一起配合，才能发挥出它最强大的功能。一般来说，在开发者 Push 代码后会首先到 Gerrit 进行代码 Review。Review 分为两部分，一部分是使用程序的自动化 Review，主要是通过静态代码检测工具来进行代码质量分析（比如 Sonar、CheckStyle、FindBugs 等）；另一部分是人工 Review，主要检测代码的运行逻辑，当 Review 完毕后，通过 Git hook、Jenkins 完成代码的自动拉取、编译和部署，最后通过自动化测试工具完成测试用例，并生成相应的测试报表。这样一整个测试流程需要人工来做的也就是人工代码 Review 部分，而其他部分全部通过自动化来实现，甚至可以在半夜对程序进行不间断 Monkey 测试，测试稳定性和潜在问题。

工程师就是这样，想尽一切办法简化重复的体力劳动，同时通过 CI 严格控制代码、程序质量和性能，这些才是持续集成与自动化的意义所在。

↘ Bug 管理

开发过程中 Bug 是少不了的，对 Bug 的跟踪管理也是项目管理中一个非常重要的方面。

JIRA

JIRA 是一个使用广泛的 Bug 跟踪管理工具，其官网地址为 https://www.atlassian. com/software/jira，显示效果如图 7.40 所示。

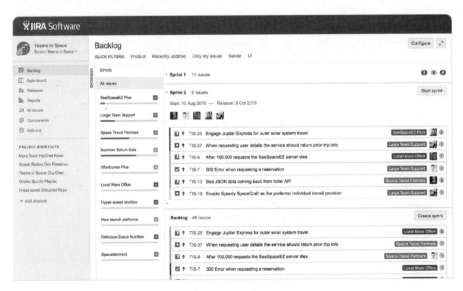

图 7.40　JIRA

图 7.40 是 JIRA 的总览界面，从这里可以大体了解一个项目的完成度、Bug 数量、指标等各种参数，如图 7.41 所示的界面，则是一个 Bug 的跟踪页面。

图 7.41　Bug 跟踪界面

通过这个页面，测试、开发和项目管理人员可以了解到整个 Bug 的进展和测试结果。

Bugzilla

Bugzilla 是一款 Bug 跟踪管理系统。笔者曾经在 TCL 的时候就是使用这个系统进行 Bug 的跟踪管理，其官网地址为 https://www.bugzilla.org/，界面如图 7.42 所示。

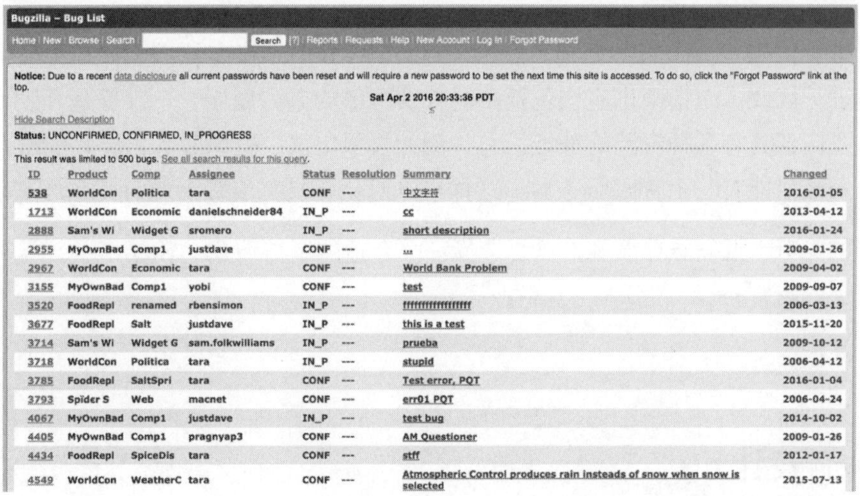

图 7.42　Bugzilla 界面

点击要跟踪的 Bug 编号后，就可以看见详细的 Bug 信息，如图 7.43 所示。

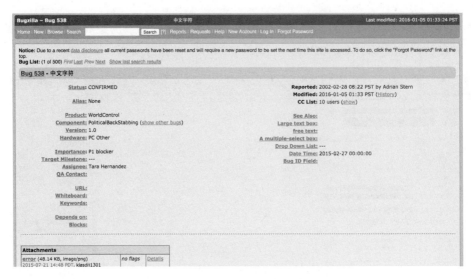

图 7.43　Bugzilla 详细信息

这里可以看见 Bug 详细的信息，同时在下面可以对 Bug 进行讨论，甚至最后解决 Bug 的代码都可以通过 Gerrit 同步到 Bugzilla。这样当以后有类似的问题修改的时候，其他开发者就可以通过搜索功能迅速找到以前 Bug 的修改记录和方法，便于快速修复 Bug。

↘ 新员工指南

对于新进公司的员工，开发团队应该提供清晰的入门指南，让新员工能够快速掌握团队的开发习惯，这样才能快速提高新员工的工作效率。因此一份好的新员工指南也是非常有必要的。

笔者推荐使用 WIKI 进行新员工指南的制作，WIKI 不仅方便浏览，还可以根据新的需要快速进行修改。而指南也应该包括平时开发工作的方方面面，不仅仅是开发规范、代码风格，还应该具有各种资源的地址汇总，例如权限申请、资源服务器等。同时对于开发工具，公司最后能有一个资源服务器，这样可以避免新员工浪费大量时间在环境配置上。

开源的 WIKI 服务器有很多，只要选择一个合适的坚持使用，积累下去，就一定是一个公司巨大的财富。

7.6　如何设计

作为一个开发者，与设计人员打交道可谓是家常便饭。但设计师通常都不懂开发，特别是很多公司的设计师，设计内容通常是以 iOS 为参考，这也导致了目前国内大部分的

Android App 都是浓浓的 iOS 风格。而且很多设计师给出的标注、切图都很不规范，让很多开发者在开发 UI 的时候非常不顺利。因此，笔者给出的建议是——教会设计师基本的 Android 开发设计规范或者是教会开发者基本的设计方法。然而根据笔者的经验来看，让设计师学会简单的 Android UI 设计规范是最快捷的方法。因此，这就需要开发者在整个团队内普及 Android UI 的设计规范，教会设计师掌握简单的分辨率-DP 换算、9patch 图制作、准确的标注等。

➷ AndroidAssetStudio

AndroidAssetStudio 是一个基于 Android 4.X 的设计资源生成网站，地址为 http://romannurik.github.io/AndroidAssetStudio/，显示效果如图 7.44 所示。

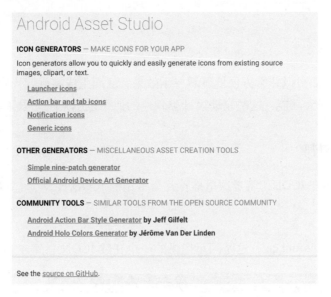

图 7.44　AndroidAssetStudio

该网站上有各种 Icon 和 ActionBar 的设计资源，并且在可视化的界面中选择好了之后，可以直接打包下载生成的文件，非常方便。但由于这个工具是基于 Android Holo 设计风格的，因此在 Android 5.X 以上的版本中，该设计可能不是很合适。

关于新的设计风格——Material Design，笔者在《Android 群英传》中已经有了初步的讲解，想要进一步了解的开发者可以参考 Google 的设计 Spec，地址为 http://www.google.com/design/spec/material-design/。

➷ Shape 生成器

这里笔者分享一个 Shape 生成工具，地址为 http://shapes.softartstudio.com/，显示效果

如图 7.45 所示。

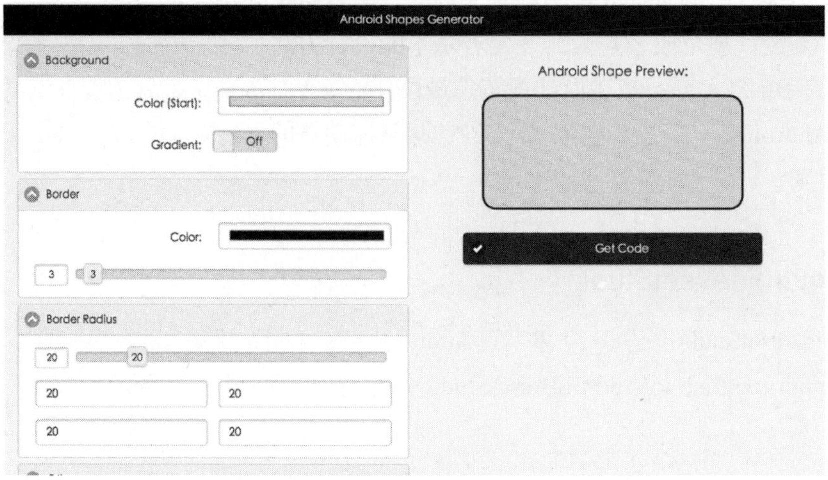

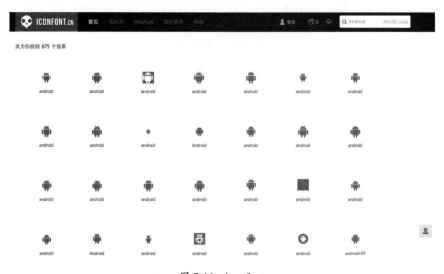

图 7.45　Shape 生成器

这些可视化界面可以非常方便地显示展示效果，从而生成准确的代码。不过由于现在 Android Studio 的强大功能，这些辅助设计类软件的使用也越来越局限了。

↘ ICON 资源

好的设计离不开 ICON，笔者这里推荐几个常用的 ICON 库。

- iconfont

地址为 http://iconfont.cn/，这是阿里提供的一个在线 ICON 仓库，如图 7.46 所示。

图 7.46　iconfont

- easyicon

地址为 http://www.easyicon.net/，效果如图 7.47 所示。

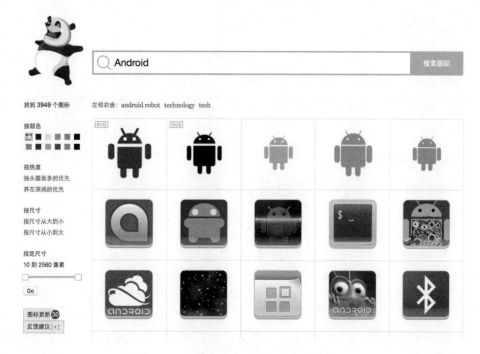

图 7.47　easyicon

- Icons8

地址为 https://icons8.com/，效果如图 7.48 所示。

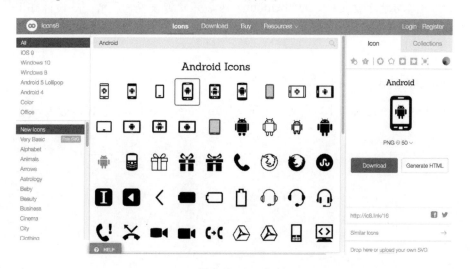

图 7.48　icon8

这些 ICON 资源网站可以说是个人独立开发者的福音，个人独立开发者可以在这些网站上快速找到自己想要风格的图标，避免从头开始设计。

↘ 设计资源

开发者毕竟不是设计师，也许开发者经常吐槽设计师的设计有多烂。但不可否认的是，设计师的审美程度还是略高于普通开发者的。"不会设计的程序员不是好美工"，懂一点设计不论是对于个人开发，还是与 UI 进行协作都是非常有利的。下面，笔者推荐几个使用比较多的设计网站。

- https://dribbble.com/

这应该是设计领域比较有名的网站之一了，国外很多优秀的 App 设计都来自这里。

- http://www.ui.cn/

UI 中国也是国内一个比较好的设计网站，同时也会有一些设计的文章。例如 UI 设计的趋势等，开发者了解一些设计理念，对于开发还是很有好处的。

- http://www.android-app-patterns.com/

android-app-patterns 提供了一个很完整的设计资源平台，开发者可以在这里找到一些比较完整的设计示例。相对于前面两个网站来说，这个网站提供的设计更加完整，而不是部分的设计。

这些网站都是非常好的设计资源网站，虽然很多设计还只是设计稿，但是很多程序员都热衷实现上面的设计效果并开源到 Github。对于开发者来说，了解一些设计知识是提高自己开发水平的一个途径。

↘ AngryTools

AngryTools 是一系列设计工具集，地址为 http://angrytools.com/，显示效果如图 7.49 所示。

Online CSS Gradient Generator

Gradient generator create cross browser CSS code rgba, hex, canvas, svg and android gradient code with radial and linear directions.
Also export to image maker to create multi layer gradients

Generate Gradient

Gradient To Image Maker

Convert multilayer transparent gradients to png image. Create custom orientation of gradients and arrange them in layers then convert into png file.
It also create base 64 image code and css code.

Generate Image

Android Button Maker

Generate buttons code for Android Apps. These button is generating based on shape drawable XML code which load faster compare to normal png buttons.

Generate Android Button

Code for Email

If you want to know how to write code for email in HTML or Javascript then check this tool where you can create instant code with

CSS Generator

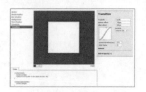

CSS3 code generator provides you simple graphical interface but powerful features like css transform, transition, multilayer text and

Android Pixel Calculator

Check relation between the dp, px, sp, in, mm and pt measurement units and convert to other unit.

图 7.49　AngryTools

　　该工具提供了很多设计的辅助工具，例如 Android Button Maker，可以使用可视化的编辑界面，快速生成 Button 的 Shape 代码，如图 7.50 所示。

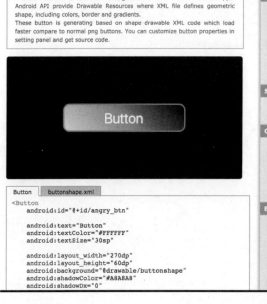

图 7.50　Button maker

这些工具都是在 Android Studio 之前推出的，当有了 Android Studio 之后，这些辅助设计工具很多都可以在 Android Studio 中进行了。而笔者在这里依然提到这些工具，目的在于希望开发者学习这种设计思路，利用工具来解决一些实际的问题。

↘ MateriaPalette

自从 Android 进入 5.0 时代，MateriaDesign 就成了 Android 设计的风格。而对于个人开发者来说，不会设计的程序员就只能通过一些设计网站来获取设计资源。例如笔者推荐的这个网站，地址为 http://www.materialpalette.com/，效果如图 7.51 所示。

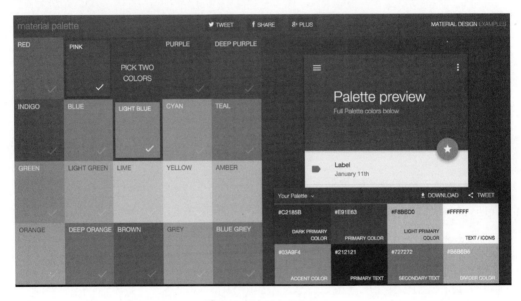

图 7.51　Materia Palette

↘ Google Design Spec

Google Design Spec 一直是 Google 的设计指导，从 Holo 主题开始，Design Spec 逐渐完善，设计也越来越优雅、规范，其地址为 https://www.google.com/design/spec/material-design/introduction.html，如图 7.52 所示。

图 7.52　Google Design Spec

这里的 Design Spec 是做好一个 Android App 的最佳资源，Google 用自己的 App，例如 Google+、Google Photos、Hangouts、Google IO App 等，向开发者展示最新的 Android 设计风格。虽然在国内 Materia Design 并没有在一些知名的 App 中使用，但在国外很多 App 已经是按照标准的 MD 风格来进行设计了。

附录 A

AndroidStudio 快捷键

Des	Mac	Win/Linux
显示最近输入的内容	Alt + /	Alt + /
提示错误解决方案	Alt + Enter	Alt + Enter
选择视图	Alt + F1	Alt + F1
添加书签标识	Alt + F3	Ctrl + F11
向下移动一行	Alt + Shift + Down	Alt + Shift + Down
向上移动一行	Alt + Shift + Up	Alt + Shift + Up
注释代码(//)	Command + /	Ctrl + /
用代码模板包裹代码	Command + Alt + J	Ctrl + Alt + J
格式化代码	Command + Alt + L	Ctrl + Alt + L
Copy Reference	Command + Alt + Shift + C	Ctrl + Alt + Shift + C
包裹代码	Command + Alt + T	Ctrl + Alt + T
查看申明	Command + B	Ctrl + B
复制	Command + C	Ctrl + C
快捷向下复制行	Command + D	Ctrl + D
删除行	Command + Delete	Ctrl + Y
快捷最近打开	Command + E	Ctrl + E
查找	Command + F	Ctrl + F
Find	Command + F	Ctrl + F

Des	Mac	Win/Linux
文件方法结构	Command + F12	Ctrl + F12
显示书签	Command + F3	Shift + F11
代码高亮向下查找	Command + G	F3
按照模板生成代码	Command + J	Ctrl + J
定位到行	Command + L	Ctrl + G
快捷定位到行首/尾	Command + Left/Right	Ctrl + Left/Right
将代码折叠	Command + Numeric-Minus	Ctrl + Numeric-Minus
将代码折叠打开	Command + Numeric-Plus	Ctrl + Numeric-Plus
查找类	Command + O	Ctrl + N
注释代码(/**/)	Command + Option + /	Ctrl + Alt + /
格式化代码	Command + Option + L	Ctrl + Alt + L
快捷生成结构体	Command + Option + T	Ctrl + Alt + T
提示参数类型	Command + P	Ctrl + P
查找+替换	Command + R	Ctrl + R
查找动作	Command + Shift + A	Ctrl + Shift + A
返回上次的编辑点	Command + Shift + Backspace	Ctrl + Shift + Backspace
拷贝路径	Command + Shift + C	Ctrl + Shift + C
移动代码快	Command + Shift + Down\Up	Ctrl + Shift + Down\Up
代码补全	Command + Shift + Enter	Ctrl + Shift + Enter
全路径查找	Command + Shift + F	Ctrl + Shift + F
代码高亮	Command + Shift + F7	Alt + J
代码高亮向上查找	Command + Shift + G	Shift + F3
折叠窗口内所有代码块	Command + Shift + Numeric-Minus	Ctrl + Shift + Numeric-Minus
展开窗口内所有代码快	Command + Shift + Numeric-Plus	Ctrl + Shift + Numeric-Plus
查找文件	Command + Shift + O	Ctrl + Shift + N
全路径中替换	Command + Shift + R	Ctrl + Shift + R
大小写转换	Command + Shift + U	Ctrl + Shift + U
显示所有可以粘贴的内容	Command + Shift + V	Ctrl + Shift + V
快速查找定义	Command + Space	Ctrl + Shift + I
粘贴	Command + V	Ctrl + V
剪切	Command + X	Ctrl + X
清理 import 内容	Control + Alt + O	Ctrl + Alt + O
显示大纲	Control + H	Ctrl + H
快捷覆写方法	Control + O	Ctrl + O

Des	Mac	Win/Linux
查找调用的位置	Control + Option + H	Ctrl + Alt + H
清除无效包引用	Control + Option + O	Alt + Ctrl + O
智能推荐	Control + Shift + Space	Ctrl + Shift + Space
代码提示	Control + Space	Ctrl + Space
添加书签	F3	F11
上下移动代码	Option + Shift + Up/Down	Alt + Shift + Up/Down
扩大缩小选中范围	Option + Up/Down	Ctrl + W/Ctrl + Shift + W